中国园林

与18世纪欧洲园林的中国风（下）

[瑞典]

喜仁龙

著

赵省伟

主编

陈昕　　邱丽媛

译

北京日报出版社

「前 言」

如标题所示,本书是《中国园林》的姊妹篇。希望通过本书可以"追踪"中国主流园林对18世纪后半叶欧洲园林艺术的影响,并借助图片和描述来说明园林艺术在英国、法国和瑞典的发展历程。对这一发展历程进行全面描述时,遇到的主要难题之一是欧洲的主流园林艺术受到了各方面的影响,并与由其他灵感而生的潮流杂糅在一起,这往往会掩盖其原有的特点。此外,随着时间的流逝,这些园林日渐衰败,在很大程度上,助力它们产生创造性力量和影响力的因素已被世人遗忘。当然,这一点也不足为奇。

然而,对这些问题研究得越仔细,就越清楚地认识到中国对欧洲园林艺术及普通人文化生活的影响,且远比一个浅层次观察者所认为的重要得多。这一点不仅可以从许多早期的描述和插图中得到佐证,也从对风景园林的起源和发展变迁的热烈讨论中得到证明。在20世纪中叶和此后一段时间内,这些讨论在英国和法国引起了极大的反响。人们对风景园林的热情空前高涨,使得当时的园林文献得到了高度重视。

这场争论并未得出最终结论,因此,关于风景园林的起源以及它在多大程度上源自远东的问题只能搁置下来。风景园林影响了许多不同的文化领域,以至于无法从任何一个单一的角度来考察或回答这个问题。风景园林并不是某一正式风格发展的结果,因为它并没有从其前身中合乎逻辑地产生出来;只能对园林的目标和手段、功能及其相对于其他艺术的重要性进行更彻底的重新评估。

众所周知,迄今为止,园林艺术主要是作为建筑的支撑或附属。作为更广泛的建筑构图的一部分,在大多数情况下,园林在被真材实料地建造出来之前就已经设计好了。正是风景园林导致固有的理念发生了彻底的改变。人们一直认为建筑具有至高无上的地位。然而,这一论断被其他艺术分支的理论,特别是逐渐与之平分秋色的园林艺术所否定。这是因为充分开发的风景园林是一个宏伟的空间组合,不单包括建筑和雕塑元素,还有不断变化的构图。

但最重要的是,我们应该牢记风景园林是一种理想或精神世界观念的表达,而不是一种正式的风格。它似乎是"回归自然"这一当时文化的总体趋势最明显、最具说服力的证明。20世纪上半叶,这一趋势已成为科学研究的思想动力和诗歌灵感的源泉;但更重要的是,它还引发了宗教思想的重建——对泛神论的浪漫主义追求。这种对自然的态度比其他任何东西都更有助于认知新园林观的性质和特点。

对泛神论的浪漫主义追求，导致生机勃勃的、神圣的大自然取代了早期拟人化的神明或宗教符号，并将人们的思想引向一个普遍存在的神。这个神不是在人类的神龛中，而是在大自然自己创造的圣所中被崇拜。壮丽的风景画被赋予了崇高的意义或理想的和谐之美，以使人们能够感受到神所传达的信息。从理想或情感的角度来看，风景园林取代了教堂；以其最纯粹的形式来看，风景园林旨在传达一个完美、理想的自然。人们习惯于在大型园林中加入世外桃源或极乐世界里的建筑，有时还加入陵墓、隐居地和庙宇废墟，所有这些都是为了提醒大家人工作品是短暂的，自然则处于永恒的自我更新中。

当我们想起一种在中国根深蒂固并与此密切相关的自然哲学时，这种对自然的态度就更有意义了。尽管这种自然哲学有不同的表达方式，其根源深入人们的原始观念中。远在我们的历法开始之前，它就由道家的圣贤们提出来了。后来，它与一种自然神秘主义融合在一起。这种自然神秘主义往往退化为迷信，但其主流仍然对绘画艺术和园林艺术具有非常重要的促进作用。

这种浪漫主义的自然哲学观主要体现在道教的神仙宫殿、佛教的西天和其他奇妙仙境当中。在早期阶段，这种哲学思想对中国的园林艺术产生了相当大的影响。一些皇家园林和许多寺庙园林似乎为诗意的传说提供了生动的画面。但是，除了这种文学或宗教联系之外，中国园林最重要的一点是（如《中国园林》所示）它们替代了真正的风景，并像真正的风景一样主要由"山水"构成。这样做的目的在于表达一种可以被称为政治或宗教梦想的东西，而不是一个历史或哲学概念，但它仍然代表了创造性想象的精神现实。园林与中国的其他艺术创作一样，有其象征意义，是（像在欧洲一样）某种意义上的礼拜场所或圣地。其目的不仅仅是令人赏心悦目，也是为了使人们的心灵与自然的韵律相协调。

如果认为18世纪欧洲的业余园林爱好者对远东的文化传统有足够的了解，能够理解中国园林特有的诗意象征和哲学典故，那就太草率了，但通过传到西方的描述和插图，他们还是感受到了来自理想世界的气息。据说这个世界在中式园林中得以实现。这种观念在多大程度上是正确的或不正确的，可能是一个悬而未决的问题。但这并不重要，因为在这里，就像在许多相似的案例中一样，重要的是创造性的思想而不是其物质原型或起源。总而言之，传到欧洲的关于中国园林的信息，虽然不多，并且在一定程度上是梦幻般的，却足以作为一种刺激性的动力，或者说是通往遥远的梦想世界的路标。

它们激发了人们的想象力，并以一种既随意又成功的方式转化为活生生的创作，因为它们符合一种精神需求，以及当时已被充分意识到的文化需要。这在某些欧洲国家是如何实现的，将在下文进行阐释。以上介绍性的言论只是为了呼应本书的标题。这在今天看来是必要的，但在18世纪七八十年代肯定不是如此，当时人们相信中国的园林已经被欧洲悉数仿造。

在主题的选择、资料的取舍、作者表述（缺陷和局限性）等方面，本书还有很多可以提升的空间，相信诸位具有批判性思维的读者自然能够予以甄别。由于在筹备本书期间（1946—1948），不能前往德国和奥地利取材，而我又不愿意用二手材料来填补，这样原始材料就存在一块空白。此外，在本书的最后修订阶段，由于篇幅远超预估，不得不舍弃一些在英国、丹麦和瑞典拍摄的有趣照片。总而言之，从一开始就注定不可能充分地讨论这一主题。这不仅仅是因为事先已经确定了本书讨论的范畴，还由于这一主题本身的性质、其多方面的延伸和些许模糊的边界。随着人们对这一主题的了解越来越深入，这些情况变得越来越明晰。

然而，我一直在努力（也很荣幸）让照片尽可能以一种清晰和有趣的方式来支撑文字。照片可以唤起一些比形式上的主题更重要的东西，表达当下人们对园林外观和意境的看法。除了在过去三四年中拍摄的照片外，还使用了一些较早的关于园林全貌或一角的插图，这些插图现在已经部分甚至全部被毁。此外还有一些平面图、项目规划或设计图，它们也许有助于读者更好地了解某些布局和建筑的原始特征，或者那些园林设计者从未实现的愿望和目标。迄今为止，这些非常有价值的文献资料很少得以使用。它们主要收藏在瑞典，因此在某些情况下，对图纸进行彩色复刻是可行的。派帕于18世纪70年代末期在英国以及后来在瑞典绘制的大量图纸就是以这种方式完成的。这些图纸现藏于瑞典皇家美术学院。除了这些，该图书馆还收藏了同一时期的一些建筑设计图。此外的设计则可以在瑞典国家博物馆、皇家档案馆、乌普萨拉大学图书馆、斯德哥尔摩的皇家图书馆和公共建设协会的档案中找到，也可以从这一时期的一些私人庄园的图书馆中找寻。私人庄园主的代表有戈德高德、阿德尔斯奈斯、韦尔纳斯和奥维斯霍姆。所有这些公共机构和私人庄园主都将他们的材料拿了出来供我研究和复制，在此向他们表达诚挚的谢意。

为了收集本书的素材，我几乎踏遍了英国、法国和瑞典。这些国家的许多地方之前都是以园林闻名的。时过境迁，有些地方依旧闻名于世，而有些地方已然淡出了人们的记忆。有的地方虽然现在只残存一些碎片或杂草丛生的废墟，但多少也能给人某种感觉，像悦耳的回声一样萦绕在我的记忆里。在其他保存完好甚至供人居住的园林里，我不仅感受到了自然之美，还收集到了研究所需的关于人们的热情好客和个人兴趣的素材。在此，一并表示感谢。

在前文所提到的国家中，我遇到了一些给予帮助及合作的人，正是他们使得我的调查和研究更为充实。很幸运能与他们谈天说地，并获取历史资料和书目信息。首先特别感谢伦敦的H.F.克拉克先生和尼古拉斯·佩夫斯纳博士，他们帮助我仔细检查和校对英文手稿的部分内容；此外，《乡村生活》一书的作者克里斯托弗·胡赛先生和瓦尔堡研究院的维特考维尔教授分享了他们的一些独特见解。在巴黎，有幸见到了著名专家和历史学家，如玛格丽特·沙拉雅和欧内斯特·德·加奈，他们提供了非常有价值的数据。加奈先生还提供了一张非常有趣的彩色幻灯片，在此特别表示感谢。其次还要感谢众多在瑞典帮助我的人，如瑞典皇家艺术学院图书馆的阿维德·贝克斯特伦博士、瑞典国家博物馆的博·吉伦斯韦德、哥德堡市立图书馆的斯蒂格·博伯格、斯德哥尔摩市立博物馆（Municipal Museum of Stockholm）馆长盖斯塔·谢林博士、园艺专家艾玛·伦德伯格女士和艾瑞克·伦德伯格教授，还有安德斯·比洛先生。他们对书中的图片进行了仔细审校，这对本书非常重要。

喜仁龙于利丁厄
1950年4月

英式园林里的梧桐树。派帕绘，藏于瑞典皇家美术学院

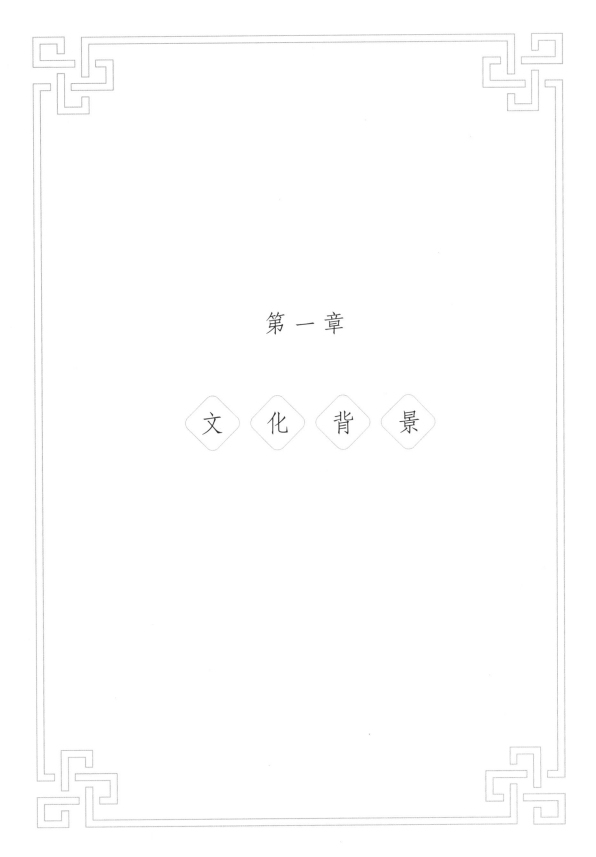

第一章

文 化 背 景

18世纪中期盛行于西方的新园林风格在很大程度上是人们对远东产生浓厚兴趣的产物。在一个多世纪的时间里，这种风格传遍了欧洲的大部分地区。随着西方与远东地区联系日渐增强，关系日益密切，西方文化史新纪元的序幕徐徐拉开。中国古代哲学成为西方一些著名哲学家的灵感来源。与此同时，中国精美绝伦的装饰艺术品被欧洲奉为艺术创作的典范。这种对远东模式的依赖在装饰艺术领域是显而易见的，而在文化领域就没这么明显了。这其中就包括园林的哲学思想。因为它太抽象，在本质上又不明确，而且这个领域的早期汉学文献已经被后来的出版物所取代；此外，欧洲建造的中式园林在18世纪日益衰败、被改建或完全毁坏，这也加快了园林艺术淡出人们视线的进程。

因此，在这里简要介绍一下中国哲学及相关体系在欧洲知识界的传播情况是有必要的。它们构成了我们这个主题的总体背景，因为正是它们为新园林艺术的产生提供了沃土。在17世纪和18世纪上半叶传到欧洲的一些关于中国园林的描述中，可以找到说明这种相互依存关系的确切证据。所有这些都有助于创造与东方相似的氛围，而这种氛围对风景园林的逐步发展有极大的促进作用。

第一部系统的儒家经典译著是1687年在巴黎出版的《中国哲学家孔子》。这部作品包括《大学》《论语》和《中庸》（缺《孟子》），由一群在杭州的耶稣会传教士翻译成拉丁文，最后由柏应理神父整理后在巴黎出版（加入了柏应理编写的《中华帝国年表》）。在将近一个世纪的时间里，这部作品深深影响了几部类似的著作。1688年，法文版的《中国哲学家孔子的道德箴言》（节译本）刊行，此后不久被翻译成英语和瑞典语。同年（1688），西蒙·富歇出版了《关于孔子道德的信札》，书中不仅将这位中国圣人同苏格拉底、柏拉图和圣保罗进行了比较，还将他描述为通晓古代真理的先知。将孔子与古希腊和罗马的哲学家相比较，这一现象在这一时期一些作家的作品中反复出现。这并不令人惊讶，因为自从柏拉图式哲学家的著作被重新发现后，西方就再也没有发现同等重要的哲学体系了。

1711年，这些儒家著作连同《孟子》《孝经》和《小学》由另一位耶稣会士卫方济在布拉格出版，书名为《中华帝国六经》[①]。

这种出版活动在18世纪早期的几十年里盛行于英国和欧洲大陆上，使得18世纪中叶儒家文化和其所提倡的政府管理理念在欧洲人尽皆知。

在唤起人们对中国的兴趣方面，同一时期出版的历史专著与儒家经典译本同样重

[①]参见维吉尔·毕诺：《中国对法国哲学思想形成的影响（1640—1740）》，巴黎，1932。这是一部举足轻重的著作。洛博塔姆的《传教士与清廷官员：在中国宫廷的耶稣会士们》（伯克利，1942），以及1945年5月在《远东季刊》刊发的《儒家思想对17世纪欧洲的影响》一文，均对此进行了专门论述。马弗里克的著作《中国：欧洲的模范》中也谈及中国哲学思想在欧洲的进一步传播。

要。首先是李明于1696年出版的两卷本的《中国近事报道》（次年出现了英译本，1699年出现了德译本）。作者在书中对儒家一神论的哲学体系和它所处的伟大时代大加赞赏。他宣称"中国人连续两千年都保持着对上帝的崇拜和敬仰，简直可以作为基督徒的表率"。这一说法遭到了索邦学院①的抗议，并引发了一场激烈的争论。这场争论最后以官方谴责李明的著作结束。但是，这场争论所掀起的巨大波澜激起了人们想要进一步了解中国的兴趣。莱布尼茨是宣扬儒家思想基本伦理重要性最有影响力的代表人物。他非常推崇耶稣会传教士关于这位至圣先师的研究和出版物，并敦促新教传教士努力与耶稣会抗争。在他于1697年出版的《中国近事：为了照亮这个时代的历史》一书中，他不单称赞儒家美德，还宣称中国应该向欧洲派遣传教士，"教我们自然神学的应用和实践，就像我们派传教士去教他们启蒙的神学一样"。莱布尼茨的梦想是建立一种普世宗教，东西方的思想体系都可以在其中找到自己的立足点。他非常认同耶稣会传教士中所谓的"索隐派"，他们认为中国古老神话中的伏羲与古希腊的赫尔墨斯、古波斯的琐罗亚斯德、希伯来人以诺是同一个人，尽管他们的名字各不相同。伏羲通过八卦（符号象征，这些符号构成了《易经》的基本内容）传播自己的智慧。孔子认为这部作品包含了古人智慧的精髓，莱布尼茨认为只有在数学的帮助下才能洞悉其中奥妙，这也是他多年来孜孜以求的问题。

然而，关于中国人智慧的哲学和宗教思辨并没有像中国的历史和民族图谱那样有如此多的受众。在巴黎出版的《耶稣会士中国书简集》（共三十四卷）一书是过去和现在了解中国的重要工具书。1702年出版了第一卷后，直到1776年才出齐三十四卷。由于提供了大量关于中国的一手资料，它被广泛传播并被所有想要更多地了解中国的人研究。1711—1743年，杜赫德一直是这套丛书的主编，这也为他完成自己的历史著作做好了积累。1735年，他的著作《中华帝国全志》问世。全书共四卷，在有关中国的历史文献中具有划时代的意义。正如书名所示，它几乎囊括了时人已知的关于中国的所有信息，并使每个人都能获得这些丰富的史料。此书还进一步总结了儒家经典著作，如《大学》《中庸》《尚书》，以及孟子的著作。从那以后，孟子的著作与其他儒家经典一样广为人知。对于中国最早时期的传统材料，该书没有经过任何批判性筛选，而是以一种易于理解的形式呈现出来，并辅以客观描述；书中还包含当代事件，例如张诚、南怀仁随康熙皇帝巡视东北地区。所有这些都使得这本书更具吸引力，但首先我们应该明白这本书非常符合时宜，它是在大众真正需要这样一部作品的时候出现的。因此，它被广泛传播，并在混乱的18世纪前后几十年里成为关注中国的西方人的宝贵资源。两三年内又有了法文版、荷兰文版和英文版。

①索邦学院，法国巴黎大学的神学院，创办于1253年。——译者注

杜赫德的书中收录了一部元朝戏剧的译本，正是它给了伏尔泰灵感，创作了他最成功的戏剧之一——《中国孤儿》（1755）。在18世纪六七十年代，该剧不仅是法国的常备剧目，瑞典和其他欧洲国家也是如此。这出戏之所以大获成功，是因为演员们身着中国服装和中国饰品，而不是舞台上常见的传统服饰，这让观众有了一种身临其境的感觉。在《中国访谈》（Entretiens Chinois）和《风俗论》中，伏尔泰对中国的影响力进行了哲学思考。这种影响力基于这样一种信念：儒家思想体系可能会取代基督教会的教义，或者说，以理性、宽容和同情为基础的人生哲学比要求盲目信仰和顺从，以及随之而来的狂热的启示宗教，更能成为我们日常生活行为的基础。他以儒家思想为武器，与教会的蒙昧和偏狭作斗争。与上个世纪的莱布尼茨一样，伏尔泰也表达了同样的观点——中国应该派遣传教士来拯救欧洲，就像欧洲派遣传教士到中国一样。他以自己的方式诠释了他从当代作家那里收集来的关于中国历史、政治、宗教的信息，从而使这些信息符合他认为的一个思想和理性占主导地位的理想国家的概念。

伏尔泰将中国描述为理性和宽容的家园，这恰与基督教世界的偏执狂热相反。于是一群哲学家站了出来，他们的目标是进行实际的社会和经济改革，这些人就是重农学派。他们还认为中国是一个理想的国家，在许多方面都可以作为西方国家的典范。这些改革者为数不多，个人能力也并不出众，但他们的理论著作在18世纪六七十年代对几个欧洲国家产生了巨大的影响。在介绍重农学派的著作之前，有必要提一下，到中国实地考察的作家的著作对重农学派的著作影响很大。首先要说的是波瓦伏尔，他的《哲学家游记》是基于1740—1756年在东方的广泛游历所作，尽管这本书在几年后出版（1768）。[1]在此书中，中国被描述为世界上最幸福和最有组织的国家。因为自古以来，中国政府就是崇尚天人合一的法治政府。如出一辙的是，睿智的中国政府特别重视农业，将其作为所有社会发展的重中之重："这个伟大的国家，在农业的庇佑下和自由、理性的基础上，将人们在其他国家（无论是原始国家，还是文明国家）能找到的所有优势结合了起来。"

这样的说法意在引起重农学派的注意，对他们来说，这的确是一件好事。这场运动在18世纪60年代末期达到高潮，其中最重要的成员是魁奈（1694—1774）医生、米拉波侯爵（代表作有通俗作品《人民之友》等）、德·拉·维里埃尔[2]、杜邦（重农学派中最不屈不挠的一位，《公民历书》主编），以及波多僧正。除了这些积极的推动者之外，还有一些对该学派的一般原则和目标表示认同的知名人士，其中就有后来的财政大臣杜尔哥。

①马弗里克：《中国：欧洲的模范》，第40—44页。
②德·拉·维里埃尔，马提尼克省省长，著有《自然的秩序与社会政治的基础》一书。这是重农学派最重要的著作之一。

重农学派在当时的法国处于巅峰时期，其影响可谓如日中天，在农业和金融的全面改革运动中起着重要作用。随着重农学派的发展，越来越多的政治和社会问题被纳入讨论，这也使得重农学派的影响更加广泛。

该学派的创始人是魁奈。他曾多年（1748—1764）担任蓬巴杜夫人的私人医生，后来还担任过路易十五的私人医生。然而，他的社会忧患意识似乎比他对医学的兴趣更为强烈。国王称他"思想家"并非没有道理，而他的朋友和学生有时称他为"当代孔子"。

魁奈的个性和著作无疑给周围人带来巨大影响。如果不是米拉波侯爵、杜邦、德·拉·维里埃尔和波多僧正的积极推动，他的作品也不太可能在几个国家为重农学派赢得听众。

他在国民经济领域最重要的著作是自己印制的《经济表》（据说获得了国王的资助）。但据说非常难懂，不如他论述古代中国的政治和社会原则的文章有趣，比如他在1767年3月至6月期间在《公民历书》连载的《中华帝国的专制制度》[①]。这些文章的独立性还有待商榷，因为有相当一部分是直接取自塞尔吉的著作（1763—1765），而有关中国的历史数据则是从杜赫德的描述中照搬过来的。然而，从整体上看，这本著作具有相当大的历史意义，并揭示了一种特定的思潮。这在最后的总结性章节（第八章）中体现得最为明显，作者提出了自己的结论：

我们在前文中介绍了中国的政治和思想体系。中国政府是建立在知识和自然法则的基础上，并由此发展起来的。在本书中，我们忠实于旅行者和作者的叙述，他们中的大多数都目睹了他们所记叙的事情，他们的智慧和品质被认为是值得信赖的。这些明确的事实可以作为最后一章所作总结的基础。最后一章将系统地介绍作为所有国家典范的中国学说。

正是这种自然法则成了重农学派学说体系的基本原则和特色。魁奈指出：

自然法则包括物理的法则和道德的法则，每一种都在其特定的范围内卓有成效，并表达了自然秩序或自然法则的不同方面。这些自然秩序或自然法则应该规范人类的行为并构成所有人类组织的基础。这种秩序或基本法则必须对高层和低层，对皇帝和普通公民具有同等效力，并形成统一的要素。在这种情况下，即使是在专制国家，最高等级的官员也不会是利己主义的暴君，而是人民的慈父，是人民的符合自然法则的领导者和保护者。道德，即良好的行为，必须建立在对自然界基本神圣法则的了解之上，就像中国一贯的情况一样。在中国，按照孔子的学说，教育的目的首先是向受教之人灌输良好公民的思想。

---

①魁奈的作品与翁根的评论一起收录在一卷本的《魁奈经济著作集》（法兰克福和巴黎，1888）中。《中华帝国的专制制度》一书中批判性评论的英文翻译选自前文引用过的马弗里克的著作。

统治者应该记得，他的权力是为了让这些法律得到普及和应用而生的，而且遵守这些法律可以形成一条团结整个国家使其不可分割的纽带。这对统治者的利益和普通公民的利益而言同等重要。

以这些及类似的观点为出发点，重农学派还讨论了公共教育的问题。他们在著作中经常提到这个问题，也时常提及中国的情况：

因此，一个成功而持久的政府的主要目标应该跟中国政府一样，通过不断的研究来促进对自然规律的认识。因为这些自然规律在很大程度上决定了国家的框架和支柱。

魁奈接着讨论了农业在一个组织良好的国家中的根本价值，以及土地、劳动分配和课税所应遵循的原则。跟同时期的其他中国爱好者一样，重农学家们认为，中国的繁荣在很大程度上是农业在一个按照自然规律组织的政府保护下享受特权地位的结果。因为归根结底，一个国家的繁荣确实取决于直接或间接地从土壤和水中获取的东西。因此，被称为"产品净值"的东西不仅包括农产品，而且包括从主要生存来源的剩余物中产生的所有实际利润，或者说社会的净利润与贸易组织以及主要的生产有关。

这些国民经济的原则构成了重农学派思想体系的支柱。魁奈的学生和同侪对这些原则的评价有多高，可以从米拉波侯爵在1774年魁奈去世时的讲话中看出。他这样评价他的老师："他就像孔子一样热衷于寻找真理，并在部分地区发现了真理，更令人高兴的是他终于找到了真理的根，那就是纯产品——产品净值。这是重农学派思想体系的基石。"米拉波侯爵接着将儒家思想体系描述为"宗教道德的一道绚烂的彩虹"，但他补充道："然而，最重要的是将这道彩虹固定在地球上，这就是我们的老师所做的。他在我们共同的母亲（地球）的子宫中为这座奇妙的建筑奠定了基础，现在这座建筑永远建立在'产品净值'上了。"

魁奈去世后，米拉波侯爵无疑是最重要且最有影响力的重农学派成员。通过他与古斯塔夫三世的参赞舍费尔及其他人的大量通信可以得知，正是他将重农学派的思想传到了瑞典，以及利奥波德二世[①]大公爵统治下的托斯卡纳王国和卡尔·弗里德里希[②]公爵管辖的巴登王国。

自17世纪以来，关于中国过去和现在的各类信息通过各种渠道传入欧洲，这其中就包括一定数量的远东园林的信息。利玛窦是最早根据自己的观察记录中国园林的欧洲

---

①利奥波德二世（1747—1792），神圣罗马帝国皇帝（1790—1792年在位）、匈牙利和波希米亚国王、奥地利大公国统治下的意大利托斯卡纳大公。——译者注
②卡尔·弗里德里希（1728—1811），第一任巴登（今德国西部）大公，1806—1811年在位。——译者注

人之一,并在这一领域打开了通往东方的大门。在澳门待了八年后,他于1601年前往北京。在北京,他很快结识了许多朋友,并对中国的风俗和生活方式有了深入的了解。他的同伴金尼阁神父在《利玛窦中国札记》一书中提到了这方面的情况。利玛窦提到了一座园林,园林里有奇怪的假山、深邃的石窟和在温暖的季节用于学习或娱乐的场所。他还谈到了一个迷宫,"使这个地方变得更加优雅"。因为虽然这个地方看起来很小,但是游客却要走很长一段时间。[①]

大约18世纪中叶以后,下一代的耶稣会传教士开始在中国活跃起来,也有一些人在他们的报告中谈及对园林的观察。例如,曾德昭(谢务禄)谈到了园林布局中的许多曲径通幽之处和珍禽异兽,而20年后的柏应理则对花卉展示的不足表示了些许失望,但他同时承认"他们花园中的植被非常青翠,这能让人心生愉悦,因为用流动的河水浇灌它们很方便"。

在传播中国的知识方面,比传教士信件更重要的是纽霍夫(1655—1657年在中国旅行)向荷兰东印度公司所作的详细且图文并茂的报告。1665年荷兰语版问世,1666年德语版上市,1669年发行了英语版。短时间内出现了这么多版本,可见此书在当时有着相当大的影响,因为它生动地描述了作者所见所闻。他不仅用文字描述了这些事情,而且还相当成功地使用版画作为补充说明。尽管纽霍夫对实际问题比对艺术问题更感兴趣,但当他在几个古老的园林里看到巨大的假山时,他还是忍不住惊讶和赞叹。其中一座假山(比肩六层或七层楼)位于皮基那村的一个花园里,他显然是很用心地将其临摹下来的。这个花园在战争中被清兵破坏了一部分,因为他们不喜欢在首都以外的地方看到这样宏伟的建筑。他还提供了一些关于皇家园林中巨大假山的信息(主要是道听途说)。

这些假山有的建有几层,包含房间和大厅,部分园林种植了树木或点缀了用以观赏的瀑布。

在描述北京皇宫内的一个庭院时,他说:

蜿蜒的河流或运河(即所谓的沁水)流经庭院内的几座假山。中国人以极大的智慧用劣质材料堆起了这些山丘,并在上面铺上磨光的大理石,用草板锻打并交织在一起。山丘上种植着树木和花卉,非常整齐。贵族们往往将他们的大部分财产用于在花园和果园中建造这种假山。有一些假山上不仅挖有非常漂亮的小房间,而且还有卧室、套间和各种类型的壁橱,是中国人夏天避暑的好去处。这些地方也可作为宴会厅,供主人和客人消遣。在一座假山上

①1949年12月,《建筑评论》中的寺庙和"诗情画意(Sharawaggi)"专栏收录了金尼阁书中关于中国园林的内容、曾德昭《大中国志》(伦敦,1655)和《中法论著》(*China and France or Two Treatises*),还有法国天文学家格鲁伯神父于1676年撰写的《中国现状:来自两名最近从该国回来的耶稣会士的观察》,该书已有英译本。

有一个迷宫。这个迷宫虽然不是很大，但由于弯曲回转，水流动了两三个小时才从一扇门流出迷宫。①

纽霍夫的书之所以值得多费些笔墨，是因为它有大量很容易激起欧洲园林爱好者兴趣以及想象力的内容。他所讲述的关于中国园林和奇妙假山的大部分内容确实多是道听途说，想象的成分比较大，但这并没有降低园林对西方人的重要性。夸大其词更能增加人们对这些据说存在于中国的非凡作品的迷恋，它们受到了那些对千篇一律的法式园林心生厌倦的人们的欢迎。由于很少有人真正见过中国园林，因此人们对这些奇妙的说法几乎没有任何批评性的反驳。直到18世纪中叶以后，反对钱伯斯的派别才开始公开对其进行反驳。

17世纪，人们丝毫不会质疑中式园林对于欧洲新式园林的典范意义。对这些问题感兴趣的人仍然忙于收集点滴信息，它们主要来自少数欧洲旅行者和乘坐东印度公司的船只来到欧洲的少数中国人的叙述。

在这些中国访客中，最著名的也是最早的一位便是沈福宗。他于1684年与柏应理一起抵达法国，在法国和英国都引起了不小的轰动，受到了两国皇室的召见②。在他之后，逐渐出现了一些中国知名访客。很明显，这些人有时也在传播有关中国的信息方面发挥了重要作用。我们很难公正地估计这些当代中国的活生生代表的重要性，但他们显然不愿意减少欧洲人故事中的夸张成分，也不愿意撕开天朝对西方崇拜者来说仍然笼罩着的浪漫梦想的面纱。

①这段引文摘自奥格尔比翻译的纽霍夫报告的缩减本（英文）（伦敦，1669）。参见兰（S. Lang）和尼古拉斯·佩夫斯纳：寺庙和"诗情画意"专栏，载于《建筑评论》，1949年12月。
②参见科维奇的《路易十四时期法国的中国情趣》，以及戴闻达的《牛津大学图书馆的古老中国碎片》（牛津大学图书馆馆藏记录II，1949）。

第二章

对自然的新态度

尽管中国对欧洲的影响颇为深远，但如果认为18世纪上半叶发生在园林领域的革命完全是由中国的影响造成的，那显然也是错误的。在这个关键时期，园林艺术从不同领域获得养分，并且与当时的各种文化潮流密切相关。因此，很难简要地指出促成园林诞生和逐渐演变的所有因素。

　　毫无疑问，这种新的进化最深刻和最普遍的灵感来源于对自然的重新发现。通过这种方式，人类与环境、风景、一切生长及开花的植物，也即与非人类亲手创造的有生命的美建立了一种全新的关系。人类不再是一个相对孤立的旁观者，而是一个无限多样化的有机体的组成部分。大自然成了奇迹和快乐的源泉、诗人和艺术家灵感的源泉，以及热爱探索的科学家研究的无限领域。新的科学领域，特别是植物学，也与园林有千丝万缕的联系，并直接或间接地促进了同自然的新态度相对应的风景园林的发展。

　　可以说，像林奈这样一个对植物以及不同国家和地区的景观特征给出科学解释的人，与任何哲学家、诗人或画家一样，对唤起人们对自由的大自然中生长和开花的一切植物的兴趣，以及加深我们对人与植物王国的生物体之间关系的理解做出了同样的贡献。毫不夸张地说，林奈走遍了世界上的大部分地方，其中包括热带国家以及拉普兰德[①]的一些地区。虽然他没有机会访问远东，但他试图通过科学考察和他的几个学生的著作，来提高我们对这些地方的野生植物和栽培植物的认识。这对园林艺术的发展也很重要。

　　林奈和他遍游各地的学生们是提倡科学研究和客观描述自然的杰出代表。普通园林爱好者则对野生风景有一种更浪漫的感觉，渴望逃离城市生活，进入未受污染的自然腹地。这一充满诗意的梦想成了浪漫的自然园林发展的强大动力，但要实现这一梦想，就必须做出巨大妥协。

　　人们的初心是要寻找原始的、未被开发的自然，但却半途而废，满足于一个似乎没有被过分改造和经营过的自然[②]。

　　总而言之，即使是自由的自然，如果要满足人类的实际和审美需要，也必须对其加以限制，使其符合某种理想和准则。卢梭通常被认为是浪漫主义自然崇拜的最忠实和最有影响力的代表。他完全意识到了这一点，他在《新爱洛伊丝》中的一段描述对此作了说明。这本书比任何其他书都更能宣扬这种新态度。例如，在描述她的极乐世界，或

---

①拉普兰德，位于挪威、瑞典、芬兰和俄罗斯在北极圈附近的地区，3/4的地区位于北极圈内。——译者注
②参见马丁·拉姆：《浪漫主义说明书》，斯德哥尔摩，1918，第393页。后面引用的《新爱洛伊丝》的内容见于同一本书。

新布置的景观园林时，我们可以看到朱莉如是说道：

大自然似乎想把她真正的魅力隐藏起来不让人看到，因为人对这些魅力不够敏感，而且常常把它们扭曲。大自然避开人口密集的地方，只有在山顶、森林深处或荒岛上，她才会散发出最迷人的魅力。对于那些爱她但又不能长途跋涉去寻找她的人来说，只能使用强硬手段，迫使她出现在他们的生活里，而这必然会带来某种错觉。

这就是在园林领域实际发生的事情，其目的是创造一种自然在她的野性和自由状态中的幻觉，并创造森林、湖泊、山峦、洞穴等的替代品，尽可能地使这般形式上的操作和人工安排不在园林中占主导地位。事实上，该方法暗含着一种矛盾，即使是用自然的手段，也要以人工的方式产生一种未被触及的自然风景的假象。要做到这一点，就必须做出妥协，以及或多或少地任意用些心机。这样一来，新学派的追随者们努力摆脱的那些特征，以及他们在常规的法式花园中抨击的那些特征，就以另一种伪装方式潜入了新的、自由的园林风格中。简而言之，事实证明，正如卢梭笔下的朱莉所暗示的那样，有必要对大自然动粗，迫使她产生艺术上有意为之的效果。

这必然需要一些或多或少标准化的构图元素，如地面的铺设、树木的组合、山水洞穴的分布，以及那些必要的装饰——极乐世界、寺庙、亭子、隐居地、废墟、石窟、桥梁，还有其他的纪念性建筑。总而言之，未经雕琢的大自然被修剪、整理和布置，以便尽可能地让她的浪漫主义爱好者和园林爱好者印象深刻和着迷，最主要的是她应该显得有趣和惊艳，摆脱所有形式上的束缚和限制，简而言之——风景如画。

这个非常模棱两可的表述，在不同的语言中有着不同的含义——美丽如画[①]、图画[②]、秀美[③]。实际上，在18世纪，园林的业余爱好者认为这是一个根据品味的变化，通过历代人和不同的个人气质，已经有了不同的答案的问题。有学者对这一表达做了详尽的讨论并撰写了评论性文章，我们将在下文对其中一些方面进行论述。对整个问题进行详尽的说明是不可能的，只需指出，风景如画是规则和对称的反面，对其价值的普遍认同导致了前几个时代的封闭、线性定义和精心平衡的形式的解体，也导致了对多样性和变化的偏爱，因为这是不断变化的自然的任意施展。从心理学的角度来看，风景如画与浪漫主义态度相吻合，而这种态度（在文学和艺术中）是由对自然的深入崇拜产生的。

远东国家和人民新唤起的兴趣对这一趋势起到了支持作用。人们从旅行者讲述的故事和拍摄的图片中了解到这些遥远国家的自然风光、植被、建筑和园林，并及时吸收

①意大利语。——译者注
②英语。——译者注
③法语。——译者注

为各种形式，以加强新公园景观风景如画的效果，并对园林进行精心设计。如果我们只从现在看到的情况来判断，似乎18世纪后半叶欧洲园林中的异国元素相对较少或很肤浅，但值得注意的是，随着人们对远东认识的提高，这种影响也在相应地增加。欧洲的许多艺术大家和文化名人对此很感兴趣，并将其运用得非常成功。

我会提供一些这方面的证据，特别是关于英国、法国和瑞典园林的证据，但与此同时，我们要记住，这种影响的明显痕迹大部分已被时间抹去，而这往往会改变现代观察者对全局的了解。因此，现在要对整体情况做出准确的估计（也许从来都做不到这一点）并非易事，因为即使中式园林在欧洲处于鼎盛的时期，它们传递的只是与远东文化接触所释放出来的广泛思想潜流和创造性想象中转瞬即逝的反射或微弱的回声。H.F.克拉克说，这种文化接触的作用就像一支点燃的香，可以使一个房间在无形之间弥漫香味。如果不是欧洲和远东的艺术潮流在这一时期达到了相应的演变阶段，从而在某种程度上变得相似，文化接触是不可能发生的。这使得中国作为施方和欧洲作为受方的文化交流成为可能。中国的装饰艺术（包括园林）的知识在欧洲传播得越广泛，就越能看出这些装饰艺术对当时的审美需求和艺术理想的支持和滋养。

在东西方园林艺术的交流中，这种平行关系的一个方面是对姊妹艺术绘画的密切依赖。对中国人来说，园林基本上是一幅在散步的游客面前逐渐展开的活生生的画卷。它不会给人一种统一的、容易勘察的布局，而是通过不断变化的绘画主题、令人惊奇的景色和联想到的典故来邀请人们漫步，并为之着迷。大自然不仅要通过眼睛看，还要通过艺术家的头脑看，并以思想和记忆的形式引起人们的反应。就像绘画一样，中国的造园艺术也与诗歌紧密相连，反映出的情绪和概念有时也可以从放置在园林亭子里的卷轴或石碑上的文字间找到蛛丝马迹。

在18世纪的欧洲园林艺术中，我们也可以看出其对绘画的类似依赖。欧洲的业余爱好者总是不厌其烦地提到尼古拉斯·普桑、克劳德·洛兰和萨尔瓦多·罗萨等伟大的风景画家的作品，并将这些画作作为新风景园林的模型[①]。这一点在英国尤为显著。在英国，这些艺术家地位显赫，是新风景园林的领头人。在法国，传统的构图原则更加根深蒂固，对建筑装饰的需求也更加明显。然而，在这里，园林也向参观者展示了一系列的图画或舞台景色（可以从特定的地方欣赏）。根据当时的词汇，艺术安排的组成部分可以被形容为风景如画。

---

① 参见伊丽莎白·曼沃灵：《18世纪英国的意大利景观》，牛津，1925。

第三章

新风格的开山鼻祖

17世纪流传于英国的中国园林概念，部分是基于早期耶稣会传教士的信件和旅行者的出版物，如纽霍夫等人，部分是基于英国航海家和欧洲的中国游客讲述的故事。无论是这些人，还是一些从东方归来的水手，都讲述了一些与园林相关的事情，一定是他们引入了"诗情画意"这一极具特色的表达方式。它后来成为17世纪和18世纪早期英国作家最热衷使用的表达。但是截至目前，从中国寄来的叙述性信件或说明中并没有出现这一表达。虽然这个词似乎显然是用来表示不规则或者信手拈来的优美图案或装饰性设计，但是人们对它的起源和确切含义有诸多猜测①。首次将这一表达引入英国园林文学的是威廉·坦普尔爵士。他用"诗情画意"来描述中国园林的不规则、复杂性。这一表达似乎引发了他的兴趣和好奇心。在其著名的《论园艺》一文中，他写道：

我所谈到的最漂亮的园林，指的仅仅是那些形态规整的园林。但是，就我所知，可能还有另外一种形态完全不规整的园林，远比任何其他种类的园林更美。它们的美来自对园址中自然（景物）的独特安排，或者源自园艺设计中某种瑰奇的想象和判断：杂乱漫芜变成了风姿绰约，总体印象非常和谐可人。我曾经在某些地方看到过这种园子，但更多是听到其他一些曾在中国居住过的人们谈论。中国人思想之广阔就如他们辽阔的国家一样，丝毫不逊色于我们欧洲人。对于欧洲人而言，建筑物和植物之美主要在于布置安排的比例、对称与规整。我们的小径和树木都是按精确距离依次排列，以求相称。但是中国人却对此布置方式嗤之以鼻，他们会说，即便一个只能数到100的小男孩，也能够以他自己喜欢的长度和宽度将林荫道的树木排成直线。中国人将他们最丰富的想象力用于园艺设计，他们能够将园子建造得目不暇接、美不胜收，但你却看不出任何人工雕琢、刻意布局的痕迹。对于这种美，尽管我们还没有一个明确的观念，但是中国人却有一个专门词汇来表达这种美感：每当他们一眼看见此种美并被其触动的时候，他们就说"诗情画意"，很让人喜爱，或者诸如此类的赞叹之语。但我不建议在我们国家的园林进行此类尝试，它们对任何普通人来说都是难以实现的挑战；如果尝试成功可能会为我们增光添彩，但如果失败就会颜面扫地。这些尝试有20%的概率会失败，而一般情况下，很难出现任何巨大而明显的错误。

毫无疑问，这一观点在今天和当时一样正确，我们可以完全赞同乔治·梅森的评论。他在引用上述段落后，在《园艺设计论》(1768)中写道：

①近年来对"sharawaggi"一词的各种解释参见1949年12月的《建筑评论》，其中三个解释与"Sa-to-kwai-chi"相对应。1.中国学者张沅长认为其意为粗心或无序的优雅。2.根据盖滕比的研究（《英国文学研究》，东京，1931），它来自日语的"sorowadji"，用来描述不对称的设计。3. 另一位中国学者钱锺书认为，它与"San-lan-wai-chi"相对应，意思是广泛分散或无序的排列组合。之后一些欧洲作家的猜测此处不一一赘述。

坦普尔爵士几乎没有想到,大约半个世纪内,中国人将引领自己国家的时尚品味,也没有想到国内有如此多的冒险家会充分利用他的观察,并用他们的作品来证明在这项事业上取得成功是多么困难。

近年来,中国的园林风格(无论是真实的还是虚构的)已经清楚而全面地呈现在我们面前,但是否可以说英国人曾对其进行效仿?

乔治·梅森在同一篇文章中谈到,对"诗情画意"的崇拜可能过于狂热,不适合大众阅读。他在文章中写道:

从我们目前所在人口稠密地区的园林的总体情况来看,一个陌生人可能会认为它们是为小人国设计的。它们的树荫、池塘或岛屿是按普通人的身形设计的吗?蜿蜒曲折的小路,除了摇摇晃晃的醉汉的脚步外,没有任何足迹。然而,在园林主人的眼里,这些都是完美的中式风格,尽管唯一与此相关的是有着荒唐建筑风格的栏杆和寺庙。

乔治·梅森的评论表明,坦普尔爵士对"诗情画意"的定性绝非没有引起注意或被后人遗忘。相反,它是一粒种子,不仅在后来几位作家的作品中结出了果实,而且也体现在了许多园林中。在这些园林中,传统的规则设计与被认为是中国特色的错综复杂性和不规则性相结合。这种效仿中国园林的尝试是有意为之,即使效仿者对中国园林的了解并不充分。

然而,与其说新的风格是由专业园艺师引入的,不如说是由杰出的哲学家和作家引入的。他们从20世纪初就开始诠释对自然的新浪漫主义态度。其中最具影响力和说服力的是安东尼·库珀,也就是众所周知的莎夫茨伯利伯爵。在他的论文《道德家们》(1709年写就,两年后出版)中,他以热衷阐释荒野自然的形象出现。他赞美了长满青苔的岩石、未经雕饰的石窟、悬崖峭壁、湍急的瀑布以及荒野中一切壮丽而撼人心魄的美。他断言,这些代表了自然本身,也比井然有序的贵族公园更引人注目,更庄严。他是一个狂热者,对大自然极富热情,更不用说崇拜了。他称大自然是"充满爱心的,可爱的,神圣的"。但在他的书中,他并没有表示需要对园林设计进行革命。

1712年,约瑟夫·艾迪生在《旁观者报》上发表了一篇著名的文章。我们从中发现了与园林艺术更直接的联系。他宣称,任何艺术作品,无论它多么优雅和精致,都无法与那些在大自然粗犷的笔触下产生的作品相媲美。艺术的点缀和正经园艺的优雅设计在大自然的宏伟构图面前显得微不足道。他接着说:

为什么不可以通过频繁的种植将整片土地变成园林,从而使主人获得更多的利益和乐趣呢?一片长满柳树的原野,或一座遍布橡树的山峰,不仅比光秃秃的、没有任何装饰的地方更美丽，而且更有益。庄稼地是一片令人愉快的景色，如果能在这些田间地头的小路上花一点心思，如果草地的自然装饰能通过一些小的艺术设计得以提升和改进，如果在土壤能够给养的前提下，用树篱圈出一小块地来种植树木和花卉，一个人就能把自己的住所变成一处漂亮的景致。

约瑟夫·艾迪生的思考意义非凡，不仅因为他的思考大致提到自然优于所有以规整布置为特征的传统园艺风格，还因为他使用了"景致"一词作为规划园林时要达到的目标或模式的定义。但是，当他谈到田野和草地可以变成美丽的风景时，他脑海中出现的可能是风景画而不是实际场景。当约瑟夫·艾迪生谴责传统园艺风格的形式主义并赞美自然时，他的观点与莎夫茨伯利的赞颂完全不同。对约瑟夫·艾迪生来说，这并非一个野性的、不受约束的大自然，而是刻意设计的自然风景，目的是让观赏者想起风景画。作为实现这一目标的一般性指导或迹象，他如是介绍中国园林：

给我们介绍过中国情况的作家告诉我们，中国人在嘲笑我们欧洲的园林。这些园林是按照规则和线条布置的，因为他们认为任何人都可以把树木摆成相等的行列和相同的形状。他们宁愿选择在这种性质的作品中表现出自己的才干，因此总是掩盖了指导自己的艺术准则。他们的语言中似乎有一个词可以用来表达园林的特殊之美，这种美使人第一眼就能勾起想象，却没有发现是什么原因造成了如此令人愉悦的效果。相反，我们英国的园丁却不懂得顺应自然，而是喜欢尽可能地偏离自然。我们的树木呈锥状、球状和金字塔状生长。我们在每一种植物和灌木上都能看到被修剪过的痕迹。

这段话的第一部分强调了中国园林如画的不规则性，它与英国园林呆板的直线对称性和修剪整齐的形式形成对比。这显然是借用了威廉·坦普尔爵士的说法，尽管没有提到他的名字，也没有标出引用了前人的表达"这种第一眼就能勾起想象的特殊美"，但这不妨碍约瑟夫·艾迪生成为第一个全心全意宣传全新园艺风格的人。他坚定地谴责了传统的花坛式的园林，并提到中国园林是最值得效仿的例子：

我不知道我的观点是否奇怪，但就我自己而言，我宁愿看到一棵树的所有繁茂枝丫都向四周蔓散，也不愿看到它被切割和修剪成特定形状的样子。而且不得不说，一个百花盛开的果园看起来比最精巧的花坛中所有的精小迷宫都更加令人愉悦。

约瑟夫·艾迪生对传统园林风格的批评，由他在《旁观者报》中的编辑同事理查德·斯梯尔以更加尖刻的口吻提出。他将讽刺的矛头指向了皇室花园中的紫杉和黄杨木的怪异雕塑，这些雕塑代表着畸形的动物和人。而亚历山大·蒲柏的讥讽则尤为尖锐。作为当时最有影响力的作家和评论家，他们这种言论必然会影响大众品味，并为新的设计流派铺平道路。但这种变化不可能立马发生，也不可能像在《旁观者报》和《园艺》杂志上那样迅速地在新的园林里产生影响。在传统园林的对称性为蜿蜒的小路、曲折的运河、拱形的桥梁、亭台楼阁，以及散落的树丛之类的设计让路之前，必须等待一定的时间。这些树丛因其如画的复杂性和人为的自然性而被称为"诗情画意"。

从这些和随后几十年的出版物来看，这种中国风（或者说"诗情画意"）在一定程度上出现在18世纪二三十年代的英式园林里。这些园林本身几乎没有被保存下来，此外，我们不应该高估它们在该风格总体发展中的重要性。这些最初的尝试对我们来说具有特殊意义，因为它们证明了通过嫁接所谓的中国元素来更新传统园林风格的趋势的存在。

这些过渡风格的出版物中最重要的是贝蒂·兰利著名的《新的造园原理》。这本书于1728年出版，很快就在园林界产生了不小的影响，因为它不仅包含相当详细的文本，其中谴责了正式的园林风格，并高度赞扬了在自然中观察到的自由方式，还包含了贝蒂·兰利称之为"宏伟田园"的新风格园林的平面图。这些园林似乎有着许多错综复杂的小路，在某些情况下几乎让人想起了迷宫。人们推测，这些蜿蜒曲折的小路是有规律的不规则性的例子，贝蒂·兰利建议在这些自由和自然的园林中种植树木和设置其他元素时也采用这种方式。但是，在这些混合设计中发现的新趋势在一定程度上受到了中式园林模型的启发似乎并非不可能，无论这些模式是多么不典型或被误解得有多深。

在这种过渡风格的发展过程中，另一位著名的园林专家斯蒂芬·斯怀泽也取得了相同的成就。他在1718年出版了一本名为《贵族的消遣》或《园艺导论》的著作，书中呆板的、程式化的园林与自由自然的欢快魅力和无限变化形成了鲜明的对比。他所提出的

中式园林中的凉亭。刊于哈夫彭尼的《中国庙宇、牌坊、花园坐凳、栏杆等的新设计》（1750—1752）

理论是受到了约瑟夫·艾迪生的启发，但从斯蒂芬·斯怀泽自己的实践来看，作为一个园林设计师，他并不总是敢于放弃传统的路线而运用新的理论。他的作品似乎大多具有妥协的性质，而且它们可能对后来园林设计风格的根本性革命没有做出明显的贡献。

在威廉·哈夫彭尼和约翰·哈夫彭尼兄弟备受欢迎的出版物中也可以看到中国元素与西方建筑形式的异质性结合的典型例子，如《中国庙宇、牌坊、花园坐凳、栏杆等的新设计》（三卷，1750—1752年，1752年改名为《中国风的乡村建筑》）和《恰当装饰的中国和哥特式建筑》。从标题上看，所有这些出版物都包含各种园林建筑平面图，其中有些是相当奇妙的。作者可能获得了装饰性的中国图纸或其他细节，这些图纸曾被用于设计哥特式或巴洛克式建筑。这些所谓的中式园林建筑的中国元素，无非是一些松散的装饰物，其形式有四角带铃铛的弯曲屋顶、栏杆上的格子和类似的装饰细节，而与建筑的基本结构无关。类似的装饰图案在其他当代同类作品中或多或少也有体现，如1754年由爱德华和达利合著的《为改善当前趣味而作的中式建筑设计》，以及查斯·欧文1758年出版的《哥特式、中式和现代风格的装饰建筑》。这些插图可能没有哈夫彭尼兄弟书中的精彩，但在这里也会发现同样的对中式图案随意和无目的的修改。如果它们没有让人们看到当时在英国和欧洲大陆盛行的中国风，那么很可能会被忽视。如果要探索英式园林早期发展与中国的联系，这些表现确实能带来一些帮助，在某种程度上可以被归为一种英国洛可可风格的实例。

中式风格的花园壁龛。刊于哈夫彭尼的著作

新式花园设计图。
刊于贝蒂·兰利的《新的造园原理》(1728)

第四章

亚历山大·蒲柏、
查尔斯·布里奇曼和
威廉·肯特

对英国风景园林发展产生决定性影响的人中，亚历山大·蒲柏是其中一位，他比约瑟夫·艾迪生小15岁，在文学上也是约瑟夫·艾迪生的继任者或竞争对手。

贺瑞斯·沃波尔特别强调了亚历山大·蒲柏在威廉·肯特成长为园林艺术家的过程中发挥的重要作用。"蒲柏先生为他（威廉·肯特）形成自己的审美品位无疑贡献良多"，亚历山大·蒲柏的影响可能更多的是通过他与威廉·肯特的个人交往以及他的实践，而不是理论说教，因为这些理论并不系统。亚历山大·蒲柏的理论最早于1713年发表在《卫报》上。在这篇文章中，他对自然的浪漫情怀慷慨陈词。他称赞"未经修饰的自然可亲朴素，在心灵上散发出一种更高贵的宁静和更强烈的愉悦感，并非从更美好的艺术场景中可以得到的感觉。这就是古人对园林的品味"。关于这一主题的其他阐述出现在亚历山大·蒲柏的《论批评（一）》中。例如，"首先遵循自然和你的判断体系（根据自然公正的标准，这仍然是相同的）。准确无误的自然仍然散发着神圣的光芒，同时也是艺术的来源和终点，以及艺术的试验"。

这种对自然的态度当然与约瑟夫·艾迪生的态度相同，在对园林构成的反思中，亚历山大·蒲柏几乎没有比他的前辈们提出更有远见的观点。1731年，他在《给百灵顿伯爵的信》[1]中提出了这些反思。他的论点是，出发点是自然，这个基本标准绝不能被抛弃；但同时，人们应该寻求多样性和惊喜感，不要让自然之美一目了然。

> 总而言之，让自然永不被遗忘。
> 但是对待女神要像对待端庄的美人一样，
> 不过分打扮，也不完全裸露。
> 不要让每一种美到处被窥探，
> 要有体面地隐藏一半的美的技巧。
> 求诸处的天才，
> 它能告诉我水面是要上升还是下降，
> 或帮助雄心勃勃的山峰耸入天际，
> 或在环形山谷中伫立。
> 唤醒乡村，捕捉开阔的绿荫。
> 融入智慧的森林，用阴暗的色调来改变。
> 时而打破，时而指引着意图的线条。
> 在你种植和设计的过程中进行绘画。

①亚历山大·蒲柏：《道德论》第三卷，第四封书信"关于财富的使用"，1757。

诗意的表达方式也许会使这个方案显得更加不切实际,但在他作为园林业余爱好者和顾问的实践中,亚历山大·蒲柏表明,书信中的想法也可以应用于实际创作。他尽力"求诸处的天才",铺设地面,种植树木,利用水和石头,以便创造出与大自然鬼斧神工之手相同的场景。他不仅在他位于里士满①附近的特威克纳姆花园进行了这样的实践,而且还与威廉·肯特合作,规划了几个非常著名的园林和风景园林,例如百灵顿伯爵的奇西克庄园②的某些部分、巴瑟斯特勋爵的奥克利森林(Oakley Wood)、科巴姆子爵的斯陀园和多默将军的罗珊海姆园。

　　在规划这些(也许还有其他)建筑时,亚历山大·蒲柏的想法起到了决定性作用。

　　亚历山大·蒲柏在特威克纳姆的著名园林,如今只剩下一些严重损毁的遗迹,凭借他的描述和平面图,我们才得以对这里有一个大致的了解。他于1718年获得了这处房产,并在接下来的六年里将大部分时间用于改造和装修它。③这座房子位于泰晤士河缓缓上升的河岸上。由于房子离河很近,涨潮时,水有时会漫到房子底部的石砌建筑上。房子后面有一条从伦敦到汉普顿宫的宽阔公路,将园林和住宅区完全隔开了。为了使河岸的入口和道路另一侧的园林连接,亚历山大·蒲柏在房子和道路下面挖了一条隧道,隧道的终点是园林里的一个露天亭子。这条隧道被命名为"蒲柏石窟"。它是同类建筑中最杰出的作品之一,并成为若干类似建筑的模型。(参见540页,图1)

亚历山大·蒲柏位于泰晤士河畔特威克纳姆花园的房子和园林。刊于塞尔的《蒲柏园林平面图》(1745)

---

①里士满,英国萨里郡城市,位于伦敦西南。——译者注
②即百灵顿伯爵大屋。——译者注
③参见乔治·舍伯恩:《亚历山大·蒲柏的早期职业生涯》,伦敦,1934。

这条隧道很高，足让一个人直立行走，其宽度也足以允许一个身材匀称的人通行。17世纪末期，虽然亚历山大·蒲柏的房子被一栋丑陋的建筑取代，但这条隧道却保留了下来。它的墙壁和拱门都是用仿制的凝灰岩铺成的，里面嵌着大量的稀有石头、矿物和反光玻璃片。石窟成了一个矿物柜，里面收录了亚历山大·蒲柏的几个朋友送来的稀有矿物[1]样品，例如，红石块、紫水晶、熔岩、水晶岩石、墨西哥银矿石、德国的铜、珊瑚，以及其他五颜六色闪闪发光的石头，使得石窟变得斑斓多彩起来。另外，这个地窖式隧道现在的采光好像不似从前那般好。[2]

　　亚历山大·蒲柏本人对这一创作甚是满意。为了这一创作，他在脑海中构思了数载，并将设计图给了很多当代著名人物过目，其中包括瑞典首相弗雷德里克·于伦博里。弗雷德里克·于伦博里在1725年6月2日写给爱德华·布朗特的一封信中描述了这一事件，以下是信中的几句话：

　　当你关上这个石窟的门时，它马上就变成了一个发光的房间。墙壁上有一个类似相机暗箱的东西，所有的河流、山丘、树林和船只都在辐射光中形成一幅移动的画面，而当你特意去照亮它时，却会看见别样的场景。石窟通体以贝壳为装饰，贝壳之间点缀着棱角分明的镜子碎片。天花板上有一颗由同样材质制成的星形物，当一盏挂在中间散发着微弱白色灯光的圆形灯打开时，无数缕刺眼灯光便向四周散射，照亮整个石窟。[3]

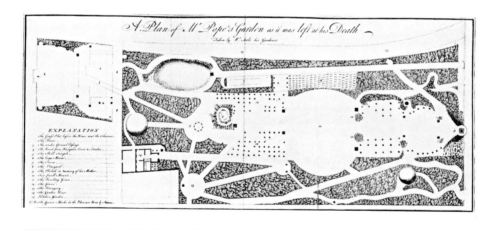

亚历山大·蒲柏园林的平面图。塞尔绘制于1745年

---

①这些详细的信息由蒲柏的园丁和出版商塞尔提供。他们在蒲柏死后不久出版了一本关于园林的插图作品。参阅克拉克在《瓦尔堡和考陶尔德研究院期刊》（伦敦，1943）上发表的名为《18世纪极乐世界》的文章，第168页。
②早在18世纪末期，这个著名的石窟似乎就已经失去了魅力。正如1769年刊登在《测距仪》上的文章所说的那样："岁月的流逝和盗贼们大肆的偷窃，几乎已经把它毁坏得不成样子了。盗贼们偷走了水晶、矿石，甚至普通的燧石，就像这些东西是神圣的纪念物一样。它不再是一个暗箱，微弱的白色灯光现在也不足以照亮石窟中心镜子里的星形物。连那日日夜夜流淌在山洞里的小溪也不复存在了。"
③乔治·舍伯恩全文引用了致爱德华·布朗特的信，第285页。

此外，信中还提到在隧道的两侧有一些较小的石窟或门厅，配有长椅和壁龛，还铺有贻贝①、燧石和氧化铁的碎片。亚历山大·蒲柏写道，这些都是用简单的鹅卵石铺成的，而从石窟到荒野的道路上则铺上了贝壳，这样就可以"与小小的滴水声及整个地方的水景相呼应"。令亚历山大·蒲柏感到遗憾的是，他没有找到合适的刻有古典铭文的雕像置于其中。最后，亚历山大·蒲柏写道：

> 你可能会认为我的描述很理想化，但这鲜有夸张成分。我希望你能在这里见证它对艺术微不足道的贡献，无论是这个地方本身，还是我对它的描述。

然而，之所以能在这五英亩②的土地上给人留下如此丰富多样的景色，主要归功于他独特的艺术品味。从石窟穿过阴暗的地方随后到达开阔的地方，若隐若现的阴影、昏暗的小树林、大草坪、通向母亲坟墓的柏树尽头的肃穆（即方尖碑）都是他精心设计过的。

至于其他方面，从亚历山大·蒲柏自己的信件中可以看出，人们普遍认为他是园林方面的权威人士，并与查尔斯·布里奇曼和威廉·肯特③等当代杰出的专业人士合作过。

亚历山大·蒲柏直接或间接参与规划的著名园林有斯陀园和奇西克庄园。尽管这两座著名的园林未能完整保留下来，但还是能够从中发现一些端倪。加上早期和现在仍然存在的复制品，我们得以了解园林的原始特征，并深入了解与查尔斯·布里奇曼和威廉·肯特相关的英式园林艺术的发展阶段。

奇西克庄园现在属于伦敦西南区，但起初距离伦敦市区很远。1715年秋天，百灵顿伯爵从意大利旅行返回后不久，就开始了庄园的首次规划。④1717年，在房主的设计下新庄园开始建造。可以确定的是，几乎在同一时间提出了庄园附近的公园和园林布局的首个修建计划。也许百灵顿伯爵的想法对起草这些计划也起了决定性的作用，尽管他咨询了当时最著名的园林专家查尔斯·布里奇曼，也可能在某些问题上征求了亚历山大·蒲柏的意见。1719年底结束旅行时，他与威廉·肯特一起来到了奇西克庄园。百灵顿伯爵曾雇佣威廉·肯特充当油漆工，负责装饰伦敦百灵顿伯爵大屋的某些房间。然而，威廉·肯特似乎很快就获得了他的赞助人的充分信任。对百灵顿伯爵来说，威廉·肯特不仅是一名室内设计师，而且是一名建筑师和鉴赏家。这使得百灵顿

---

①贻贝，一种生活在海滨岩石上的双壳类软体动物，壳为黑褐色。——译者注
②一英亩约等于4000平方米。——译者注
③参见舍伯恩：《亚历山大·蒲柏的早期职业生涯》，第287—290页。
④参见威特科尔发表于《考古杂志》（第二卷，1947）的《百灵顿伯爵和威廉·肯特》，以及克拉克于1944年5月发表在《建筑评论》上的《百灵顿伯爵的珍宝》。

伯爵和威廉·肯特在众多领域都有深入的合作，他们之间也产生了深厚的友谊。他们的友谊一直持续到威廉·肯特去世（1748）。结果之一是，在这些年里，威廉·肯特对奇西克庄园的布置安排产生了越来越大的影响。这里补充一点，正是通过百林顿伯爵，威廉·肯特与亚历山大·蒲柏有了接触，这一事件（正如已经暗示的那样）对威廉·肯特的进一步发展，特别是作为一名园林设计师而言具有重要意义。

托马斯·惠特利的遗稿（1801年刊登于《现代园艺观察》）中提到，查尔斯·布里奇曼和威廉·肯特各负责奇西克庄园的一部分设计，一个在西面，另一个在东面宽阔的大街上。这条大街就像一条中轴线一样贯穿整个平面图。查尔斯·布里奇曼的设计被有关作家描述为"冷清的"，而威廉·肯特的部分据说更质朴，给人一种田园的、欢快的感觉①。现在很难确定这些设计实际上是要表达什么，因为提到的两个部分都没有以原始状态保存下来，但从乔治·路易·勒鲁热绘制的平面图来看，查尔斯·布里奇曼设计的西面园林比威廉·肯特设计的东面部分更严格、更正式，其处理方式似乎更不规则，更有画意。然而，这两个部分都被长而直的道路所横穿或连接，形成长长的视角，以古典主义建筑的两翼为终点，就像舞台一样，呈小教堂或亭子形状。在乔治·路易·勒鲁热关于奇西克庄园的版画（18世纪80年代）中可以发现这一点，在查茨沃斯图书馆收藏的亚森特·里戈②的一幅大型水彩画中则更为显著。在这里，我们可以看到，主要的步行道以修剪过的树木为界，从宽阔的中央大道上的一个点辐射开来，将整个平面图分成相应的部分。直线和修剪的形式是这里的主要特征，而在一排排树木后面的部分则有蜿蜒的小路，并种植了不规则的树丛。纵横交错的小路在某种程度上让人想起了兰利公园复杂的洛可可设计，尽管这种安排在某种程度上不那么具有观赏性。

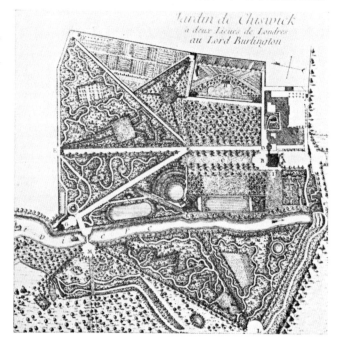

百灵顿伯爵奇西克庄园的平面图。乔治·路易·勒鲁热绘制

①1944年5月，克拉克在《建筑评论》上的文章中引用了这句话。
②亚森特·里戈，18世纪法国最著名的肖像画家。——译者注

平面图中的其他特色元素是呈规则形状的池塘，其中两个是圆角矩形，一个是圆形。前者离河岸很近，坐落在修剪整齐的草地上，一些地方用树篱进行加固或抬高；后者位于较高的地势上，形成了一个像圆形剧场般的中心地带，剧场中的舞台是古典主义的小教堂。圆形池塘的中间有一座方尖碑，一侧（寺庙对面）倾斜的地面被划分为阶地或宽阔的河岸，从拉斯布雷克的版画（1748）来看，这些阶地是用来种植橘子树的。（参见541页，图3）在最顶层的平台上，有一个树篱环绕并衬托着这个圆形剧场。其他部分，与外廊很协调。外廊上有雕像装饰，周围有修剪过的树篱。从树篱的北面看，它们形成了中央视角的终端。从查茨沃斯庄园收藏的两三张图纸来看，威廉·肯特为外墙做了几个备选方案。（参见542页，图4和图5）主轴的两边种植了黎巴嫩雪松，现在已经长成了参天大树，地面上铺着修剪整齐的草皮。平面图的主要部分以基本的线性特征为主，尽管没有任何花卉或黄杨木雕塑。正如我所说的那样，处理得更诗情画意的部分是花园的外围。

　　因此，从风格的角度来看，奇西克庄园可能会被认为是一个过渡性的产物，显示出百灵顿伯爵对意大利古典主义的热情。这里不会像亚历山大·蒲柏风景如画的花园隧道那样让人惊喜。奇西克庄园唯一类似于石窟的结构是一个植有树木的假山上的人工瀑布，但从威廉·肯特的绘画（查茨沃斯庄园收藏）中可以看到，它是意大利巴洛克主题的传统诠释。威廉·肯特在罗珊海姆园也使用了同样的主题，形式更自由、更丰富。

　　然而，奇西克庄园在时间的流逝中经历了相当大的变化，从我们的复制品中可以看出这一点。在18世纪后半叶，有一个明显的尝试，即从布局的相对形式主义中解放出来。在19世纪，繁茂的植被在允许的情况下越来越自由地生长。事实上，这最后变成野蛮生长——这一过程在18世纪一直没有受到限制。从那时起，原来的场地有相当一部分消失了，大部分的老路都被湮没了，或者被藏在了树丛中，而广阔的视角（在出口之外）不见了，露天剧场内的圆池子也变成了一个长满花草的洼地。（参见540页，图2；543页，图6和图7）但这些和其他的变化并没有完全破坏这个地方的气氛，尽管它已经变得朦胧，并受到不断扩张的城市排出的灰尘影响。

奇西克庄园的两座亭子。乔治·路易·勒鲁热绘制

在18世纪之前，比奇西克庄园享有更辉煌的声誉且更雄伟宏大的园林是白金汉郡的斯陀园。这个园林的总面积未失分毫，尽管它现在已然不是第一任设计师（约翰·范布鲁爵士和他的合作者、皇家园丁查尔斯·布里奇曼）建造时的样子。1713年，他们开始在这里为理查德·坦普尔（后来的科巴姆子爵）工作。约翰·范布鲁于1726年去世。八年后，威廉·肯特在1734年被召进来。威廉·肯特最初是一名建筑师，但他也为园林的塑造做出了决定性的贡献。威廉·肯特于1748年去世，仅比查尔斯·布里奇曼晚了十年。据说查尔斯·布里奇曼在18世纪五六十年代监督了斯陀园的建造，但这仍是一个有争议的问题[1]。一般认为，后一时期的园林是由兰斯洛特·布朗更新和改造的，但也有人认为兰斯洛特·布朗从来都只是斯陀园的菜农。不过，可以肯定的是在18世纪中叶之后，斯陀园达到了其名声的顶峰，其中建造了大量的装饰性建筑。19世纪可能没有进行过任何重大的改造，也没有任何值得一提的维护，而且自从第一次世界大战结束后（一所大型寄宿学校从白金汉勋爵的继承人那里购得了该房产），它既没有得到大规模修复，也没有得到养护。众多的建筑遗迹，有些消失了，有些隐藏在繁茂的树木之下。如今人们开始怀念建筑和景观之间的和谐共处，而这最初有助于让它看起来整体均匀和统一。

例如，通过研究乔治·维尔图（George Vertue）著名的笔记[2]就可以注意到这一点。他的笔记中还有一份《1745年科巴姆子爵对斯陀园的描述》。在笔记中，乔治·维尔图提到了"纪念约翰·范布鲁爵士的埃及金字塔。约翰·范布鲁爵士在指导科巴姆子爵的园

威廉·肯特为奇西克庄园中的瀑布绘制的草图。
查茨沃斯庄园收藏，德文郡公爵授权使用

---

①有关斯陀园历史的最新记载出现在1947年9月9日、12日和26日的《乡村生活》上克里斯托弗·赫西的极具价值的文章中。
②《维尔图笔记》（沃波尔学会，第二十二卷，1933—1934），第133页。

林，或者说是在建筑方面最为关注，因为皇家园丁查尔斯·布里奇曼对园林进行了指导和布局"。此外，詹姆斯·吉布斯设计的观景楼、约翰·范布鲁爵士设计的大量建筑、一座撒克逊神庙和斯劳特设计的中式房子，似乎只有观景楼被保留了下来。金字塔和中式亭子都已经消失了，所有东方影响的痕迹也随之消失了。至于其他的，乔治·维尔图还提到了威廉·肯特建造的某些建筑——美德庙、名人寺和威廉·康格里夫的纪念碑，所有这些将在后面提到。

因此，这些笔记可以追溯到威廉·肯特是斯陀园的主要设计师的时期。那时他已经在斯陀园工作了十年，在此期间，他设计的建筑无疑比乔治·维尔图提到的要多。1739年（查尔斯·布里奇曼去世后一年），萨拉·布里奇曼公布了整个园林的景观雕塑和平面图，展示了斯陀园早期的样貌。

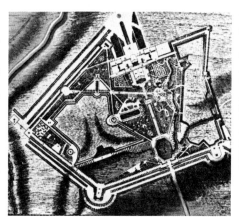

斯陀园的平面图。萨拉·布里奇曼绘制（1739）

从这个平面图可以看出，场地周围并没有围墙或篱笆，只有矮墙和两排树，后者在五边形角落里描绘了堡垒般的曲线。围墙是一种最好描述为下沉式栅栏的装置，斯陀园是约翰·范布鲁和查尔斯·布里奇曼使用它的最早例子之一（它也被用在巴布·多丁顿在伊斯特伯里的住宅）。这一历史事实是为了推翻贺瑞斯·沃波尔的著名论断："第一个冲破阻碍，发现整个大自然都是一座园林的是肯特。"然而，威廉·肯特是第一个意识到整个景观可以服务于园林作品的人，前提是这些作品适当考虑了周围景观。然而，这在斯陀园并不像在罗珊海姆园那么明显。在罗珊海姆园，威廉·肯特可以随心所欲地塑造公园般的环境。

斯陀园的平面图像一个不规则的五边形，被一条主轴分为两个面积大致相等但形状各异的部分。这条中轴线从北面的房子延

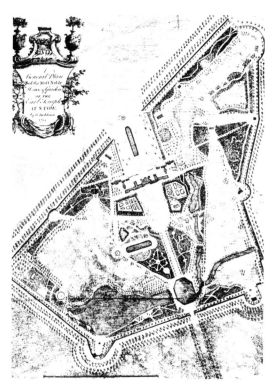

斯陀园的平面图。贝克汉姆绘制（1753）

伸到南面的八角形池塘，一条横轴从对角线穿插而过，一排排整齐的树木使得中轴线更加突出。正如前面提到的那样，主轴的东西两部分并不对应。西部的设计明显更正式，有矩形池塘、林荫小道、一个方尖碑和其他传统类型的建筑元素。具体的可以参考1739年由萨拉·布里奇曼绘制的版画，以及贝克汉姆在1753年雕刻的版画。在东侧，有一条河蜿蜒向下，最终汇入池塘，池塘周边树木之间的安排似乎没有任何严格的规划。两侧的外部区域类似于部分被成排树木包围的起伏的草地。

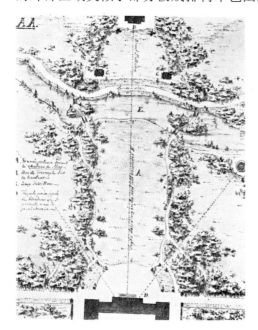

斯陀园中园林中央部分的平面图。
派帕绘制（1779），藏于瑞典皇家美术学院

从1769年发表的斯陀园指南书中的平面图（1774年由乔治·路易·勒鲁热绘制）上可以观察到园林下一个阶段的发展情况，但有理由可以假设，有别于1739年平面图的变化是在20世纪的混乱之前完成的。其主要由威廉·肯特完成，尽管科巴姆子爵的妹夫威廉·皮特[1]是一个热衷造园林的人，他可能也对其进行了改造。在新的平面图中，值得注意的变化有：通过砍伐树木打破了主轴线上的规则道路，用一个不规则的湖泊代替了以前的八角形池塘。以前用中轴线形成直角的长方形池塘已经被填平，南立面前面的花坛被扩大，变成了一片平缓的草坪，但一些修剪过的灌木和树篱显然还保持了原样。通过18世纪70年代和80年代后期的开发，中央景色在其南部也被拓宽了，而且其边界也根据当时流行的如画的"景观风格"在起伏的树群中消失了。

然而，更让人感兴趣的是探知原来在主轴东侧相对自由的部分是如何被道路、桥梁、建筑和树木分隔开的，因为那里有一条蜿蜒的小溪。这些建筑中有几个仍然存在，尽管它们与周围环境的关系似乎没有以前那么和谐。这里特别要提到古代美德庙。它是圆形的，周身环绕着16根爱奥尼亚柱子。（参见547页，图14）它完好无损地矗立在一些高大古树的树荫下，但是跟它差不多的以废墟的形式建造的现代美德庙，已经消失了。我们还应该记住矗立在西南侧堡垒上的维纳斯神庙，它的特点是厚重的新古典主义风格。（参见546页，图13）在同一区域，靠近湖边的地方，可以看到两座较小的建筑，它们是在模仿牧羊人隐居地，还有一个大的、上面镶嵌着贝壳和卵石的石窟，这种风格可能

①威廉·皮特（William Pitt，1759—1806），即小威廉·皮特，英国历史上最年轻的首相。——译者注

是受到罗马晚期巴洛克建筑的启发。（参见548页，图16和图17）东面通向南面的道路上有两座多立克神庙（参见544页，图10；550页，图21），它们构成了中央景点的终点，并与宫殿正面面向园林的一排宏伟的柱子形成了很好的呼应（参见544页，图8）。再往东走就是友谊神殿，这是一座更大的建筑（同样有多立克式外墙），科巴姆子爵的朋友们曾经在这里聚会，但现在已经部分毁于火灾（参见549页，图19）。在水面上的一个小岛上，耸立着一座引人注目的剧作家威廉·康格里夫的纪念碑，它表明威廉·肯特无法解决雕塑问题（参见547页，图15）。纪念碑是金字塔式，前面装饰着一个大花瓶和经典的浮雕式悲喜剧面具，塔身上雕刻着一只揽镜自照的猴子。纪念碑上的铭文解释了这些装饰的寓意："喜剧是举止的镜子，是对生活的模仿。"

在公园的北部，也就是希腊山谷附近，人们发现了一些据说是由威廉·肯特设计的建筑。其中最主要的是宏伟的胜利神庙，最初由威廉·肯特设计（模仿尼姆的方形神殿）（参见549页，图18），但直到1762年才竣工。从它的平台上可以看到希腊山谷（参见550页，图20）最美丽的景色，由于地面起伏和两边树丛枝繁叶茂，这里仍然是公园里最令人愉悦的地方之一。在山谷的另一边，被树木半遮半掩的是女王庙。这是一座稍小的建筑，正面是细长的凹槽柱。与这些古典建筑遗迹形成强烈对比的是，人们在东面的一个地势较高的地方能看见一个哥特式神庙，这个神庙也被称为自由神庙。自由神庙是一座红砂岩建筑，与其说是引人注目的，不如说是矫揉造作的。这是詹姆斯·吉布斯建造的，而不是威廉·肯特。

在斯陀园，比较引人注目的古迹有两座桥，即贝壳桥和帕拉第奥式廊桥。前者因其装饰的贝壳而得名，是由威廉·肯特设计的，但现在只剩下一些残垣了。后者保存完好，但不知设计师是谁。桥本身由三扇低矮的石拱门组成，以爱奥尼亚柱廊作为上层建筑，两端以开放的方形亭子为终点，亭子的三面都有略微凸出的花纹外墙。中央部分通过倾斜的坡道与海岸相连，海岸上茂盛的植被为这个高贵的建筑提供了田园诗般的环境（参见551页，图23）。

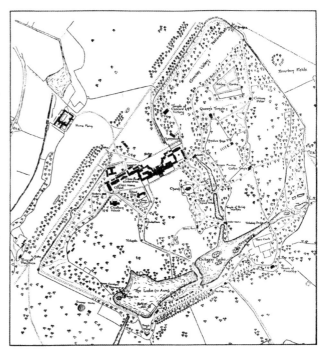

斯陀园的现状平面图

斯陀园里的帕拉第奥式廊桥和"中国宫"。贝克汉姆绘制（1750）

斯陀园里带瀑布的石窟。贝克汉姆绘制（1750）

众所周知，在英格兰和法国的一些公园里存在着所谓的帕拉第奥式廊桥，其中特别值得一提的是在索尔兹伯里附近威尔顿庄园里仍然可以看到的那座桥。（参见550页，图22）它主要是根据与斯陀园帕拉第奥式廊桥相同的建筑方案建造的，尽管在各部分的相互关系上有一些不同，这是因为中间部分被架设在较高的底部上，两侧有台阶。根据一个经过充分验证过的历史经验，这座桥建于彭布罗克第九世伯爵亨利·赫伯特（1693—1751年）的时代，他很可能聘请了罗杰·莫里斯作为他的建筑师。[①]

斯陀园和威尔顿庄园的这两座桥非常相似，因此它们不可能是独立设计的。要判定两座桥中哪个更早，答案显然是威尔顿庄园的桥。历史证据和建筑风格似乎都表明，威尔顿庄园的桥是在18世纪混战的前几年建造的，甚至很有可能早在1737年[②]就已经竣工了。但斯陀园的桥也是在18世纪中叶之前建造的。在贝克汉姆的旅游指南《斯陀园之美》中，斯陀园的桥被完整地再现于一幅1750年的版画中，书中还标注了园林的总体规划。由于这座桥是在1750年建成的，它很可能是在一两年前开始动工的，也就是在威廉·肯特去世（1748）之前，尽管这不能证明他参与建造了这座桥。

从这幅版画中不仅能看到帕拉第奥式廊桥，而且在它旁边还有一个建在河里木桩上的小亭子，显然当时的河面比现在要宽。这座建筑被称为"中国宫"，其特点是有一个弯曲的马鞍形屋顶，屋脊上有两只海豚，还有带装饰性格子的小窗户。据说墙壁外面覆盖着彩绘帆布，里面装饰着绘画，其中包括一位熟睡的中国女性（里面都是印度和日本的作品）。作者还说，尽管许多旅行者都提到中国人非常聪明，在艺术和科学方面取得了很大的成就，但他们的品味可能会受到质疑，因为在他们的绘画中，人们既没有发现"绘画的准确性、构图的美感，也没有发现色彩的和谐"。他由此得出结论，中国人的"聪明才智主要体现在小玩意上"。这个表达与"诗情画意"并不完全一致，它指的是一种带有形式或任意装饰的不规则设计，显然在保守派的圈子里被认为是中国人艺术的特征。不可否认，我们很想知道威廉·肯特是否也持有同样的观点，尽管这似乎不太可能，因为很少有艺术家能比威廉·肯特更标新立异，更富有想象力，他总是愿意尝试新想法。那么，他为什么不像斯陀园的赞助人科巴姆子爵那样，对中国艺术怀有好感呢？

①沃波尔的以下说明证实了这一点（参见《逸事》，沃纳姆编，第三册，第51页）："他（彭布罗克勋爵）移走了所有阻碍他的宫殿景观的东西，并把帕拉第奥的戏剧般的桥架在河上。"克里斯多夫·赫西在《乡村生活》（1947年6月20日和7月18日）的几篇文章中详细讨论了鲜为人知的建筑师罗杰·莫里斯的作品。为了支持自己的论点，他引证了彭布罗克勋爵所描述的某些项目。然而，应该补充的是，钱伯斯也在他的作品列表中提到威尔顿庄园中的一座桥，表明他要么修复了这座桥，要么完善了这座桥。
②参见胡赛于1949年9月19日在《乡村生活》上发表的文章。在这篇文章中赫西说到，威尔顿庄园的桥建于1737年。然而，作者断言斯陀园里的桥没有出现在1769年之前的任何平面图上，因此一定是在威廉·肯特死后建造的。正如上文所示，这种说法是不正确的。

科巴姆子爵在自家院子里的古典桥附近建了一座中式亭子。

据我们所知，这是斯陀园中唯一的中式建筑，但园里还有一座埃及金字塔和其他一些或多或少具有浪漫色彩的纪念物，如女巫之家、圣奥古斯丁洞和狄多洞，以及一个粗制的石窟。石窟的水从三扇拱门下冲出，与奇西克庄园的方式大致相同。威廉·肯特似乎对这种巴洛克式的带有瀑布的石窟情有独钟，在伦敦附近的温斯特公园的田园湖畔，仍然可以看到此类石窟中最大的一座，尽管已经年久失修。显而易见的是，这些质朴的水上拱廊起源于意大利，之所以在这里提一下，不仅是因为它们具有明显的如诗如画的巴洛克特色，而且也是受中国风启发的园林石窟的前身，并以某种新园林形式被引进。在18世纪中叶前后的几十年里，斯陀园被认为是英国乡村住宅中最高贵的地方。亚历山大·蒲柏也对它赞不绝口。在《近代造园图解》中，托马斯·惠特利激动地描述了当时已经完工的园林，他感叹道：

宏伟和华丽是斯陀园的特点，如同古代那些著名的场所，有专门的宗教目的。庄严的树林、神圣的喷泉和献给几位神灵的神庙，对不同国家的人来说都是度假胜地，也是半个异教徒世界的崇拜对象。在斯陀园，这种盛况与美丽融为一体，这里同样以舒适性和宏伟性而闻名。

但在18世纪末期，人们对斯陀园描述的热情明显不如从前，认知也变得更加清醒。派帕在1779年或之前不久访问了斯陀园，对其做了如下评论：

这些令人心生愉悦之情的场地包含了大量的装饰品，其尺寸、大小和种类都表明它们希望获得声誉，并在费用和规模上超过其他所有的公园。但正是由于这个原因，它们失去了许多简单质朴的外观和浪漫如画的特点，而在前面提到的斯陀园里，人们是如此欣喜地欣赏这些装饰。然而，斯陀园确实包含了一些有趣的部分，且有理由将其视为具有贤明和古典的特点[1]。

穆斯考王子（1818）做出了更为尖锐的评论：

这个地方的平面图是很久以前绘制的，它在许多方面都很美丽，也有参天大树，但它被各种类型的神庙挤得满满的，可以在这里进行的最大改进就是拆除其中的10或12座。

这一判断具有更纯粹而浪漫的自然崇拜的特点，这一特点曾在19世纪初期盛行一时。在那时，亚历山大·蒲柏的古典女神（地方守护神），已经与当地风景融合在一起了。

位于牛津郡的罗珊海姆园是威廉·肯特在18世纪30年代末期为多默将军设计的，据贺瑞斯·沃波尔的描述，它是威廉·肯特最迷人的作品，至少某些部分应该是按照

---

[1]最后提到的特指供奉不同神灵和美德的庙宇，尽管这些庙宇从未发挥过任何宗教功能，现在也有不同的实际功能。

亚历山大·蒲柏在特威克纳姆花园的园林设计的[1]。威廉·肯特的任务是重新设计和扩建位于房子和下面的河谷之间的一个旧露台园林。地面向南缓缓升起,在建筑群的一侧的园林被一条沟或下沉式栅栏所包围。园林这一部分的主题是从房子里望向河边壮丽的风景。(参见551页,图24)正是在这个园林里,威廉·肯特发展了他在视角、光影方面的能力,用贺瑞斯·沃波尔的话说,"他手握想象力之笔,为他处理的场景倾注了所有的景观艺术"。曾经的观赏性门廊已经变成了草坪,与河谷的草地和溪流另一侧的山丘融为一体。离房子最近的地方,起伏的树群形成了密集的侧景;更远的地方,树丛更加分散,就像是为了在宽阔的视野中标出距离一样。前景有一个吸引眼球的大理石群像,这片大理石群像展现了狮子将马撕成碎片的景象。

公园在斜坡上向西延伸到河边,形成了一条纵深的弯道。在公园最窄的地方(河与路之间)和斜坡最陡峭的地方,地面被分成两个平台,那里有欣赏河谷和邻近国家的广阔视野。上层平台有一个栏杆,上面装饰着复制的《垂死的角斗士》,下层平台的建筑背景是一个巨大的带有百叶窗的拱廊和两个大瓮——威廉·肯特建筑装饰的典型范例(参见551页,图25)。这个地方后来被称为普雷尼斯特[2]露台。

从这一带有古典印记的部分开始,我们进入了一个更浪漫的区域,那就是维纳斯山谷。现在维纳斯山谷有一部分已荒草丛生,但它如画般的美丽和丰富的色调仍然令人愉快。水从地下流到这里,从两个连续台地[3]下面土石洞似的石拱里涌出。台地下面的大池塘里倒映着朵朵鲜花。如果我们从图画上判断的话,古代的供水似乎比今天更充足。这些图画显示了水是如何被挤出来溅起水花的,以及树木是如何被修剪以便光和影更自由地发挥作用的。(参见552页,图26和图27)显然,威廉·肯特在这里成功地利用了水和斑纹的光线来增强整体的田园效果,从而让贺瑞斯·沃波尔想起古代最浪漫的地方之一。他写道:

维纳斯谷的魅力、古色古香与朱利安努斯皇帝在为他的哲学冥想所选择的最美地点不相上下。

人们可以继续在古老的榆树之间行走,走向黎巴嫩高大雪松下的罗马神庙。要描述这里的每一个景观和休息场所是不可能的。整个构图令人钦佩,既体现了园林景观与周围乡村的融合方式,也体现了其浪漫的氛围(参见552页,图28)。这是表现威廉·肯特

[1]克里斯托弗·胡赛于1946年6月14日和21日在《乡村生活》杂志上发表文章,详细介绍了罗珊海姆园的园林情况。
[2]普雷尼斯特,意大利古城,其建筑为典型的罗马帝国风格。——译者注
[3]台地,高出于邻域地表面的平台或接近于平台地区。——译者注

艺术天分的一个很好的例子,贺瑞斯·沃波尔用以下几句话很好地描述了这一点:

肯特是一位足以领略风景魅力的画家,他大胆而又有主见,敢于发号施令。他天生具有一种能力,能从不完美的随笔中开创出一个伟大的体系。他感受到了山峦和山谷在不知不觉中相互变化的美妙对比,感受到了微微隆起或凹陷的美,注意到松散的树丛在高地上缀满了养眼的点缀,当它们在优雅的枝干之间遥望时,他通过迷惑性的比较去除或扩展了视角。但是,在他为这个美丽的国家增添的美丽之中,他对水的管理堪称为最。告别运河、圆形盆地和从大理石台阶上滚落的瀑布,那是意大利和法国别墅最后的荒诞的壮丽。这条平缓的小溪似乎被调教得可以随心所欲地奔流。当它被不同的地方中断时,它的路线似乎被适当点缀的灌木丛所掩盖,并在可能被认为自然到达的远处再次闪耀起来。活着的风景是经过了磨炼或润色,而不是经过改造。树木的形态被赋予了自由,它们不受限制地伸展着枝条。

所有这些当然都是正确的,而且非常值得引用,因为威廉·肯特是风景园林的真正先驱。但即使是他也有局限性,贺瑞斯·沃波尔在下面的批评性反思中暗示了这一点:

肯特像其他改革者一样,不知道如何在必须的限度内停止。他追随自然,并愉快地模仿她,以至于他开始认为大自然的所有作品都适合模仿。在肯辛顿宫花园,他种植了枯树,以使场景更有真实感。但他很快就被人嘲笑了,因为他的这种做法太过了。他的主导原则是大自然厌恶直线。

贺瑞斯·沃波尔关于威廉·肯特的评论无疑是最恰当、最吸引人的评论之一。这些评论充分肯定了这位艺术家,指出了他对自然的亲密感觉,他处理大自然的各种元素如地面、树木和水的技巧,同时强调他的花园的洛可可式特征以及他憎恶直线。

这一特征在一定程度上将威廉·肯特与20世纪初的中国风联系在一起,尽管这一点在威廉·肯特身上不像贝蒂·兰利那样明显,因为威廉·肯特的品味实际上是在南方的古典主义中形成的。另一方面,贺瑞斯·沃波尔把他描述为一个蹩脚的画家、一个"科学的修复者"般的建筑师、一个花园的原创设计师、一个将绘画变为现实和改善自然的艺术的发明者。"穆罕默德想象了极乐空间,但肯特创造了很多。"这句话比其他任何一句话都更能体现他在园艺领域作为一个富有想象力的浪漫主义者的开创性工作。

第 五 章

园 林 业 余 爱 好 者 和 文 人

我们无意弱化威廉·肯特作为英国风景园林新风格先驱的重要性，但我们不能否认，在某种程度上，也许由于他是一名建筑师，所以他依赖于更古老的传统。

如果我们将他的创作与风景园林或公园进行比较，就会发现这一点。18世纪中叶的这些风景园林或是几个庄园主（有时与其他业余爱好者合作），凭感觉在对伟大的意大利景观画家崇拜的感情驱使下进行创作，而不是通过专业研究或经验。这些园林中有一些仍然作为新风格的典范被充分保护，而其他的则在那里自生自灭。对于这种景观艺术的总体目标和原则，我们也不会有任何疑问，因为一些当代学者已经对其进行了详细讨论。

其中最杰出和最有影响力的无疑是托马斯·惠特利，他广为人知和被高度评价的《近代造园图解》（1770）一书中的大部分内容是关于18世纪中叶左右的园林。这部作品的序言几乎具有宣言性质。托马斯·惠特利在书中写道：

园林以其新近在英国的发展，理应在人文科学中占有相当重要的地位。它比山水画更优美，它就像是现实的表征，是想象力的发挥，是审美的对象。它现在已经摆脱了规则的束缚，超出了为家庭提供便利的初衷。最美丽、最简单、最高贵的自然景观都在它的范围内，因为它不再局限于字面意思。规划公园、农场或骑马场所时，园丁的工作就是从场地中选择和应用它们当中典型的、优雅的或是其中任何一个有特征的。园丁要发现和展示他工作场所的所有优势，查出其缺陷，纠正其错误，并改善其面貌。在这些过程中，大自然仍然是园丁唯一的材料来源。因此，他们必须探究在自然界中如何达到他们想要的效果，以及探究自然对象的属性。这些属性应该决定他的选择和安排。

大自然总是很简单，在她的景观中只使用四种元素：地面、木头、水和岩石。后来对自然的开发引入了第五种元素，即人类居住所必需的建筑。每一种元素都有不同的形状、尺寸、颜色和环境。每一处景观都只由这些元素组成，景观中的每一种美都取决于对几种元素的不同应用。

我们并不需要拘泥于作者对构成要素的定义和描述，更重要的是他对水和岩石的一些想法，因为这些表明了中国和英国山水园林之间某种程度的亲缘关系。关于水，他指出，即使水没有地面和树木那么不可或缺，它仍然是风景中最有趣的物体，是幽静隐秘之中最让人感到幸福的环境元素；在远处使人着迷，在近处使人愉快；它使人耳目一新；它使阴影有生气；它清除了荒芜的凄凉，它拓展了最拥挤的视野；它可以在平静的广阔空间中传递平和宁静的情绪；或者沿着弯弯曲曲的路线匆匆而过，为欢乐的气氛增添光彩，为浪漫的气氛增添奢华。水是如此的千变万化，几乎没有一种思想是它所不能表达的，也没有一种印象是它所不能赋予人们的。

作者说岩石是有尊严的、可怖的、吸引人眼球的。它们的体积必须要大。如果岩石只是很高,那它们仅是惊人,而不是雄伟的,宽度对它们的雄伟气势同样重要,太细长或怪异的岩石也应该排除在外。自然界中的恐怖就像戏剧中的恐怖一样,让人产生警觉。但只要它们仅仅与恐怖有关,不掺杂任何可怕和令人厌恶的东西,它们就可以令人感到愉悦。因此,可以用艺术来突出它们,展示那些以雄伟为特征的物体,改善那些展示力量的环境元素,标记那些暗示危险的环境元素,并在各处混合体现出一种忧伤的色彩。

下面的章节专门讨论园林建筑,包括废墟、道路、离房子最近的常规部分、象征性的装饰品和雕像,以及园林的模仿性或原创性,所有这些我们都必须谈及。在名为"一般主题"的章节中,作者最后对他在前言中列出的四个不同类别进行了总结描述,即农场、园林、公园和马场。即使四个类别有时会融合,但它们都有自己的特点。

园林的独特性在于优雅,公园在于巨大,农场在于简单,马场在于愉快。园林是用来散步或静坐的,而马场不需要考虑这些功能;公园既具备园林的功能,也具备马场的功能。对这些功能的考虑决定了主体的比例范围,因此一个大园林可能只能称得上是一个小公园,而一个大公园就只能是一个小马场。农场在某种程度上是根据它的大小来命名的,如果它大大超过了园林的尺寸,以至于边界超出了步行的范围,农场就成了一个马场。因此,农场和园林似乎是为懒人准备的,马场是为好动之人准备的,而公园则能同时满足这两类人。因此,座椅和供人休息、放松的建筑在园林或农场中应该经常出现,在公园中有时应该出现,但在马场中则没有必要。

这些不同类型的场地都有典型的例子,并有详细的描述。作者从最简单和最有乡村风味的开始,也就是他所说的农场。在他看来,农场标志着园林艺术改革的第一步,因为园林在这里与周围的景观融为一体。然而,农场的简单性必须有诗意的韵味,"田园诗的理念现在似乎是这种简单性的标准,符合这些理念的地方被认为是一个最纯粹的农场"。

这就是托马斯·惠特利和其他几位园艺爱好者对威廉·申斯通的李骚斯庄园评价很高的原因,这个园林被认为是他诗歌天赋的生动体现。这个园林绝不是当时最好的园林之一,但很少有地方能比这个园林激发出更多的热情和赞美,因为许多人际交往发源于此。威廉·申斯通在他最后的25年里几乎一直住在李骚斯庄园,他的大部分诗作都是在这里完成的。然而,正如托马斯·惠特利所指出的那样,人们可能会问,是这个地方使他诗兴大发,还是他所描绘的场景只是他诗歌中大量田园形象的具体表现。他的园林体现了他的个性,他的诗歌同样也能反映他的个性,而且他对前者的兴趣和为其所付出的努力肯定不比后者少。据当代见过他的园林的人说,那是"最完美的乡村优雅典范",或者换言之,"我们最优雅、最和蔼的朋友"的真实反映①。

①这句话是多兹利说的。多兹利乃威廉·申斯通的密友,也是一位出版商。参见汉弗莱斯:《威廉·申斯通:一位18世纪的人物》(伦敦,1937),第86页。

这个地方位于黑尔斯欧文附近，离伯明翰不远。尽管原貌已经改变，但现在仍然保存得较好，因为它已经被改造成了一个高尔夫俱乐部。该俱乐部将地面的某些部分改造成了平台，并且种满了草。树木被移至外围，整个地方给人的印象相当空旷。诚然，主楼还保留着，但田园诗般的隐居所、凉亭、小阁楼和凳子都被移走了，因此，它曾经闻名的多样性已不复存在。"李骚斯庄园中的多样性令人瞠目结舌，所有的围栏都各不相同，每一种围栏几乎都没有重复出现过"，托马斯·惠特利如是写道。他接着告诉我们这些树是如何被分组成丛，或作为单独的标本被隔开，抑或用来构成迷人的景色和遮蔽某些凳子。从一个场景到另一个场景的过渡往往很出人意料，因此更令人着迷。

穿过像精心修剪过的草坪一样平整的牧场，你可以漫步进入一片绿树成荫的树林，树林怀抱着一条从隐蔽的源头流出来的蜿蜒溪流。波光粼粼的水面使这一景象生机益然，甚至在树木遮挡住的溪流处或岸边的灌木丛中也是如此。阴影、水的静谧和树林的深邃，"使整个场景弥漫着一种沉静的氛围，然而它的清凉并没有让人感到寒意，树荫也没有散发出阴暗的气息，这是一种宁静但并不庄严的离群索居"。沿着这条水道，另一条小溪从斜坡上倾泻而下，在树木之间流淌。随着最后一跃，它冲进了一个山谷。在那里，人们可以看到它在林间闪闪发光。接着就进入了维吉尔的格罗夫庄园（Virgil's Grove），托马斯·惠特利对此进行了描述：

（水面）平静而光滑，有时会有斑驳的光亮，而每一片叶子的影子都倒映在水面上。叶子、苔藓、草和边缘的野生植物的青翠在倒影中显得更加明亮。（一座质朴的石桥通往水面的更远处）庄严的气氛笼罩着整个树林，小方尖碑上的铭文为它增添了一分额外的庄严。这片树林是献给天才维吉尔·毕诺的。

派帕所有关于托马斯·惠特利作品的副本（藏于瑞典皇家美术学院）包含大量的旁注，包括对维吉尔的格罗夫庄园："从翼楼可以欣赏到池塘和桥的美丽以及非常隐蔽的景色。这个翼楼标志着山谷和园林的终点，同时又是入口。除此之外，还有几座这样质朴的翼楼，它们与古典庙宇、土耳其帐篷和中式凉亭一样，都是浪漫风景园林中比较典型的必备物。"

李骚斯庄园和周围的公园。刊于南丁格尔的《美哉英格兰和威尔士》（1801）

威廉·申斯通的诗意创作能力反映在李骚斯庄园，"他自己的小天地让伟大的人羡慕，让熟练的人钦佩"。约翰逊博士在下面的文字中说明了这一点：

是否要在起伏的线条上设置一条散步道，并在每一个转弯处放置一个长椅，以便在有景观的转弯处吸引人们的注意力；是否要在能让人听见声音的地方让水流动，在能让人看到景色的地方让水停滞；是否要把时间留给赏心悦目的地方；是否在有东西要隐藏的地方加厚植被。这需要何种伟大的精神力量，我不去询问。也许一个冷酷无情的投机者会认为，这种做法与其说是人类理性的事业，不如说是一种运动。但至少必须承认，点缀大自然的模样是一种纯真的娱乐活动。即使是最迷信的观察者，也应该对那些争先恐后想要将最好的一面展示出来的人给予一定的赞扬①。

威廉·申斯通作为园林设计师的贡献远不止是对自然形式的寻欢作乐或因盲目偶然而创造了一些作品。这一点可以从他的《园林偶感》中看出，这些想法不仅显示了他对大自然的热爱，而且能看出他对浪漫主义园林流派的理论需求和要素也有清晰的认知。除此之外，他的某些想法也特别有趣，因为这些想法与中国人在相同主题上的论断相似。下面是一些值得引用的例子。

我们首先应当注意土地的特点，看它是宏伟的、荒凉的、活泼的、忧郁的、恐怖的，还是美丽的。当这些特征中的一个或另一个占上风时，人们可以允许每个部分有一个名称，然后用适当的附属物来支持它，从而在一定程度上加强其效果。

简言之，这是一种对土地特性进行的研究，也是艺术上的利用，与中国园林论著《园冶》中的观点非常相似。

威廉·申斯通的另一篇有趣的文章提到了绘画艺术和园林艺术之间的基本对应关系，在我们审议中国材料时经常讨论这个想法。威廉·申斯通对于这个问题如是说道：

山水应足够多样化，以便在画布上成画。这是一个不错的考验，因为我认为山水画家是园林最好的设计师。

这一观点与中国人的观点不谋而合。如果说成果（园林本身）是相当不同的，这是由于中国和欧洲绘画目的和方式的本质不同——一种是以图画的形式进行思想写作，另一种是静态构成的装饰视图。这种差异也可以在东西方的园林艺术中找到踪迹。

总的来说，人们可能会认为这种别致的多样性是中国的一个基本特征。这一点在多处提及。

①参见默里：《格洛斯特郡、伍斯特郡和赫里福德郡的旅行者手册》（新版），1877。

观察过位于某个适当位置的建筑物或其他物体之后，你就不应该在走之前看到那条通向它的路。你不要特意关注这个物体，而是要斜着靠近它。更惊人的是，以下言论与中国人的观点相吻合。

水应该以不规则湖泊或蜿蜒溪流的形式出现。在园林中，通过奇形怪状来加强宏伟效果或提升美感并非一件易事，但只强调奇形怪状而不追求更高级的目的是一种低级趣味，是仅仅对概念的狂热喜爱而已。多样性是美感的主要成分，而简洁性则是宏伟效果达成的必要条件。

此外，正如所料，威廉·申斯通相信景观中的建筑元素获得了特殊的意义，因为它们加深了园林的不规则印象，并将观赏者的思绪引向遥远的地方和时代。

被毁坏的建筑物似乎有一种使人赏心悦目的力量，因为它的表面是不规则的，是变化多端的。与此同时，它们也提供了场地让想象力自由发挥，使人想要扩大它的面积，或者回忆起任何与它原始的宏伟程度相关联的事件或环境。

威廉·申斯通和他同时代的人不再对18世纪前25年的一些专业园林设计师引入的那种中国风感兴趣，他们在反对传统花坛的几何图案的道路上走得更远。他们见证了查尔斯·布里奇曼和威廉·肯特的开创性贡献，并大胆地宣称自由的大自然是人类创作的最高原型，无论这些创作是用现有材料还是用画笔和色彩来完成的。对几何学的反对，在中国园林的一些描述中得到了证实，现在与成熟的浪漫主义审美相结合，使它们越来越深入到自然的核心。这种趋势自然越来越依赖于当地的条件。因此，无论是在理想方面还是在形式方面，英国的风景园林都是其自身的产物，但是，这并不妨碍它从外国的灵感来源中获得更多的养分和艺术活力。与中国的接触并不像随便看一下有关文献所暗示的那样肤浅或偶然，尽管它在影响欧洲的园林艺术方面从未变得像对尼古拉斯·普桑、克劳德·洛兰和萨尔瓦托·罗萨的画作的崇拜那样具有根本意义。这种对伟大的浪漫主义景观设计师的无限崇拜，经常被当代和后来的作家提及，而他们与中国的接触却鲜获认可。

正如我们所知道的那样，这种接触发生在18世纪初期，当时它以"诗情画意"的形式出现，在18世纪中叶之后由钱伯斯重新确立。在以威廉·申斯通和他的朋友为代表的中间一代人中，这更像是一种心理潜流，而不是一种有意识的认可。威廉·申斯通的上述声明在这方面很有意义，表明他在园林领域的想法、努力在某种程度上同中国人的态度和他们的创作有关。18世纪中叶，欧洲的审美成熟度已经达到了与明代繁盛时期的中原地区相同的水平。他们以类似的方式思考和感受，即使表达方式不同，他们也已经达到了一种艺术和文化的平衡。这一点在前面章节中已经说过了。这对最开明的园林业余爱好者的创作施加了某种基调或影响，即使他们自己认为他们的创作是个人或国家理想的忠实反映。

威廉·申斯通自己的园林作品中有丰富的联想，正如我们之前所说的那样，这些园林现在只剩下改造后的地面和某些轮廓。但他作为景观诗人的想法和表达形式（如果可以这样说的话）在某种程度上可以在另外两个园林或公园中观察到。人们提到这两个园林或公园时，也常会提起李骚斯庄园，即海格利公园（靠近伍斯特郡的斯顿布里奇）和恩维尔（Envil）公园（位于斯塔福德郡）。据当时信件证实，威廉·申斯通对这些公园的设计提出了富有成效的想法和建议，也许正是出于这个原因，这些公园被认为是18世纪中叶英国风景园林的最完美标本之一。约瑟夫·希利在他著名却罕见的《关于海格利、恩维尔公园和李骚斯庄园之美的信》中慷慨激昂地证明了它们在这方面的重要性，而且必须承认，这些地方尽管被忽视了，但仍然保留着浪漫而具有自然诗意的氛围，让游客不禁为之着迷。

它们并非由专业园艺师设计，而是由业余爱好者（即园林所有者）设计。这些业余爱好者在前往南部国家的旅行中，通过美学研究和与当代艺术家交流，他们的品位得以提升，知识也显著增加。海格利公园的主人乔治·利特尔顿尤是如此。第一任利特尔顿勋爵不仅是一位远近闻名的政治家，而且还是一位历史作家和诗人，是亚历山大·蒲柏、詹姆斯·汤姆森、亨利·菲尔丁和威廉·申斯通的密友。由于利特尔顿勋爵住在离海格利公园只有几英里①的地方，他就成了海格利公园的常客。恩维尔公园的主人斯坦福德勋爵也属于对园林艺术有着明显兴趣的乡村绅士，同时他也有审美趣味。虽然他的庄园距离李骚斯庄园很远，但他还是亲身造访，为改造恩维尔公园获取新的灵感和想法②。根据当地传说，威廉·申斯通对这两个18世纪中期的园林产生了决定性的影响。

这两个公园都具备一个多样化却残缺不整的乡村所具有的优势。在那里，宽阔的景观与更多如画的景色相交汇。两个公园的供水都很好，但显然恩维尔公园的供水更充足，而海格利公园地面上的纪念碑式的造型更令人印象深刻。这个巨大的公园是由大自然创造的，而不是人为创造的。视线所及之处，我们可以看到这个公园在一些方位上与周围的景观融为一体。克伦特山和维奇百丽山从两边拔地而起，后者形成了三个美丽的凸起处，托马斯·惠特利说其中一个是树木繁茂的地方，另一个是牧羊的开阔牧场，上面有一座方尖碑，一个是借用雅典式修斯神庙的古典神庙门廊的遗址——这种描述只有

①1英里约等于1.6千米。——译者注
②在1750年的一封信中，威廉·申斯通讲述了斯坦福德勋爵的来访，他说："他对维吉尔的格罗夫庄园非常满意，并优先考虑了海格利公园的石雕等，还说了一些亲切的话。"在多斯利的《李骚斯庄园描述》（威廉·申斯通于1764年出版的著作的附录）中，我们得知这个地方有一座大的翼楼，是为斯坦福德伯爵制造的，他当时出席了瀑布景观的开放仪式。

部分属实。两个山顶都视野广阔，从克伦特山可以一直看到威尔士的黑山。他还描述了起伏的山坡，以阶地和深褶皱的形式建成，通向山谷和开阔的田野。在公园一侧，似乎到处都是枝繁叶茂的植被，但是，托马斯·惠特利写道："公园经常交错出现成片的绿地，这些绿地占据了很多空间，正是这些绿地给海格利公园带来了丰富的景致。它们之间分离的阴影、它们的美感和种类共同构筑了海格利公园的辉煌。"

尽管随着时间的推移，树木繁茂的部分和开阔的草地之间的关系发生了很大变化，但这个观点很可能仍然适用于这个公园。此处仍然有起伏绵延的草地和枝繁叶茂的树丛相互交融，绿油油的橡树之间田园诗般的空地、凸起的绿色草地之间的潺潺溪流和其他景观形成强烈的对比，这些都是大自然的鬼斧天工。（参见553页，图31）许多游客已经注意到了这一点，这一点也或多或少地引起了人们的兴趣。人们的关注点中最主要的，也许如贺瑞斯·沃波尔所述[1]：

我无法描述公园的迷人之处，它是一座三英里长的小山，却分成了各种不同的美景。这样的草坪、树林、小溪、小瀑布和茂密的翠绿一直延伸到山顶，并且可以看到城镇、草地和树林的景色，一直到威尔士的黑山。这里有一座桑德森·米勒建造的城堡废墟，有男爵战争的历史遗迹。有一个小湖，瀑布倾泻而下，就像帕纳塞斯山[2]一样！高处有一个圆形的寺庙，还有一个仙境般的山谷，有更多的瀑布从岩石中喷涌而出！有一个隐居地，就像赛德勒家族[3]的版画中那样，在阴凉的山头上，偷偷窥视下面辉煌的世界！在树林下有一口漂亮的井，就像尼古拉斯·普桑画中的撒玛利亚女人一样！在公园外有一片树林，公园的另一边有一座可一览全景的山。我的眼睛因凝视而疲惫，我的双脚因攀登而疲软，我的舌头因赞美而疲累，我的语言因赞美而词穷！

约瑟夫·希利对风景之美以及将其用于装饰的方式的热情丝毫不减。他将人们的注意力吸引到值得尼古拉斯·普桑作画的图案上，并在那些有助于完善场景和以诗意或图画形式营造浪漫气氛的几处纪念馆旁徘徊。例如，纪念乔治·利特尔顿高度重视的朋友——诗人亚历山大·蒲柏、詹姆斯·汤姆森（1748年去世）和威廉·申斯通（1763年去世）的纪念馆。亚历山大·蒲柏的纪念馆呈多利安式门廊状（刻有"音乐之歌"字样），基座上有一个骨灰盒。这个纪念馆后来被毁。詹姆斯·汤姆森的纪念馆被前人描述为八角形，给人的留下印象往往是粗壮的树干和简易的凉亭，但在这里人们仍然可以读到那段著名的铭文：

---

①引文出自1753年9月写给理查德·本特利的信。
②帕纳塞斯山，位于希腊中部，古代被认为是太阳神和文艺女神们的灵地。——译者注
③赛德勒家族，16—17世纪北欧版画创作和发行最成功的家族。——译者注

致不朽的天才詹姆斯·汤姆森。

他是一位杰出的人。

活着时，他很乐意在这个安静的地方调弄他的七弦琴；

死后，乔治·利特尔顿建造了这座纪念馆来纪念他。

从建筑的角度来看，这座灰暗的建筑并不引人注目，但却是乔治·利特尔顿仰慕詹姆斯·汤姆森的明证。詹姆斯·汤姆森可能比其他任何人都更善于教导人们倾听青翠大自然的声音，这无疑是值得纪念的。

在这方面同样具有说服力的是基座上的美丽大理石瓮，上面刻有以下铭文（参见553页，图30）：

致威廉·申斯通先生：

他的诗句，

有着与生俱来的优美。

他的举止，

有着和蔼可亲的简朴。

这首挽歌，

就像田园诗歌一样，

带着最温柔的甜蜜。

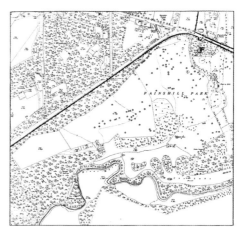

潘西尔园林测量员所绘的平面图

这样的铭文远胜一切论文和描述，更能揭示潜藏于心而又鲜活涌动的友情、追求和对自然的热爱。这些暗藏的情感又为那些能够用有生命力的材料、文字和石头进行创作的幸运儿提供灵感。派帕在海格利公园尤其感受到了古典美之梦的脉搏，这一点在托马斯·惠特利对这个地方描述的旁注中得到了体现：

英式花园的自由和不加掩饰的展现使在英国的旅行变得非常有趣。道路上随处可见的教堂、方尖碑、桥梁、帐篷等最显眼的装饰品，唤醒我们之前可能在脑海中形成的关于希腊和田园牧歌般景色的想象。永葆青翠、草木繁茂，这是英式花园最擅长模仿的。任何一个经过伍斯特郡的海格利公园和威尔特郡的斯托海德庄园的人都很容易认同这一点。

总之，对于派帕这一代的自然爱好者来说，这些园林或公园就像是希腊和罗马的古典理想风景；对于那些有充分想象力的人来说，它们提供了在当代环境中体验自己打造世外桃源的可能性。毫无疑问，正是这种愿望激发了古典庙宇（参见554页，图32）、大园林（尤其是斯陀园）中的古瓮、柱子和门廊的建造理念，但它们被引入了一个令人印象深刻和华丽的生活环境中，将连贯性与和谐性强加于整体，也为其他时期和文化的纪念馆留出空间。因此，在海格利公园，一座中世纪城堡的废墟被竖立在中心。据说，建筑师桑德森·米勒拟定了一份以哥特式风格重建整个城堡的计划。公园里还有一间乡村风格的小屋、一间隐居小屋、一个洞穴、一间哥特式壁龛和几张长凳或休息的地方，用来欣赏变化万千的风景。随着岁月的流逝，这些建筑都已坍塌，许多原有的景观构图也已消失不见，但在远处的山上，人们仍然可以看到细长的方尖碑，它是极度开阔视野的终点。在公园更远处，矗立着一根柱子，上面有威尔士弗雷德里克王子（父亲为英国国王乔治二世）的雕像——打扮成了罗马将军的样子。

然而，海格利公园的纪念碑不像斯陀园那么多，那么有影响力，而是与周围的环境融为一体。当然，从装饰的角度来看，它们意义重大。更重要的是它们有想象力支撑，不仅是眼睛的休息之所，也是心灵超越平凡世界飞向遥远地平线的休憩之所。

恩维尔公园以前的气氛和现在是完全不同的。这个地方几乎不再是一个公园，而是一片灌木丛和牧草的荒野。衰败的现象长期得不到遏制，只有在少数地方还能看出旧有的规划。离老宅最近的小型观赏性园林的布局似乎很凄凉。在恩维尔公园，唯一不可能被破坏或抹去的是丰富的水源。在隆起的地面上，宽阔视野的中心图案仍然由两个湖泊组成，远处更高处还有一个，此外还有园林中被忽视的池塘和喷泉。（参见554页，图33）威廉·申斯通设计的瀑布的水流曾经冲入更远的湖泊，现在静静地流淌着。在前景的湖泊中，只剩下些许影子，显示这个喷泉以前有着万马奔腾的气势。海岸上的灌木丛已经越来越深入水中生长，用托马斯·惠特利的话来说，"在阴影的反射下显得阴郁"。在这里，只有即将迁徙的成群的鸟儿从黑暗的水面上飞起，发出鸣叫声，打破林中的寂静。

在恩维尔公园，纪念馆、装饰建筑以及喷泉雕塑已经所剩无几了。约瑟夫·希利提到了一座圆形的寺庙、牧羊人的小屋、献给威廉·申斯通的纪念教堂、哥特式拱门、质朴的小屋，以及一座"设计得非常好"的哥特式建筑——台球室。（参见555页，图34和图35）在我访问时只剩下其中的两个——半毁的哥特式建筑，其高高的砂岩外墙部分长满了常春藤；还有一个小的八角亭子，外面覆盖着松树皮，并有一个锥形的茅草屋顶和镶有铅的彩色玻璃窗。从装饰的角度来看，这些建筑物几乎没有使这个地方更具吸引力。在约瑟夫·希利的时代，恩维尔公园的艺术装饰似乎也无法与这里的自然魅力相媲美。他在"阴凉的穹顶下呼吸着开花植物散发出的芳香"，"漫步在柔软的苔绿色地毯上，聆听鸟儿悦耳的旋律"，让灵魂焕然一新。"无论我朝哪个方向走，"他写道，"穿着丝绸般光滑衣服的大自然似乎很快乐，她似乎在每一个花坛、每一丛树木、每一片修剪整齐的草坪上盘旋。"在这个公园里，人们也许还能看到这一点，那里春景生机无限，因为大自然并没有忘记她施予恩维尔公园的魔力，她只是摆脱了所有的束缚。

与海格利公园一起，托马斯·惠特利将潘西尔园林①描述为他指定公园布局类型中最重要的样本。在这个地方，公园和园林是紧密相连的，在托马斯·惠特利看来，这是艺术高度完美的证据。潘西尔园林由当时的所有者查尔斯·汉密尔顿于18世纪40年代建成，位于摩尔河河谷上方的高原边缘。其地势虽不像海格利公园那样有利，但已经得到了很好的开发。长长的洼地通向河流，把地面分成几段，气氛庄严，树木繁茂。贺瑞斯·沃波尔在写潘西尔园林的时候似乎也想到了这一点。

一切都是伟大的、陌生的、原始的，小路仿佛不是设计的，而是从松林中延伸过来的。整体气势恢宏，而且还带着一种狂野和未经开垦的严肃气息，当你俯视这片看似林立的森林时，你会惊叹不已，因为它的占地面积只有区区几英亩。

这个地方迷人的魅力部分来自它不断变化的地势和"沉默的防波堤"田园诗般的特质。正是在大水车的帮助下，水从这条小溪被抽到人工湖中，尽管它在19世纪得到了修缮，但尺寸可能与原始尺寸不同。（参见556页，图37和图38）尽管水流进湖中的石窟状开口不再可见，但现在这个水车仍在运行。在18世纪末期，这部分似乎被认为是整个公园中最可爱的部分之一。这部分也出现在了派帕最精致的铅笔画中。他后来提供了以下题词："潘西尔园林景观，派帕于1779年②，描画了由邻近蜿蜒溪流中的巨大水轮中出来的水流。它像一个由巨大的橡树树干拱起的洞穴。"从这幅画来看，潘西尔园林的植被在当时一定非常丰富。

几年后，尤维达尔·普赖斯对潘西尔园林做了以下有特色的说明③：

我一直认为，建造潘西尔园林的查尔斯·汉密尔顿不仅研究过绘画作品，而且是为了改善真实景观的明确目的而研究它们。他创造的这个地方充分证明了这种研究的用途。在许多具有惊人效果的设计中，我对一条穿过树林的道路感到非常满意。不是因为这条路受到人为的改造，而恰恰是因为它保持最原始的状态。它没有边缘，没有边界，没有明显的分隔线，除了保持地面适当的整洁和通行不受阻碍外，没有任何人为的痕迹。走在这条路上，视野开阔，步伐轻快。如果我们说一个作家或画家知道何时停笔是对他们高度赞扬的话，那么对于一个园林改造者来说也是如此。

在公园里的遗迹中，保存最好的是废旧的哥特式塔楼（显然是晚期修复的）。（参见556页，图36）它位于河岸边的大树下，部分墙体爬满了常青藤。派帕画作中的土耳其

①潘西尔园林位于萨里郡的科伯姆，现为库姆家族所有。非常感谢黛西·库姆夫人，她在现场为我的研究提供了各种便利，甚至还提供了一份地产测量师的平面图。
②1779年他不在英国，1779年无疑是1780年的笔误，这一年派帕绘制了另一幅潘西尔园林的图画。
③参见《图画艺术论文集》，第一卷，第333页。

帐篷（参见556页，图39）已经不见踪迹，而罗马陵墓建筑只剩下了地基。我们仍然可以看到树林中的巴克斯神庙，尽管它已经失去了正面的柱子，有大型浮雕装饰的凸出的三角墙有可能会倒塌。（参见559页，图50）由于屋顶坍塌，用不了多久整个建筑就会变成一片废墟。保存较好的是宽敞的哥特式亭子，它耸立在高地边缘，在长满草的斜坡上可以看到通往河谷的美丽景色。（参见557页，图40和图41）哥特式亭子的后面是两棵半枯萎、灰白的黎巴嫩雪松，光秃秃的树枝和粗壮的枝干让人想起一些史前生物的骨架（参见557页，图42），而稍远的边缘山脊上则有零星的松树。其余的地方主要是落叶树，有冬青、栗树、山毛榉和梧桐，更不用说田园诗般湖边的灌木丛了，它们构成了整个公园的中心。这里的气氛就如诗歌中描绘的那般美好。（参见558页，图45）

正如托马斯·惠特利所指出的那样，由于湖岸和岛屿蜿蜒曲折，人们无法从任何一点勘察整个湖面，因此它看起来比实际要大。托马斯·惠特利还提到了"被灌木丛所包围的隐居地笼罩在阴影中，离它最近的矮树丛和颜色最深的绿色植物都散发着阴郁气息"，而"在其他地方，色调是混合的"。如前所述，隐居地本身和土耳其帐篷一样，现在都已消失不见。派帕的画作中出现了后者，而前者则没有出现在任何画作中，但我们有理由认为它是一个类似于斯托海德庄园隐居地的翼楼。派帕也做了一张关于斯托海德庄园隐居地翼楼的画作。正如我们所看到的那样，在李骚斯庄园有一座类似的建筑，在其他公园也有此类建筑，但潘西尔园林的隐居地是唯一一处真正作为隐士住所的地方，尽管只是短期的（虽然报酬丰厚，这也无法促使扮演隐士角色的人在那里停留数月）。

然而，从艺术创作和技术角度来看，更重要的是湖岸上的石窟。那里的道路通向大岛。大岛被一座由五对木桩组成的高高的木桥与大陆相连。（参见559页，图48和图49）这个石窟被认为是同类石窟中最好的。1946年春天我第一次去那里时，它仍然保存得相对完好；但第二年再回去时，石窟房门敞开着，里面堆满了垃圾，屋顶也坍塌了。它建在一个木制框架上，外面覆盖着用铅连接的石板，石板隐藏在草皮和灌木丛下。（参见558页，图47）战争期间，驻扎的士兵把铅挖出来并移走后，雨水渗入了木质框架，使其逐渐腐烂并最终倒塌。天花板上覆盖着一层厚厚的石膏，或称之为砂浆，里面粘着大量钟乳石状的水晶长石碎片，营造出一种这里是用水晶凿成的错觉。在我第一次访问时，可以观察到派帕提到的垂饰和织锦，尽管里面半明半暗，很难看清细节。在最初的状态下，它内部肯定就像童话城堡中的节日大厅一样迷人，成千上万的小水晶在其中闪烁着。但由于它仍然笼罩在昏暗之中，很难对它的面积做一个适当的估计。

值得注意的是，派帕在1779年访问潘西尔园林时，对石窟的研究比公园的任何其他部分都要详细。这些研究的结果可以在详细的平面图和随附的文字中找到，也可以在关于潘西尔园林石窟的总结笔记中找到，包括在他于1811—1812年写的《关于英国游乐公园的构想和总体平面图的描述》中。平面图和文字让我们对石窟的建筑和装饰细节有了最好的了解，但由于派帕对18世纪美学思想的诠释以及建筑灵感来自中国风的暗示，这种描述在某种程度上具有更大的历史意义。

在平面图上（参见343页），我们发现通往石窟的路径穿过一片青草丛生的空地（平面图中的A），在与石窟本身相同的风景如画的大小不等的矿物之间，部分被大树遮蔽。这些大块的石头有两处堆成拱门的形状，另一处堆成一个大洞的形状，由于它们设计独特，奇形怪状，使人想到了中国园林中的群山。B是指螺旋下降到石窟的阶梯，需要先下三步，再上三步，然后到达到入口的栅栏门处。通过这条通道，游客进入D，"蜿蜒的通道或地下室中，从运河的开口和从拱顶穿过缝隙的昏暗光线照射到E（壁龛）上"。

现在进入的大岩洞F，是由"几个圆拱从周围聚集，并在一个孤立的柱子W（在房间的中心）上建造的。这里覆盖着透明的石柱、钟乳石、结晶石之类的东西，有些从拱顶上下来，形成了悬挂的金字塔、枝形吊灯和圆顶，有些像柱子一样从地面升至到运河边。它们捕捉到外面水面反射的阳光，然后将光射向洞穴"。通过描述，我们无法得知亚历山大·蒲柏是否意识到洞穴的上层建筑框架是木头，上面覆盖着一层厚厚的石膏或砂浆，其中嵌有钟乳石和结晶，在某些地方出现了吊坠形式的装饰。

在岩洞的后面，放着已经毁坏了的抽水机G，它通过外墙上的管道"把水分配到岩洞的沟渠中。这些水像温和的雨水一样通过隐藏在壁龛和洞穴上部的过滤器渗透进来"。这种布置显然是为了使水滴均匀而柔和，从而使人觉得这是一个地下岩洞。L表示"朝向湖的不规则孔洞，那里的水从沟渠（P）滴下来，在边缘，人们可以看到大的枝状珊瑚"。人们可以穿过这道门进入石窟，也可以从湖边进入石窟，这个入口比从陆地一侧的长隧道入口要方便得多，也更符合上述美人鱼宫殿的氛围。O指的是另一端的出口，m-m是双层墙，"墙上有通风口，以防止水流的水汽"聚集。n-n表示"在运河另一侧的桥下有一条通道，这条通道（就像其他与石窟有关的、风格相同的东西一样）布满了来自布里斯托尔和德比郡的独特矿物。整体形成了一个狂野的、不寻常的浪漫组合或创造"。运河另一侧的石雕作品仍然保存较好，从随附的一张照片中可以看出，它们在很大程度上增强了"非同寻常的浪漫组合"的印象。潘西尔石窟是前主人查尔斯·汉密尔顿花费巨资建造的。派帕后来描述潘西尔石窟时说：

各种矿物质都被用于其内部和外部的装饰。这个石窟的外部由最具罗马风格的大石块建造而成，这些大石块被称为皮埃尔·安特普罗维恩，取材于布里斯托尔附近的山丘。这种石头类似于中国园林的石头。尽管它在山顶上被发现，却布满了化石和海洋蠕虫，而且这些石块很容易组合在一起，形成最美丽的画面。人们从陡峭的湖岸往下进入这个洞穴，然后穿过一个不规则的弯曲通道，通道四周都是相同的石头，最后进入大洞穴——类似于矿井中的井口。它由靠几根柱子支撑的拱顶组成，内部装饰有支柱和钟乳石，拱顶上悬挂着形式各异、形状不同的织锦和吊灯。从被流水包围的地板上，可以看到相当大的枝状珊瑚。在石窟的内部，有许多带小盆的壁龛或凹地，水从隐藏在壁龛拱顶的滤网中像细雨一样淌下来，所有这些水最后都顺着不规则的小瀑布流下，进入附近的人工湖，阳光从那里通过开口反射到固定在拱顶的支柱和结晶上。

派帕认为，在潘西尔石窟建造过程中，之所以不遗余力地从布里斯托尔采购合适的石料，是因为查尔斯·汉密尔顿希望获得一种材料让欣赏者不禁想起中国园林中的石窟和群山。这显然是有道理的，也没有理由认为这只适用于潘西尔石窟，即使潘西尔石窟是所有石窟中最宏伟和最昂贵的。我们在斯托海德庄园和其他园林也发现了类似的建筑，尽管这些石窟后来都变成了废墟或消失了。不仅在英国，法国也有，这可以从乔治·路易·勒鲁热的版画（一些所谓的中式石窟图解）的复制品中看出。

在18世纪中叶之前，这些中式石窟建造在新设计的浪漫园林（与古典建筑相结合）中，在一定程度上标志着流行石窟主题发展的顶点。诚然，自古典时代以来，无论欧洲和东方，人们都发现石窟是令人向往的，因为几乎没有其他任何自然主义公园主题可以与石窟相媲美，或者更能激发想象力。但在文艺复兴时期，在勒诺特设计的官方园林的影响下，即使它们也采用了相对传统的形式，符合流行的建筑理想，就像我们在一些早期园林中观察到的那样。这些园林之前并没有中国影响的痕迹，直到18世纪中叶才显现出来。然而令人惊讶的是，这些痕迹不是出现在专业园林建筑师的作品中，而是出现在业余爱好者的作品中，这些爱好者对园林非常关注并且富有资财。这些业余爱好者对美学研究倾注了极大的兴趣，并在园林里投入了大量金钱。正是由于他们的贡献，中式石窟在18世纪中叶的欧洲受到如此青睐。

派帕公开声称，住在英国是为了研究园林艺术。对他来说，石窟是艺术的顶点，是潘西尔园林中最重要的细节。我对此不敢苟同，石窟很可能被认为是（或曾经是）这些场地中最精致的特征，但人们从潘西尔园林获得的最深刻的印象不是这个或其他任何建筑元素，而是大自然的巨大的力量和丰富的资源。在这壮丽的园林交响乐中，苍翠的树木——冬青、栗树、黎巴嫩雪松（参见557页，图43）和孤松，波光粼粼的水面，在树木之间颤动的光线驱散了所有的阴郁。这里一度出现过的极乐空间的景象得以留存。

第六章

浪漫的斯托海德庄园：
花园爱好者贺瑞斯·沃波尔

托马斯·威特利将新艺术的四重划分中的第三部分题为"园林",并以斯陀园为例进行说明。斯陀园被誉为同类中最宏伟和完美的园林并非毫无依据。其总体理念和装饰方案都经过深思熟虑,丰富的历史事件和典故集中在建筑纪念馆和风景中。在这里,图画的构成和关联是最基本的特征,或者用托马斯·威特利的话来说,"乡村的景色只是隶属于环境"。这一真理已被永不停歇的时间之手大为篡改。同样关于斯陀园,贺瑞斯·沃波尔找到了恰当的表达方式,他将其中的某些风景与准古典画家弗朗西斯科·阿尔巴尼的画作进行了比较。尽管弗朗西斯科·阿尔巴尼缺乏艺术独创性,但当时他是最受推崇的典范人物之一。

幸运的是,大约在17世纪中叶,当富有的银行家亨利·霍尔开始把他的斯托海德庄园(位于英国威尔特郡)改造成一个大园林时,他模仿的不是弗朗西斯科·阿尔巴尼的画,而是克劳德·洛兰的画。托马斯·惠特利没有描述过这个地方,贺瑞斯·沃波尔也只是顺便提了一下,但事实上,它可能一直都是个最完美的非古典园林实例。由于斯托海德庄园的保存状况比同期其他园林更好,这一事实现在变得越来越重要。此外,就目前而言,这个地方特别有趣,因为派帕在18世纪70年代末期对斯托海德庄园进行了非常彻底的研究。派帕似乎在那里待了数周,他根据现场绘制的图纸在几个方面为我们提供了有关英国园林的信息,这比当时已知的任何其他材料都更完整。

斯托海德庄园位于索尔兹伯里平原的边缘。庄园建在两个山谷的斜坡上,两个山谷中间有一处盆地。由于在斯托尔河上筑坝,盆地积满了水,从而变成了一个有三个深海湾的三角形湖泊(参见352页,彩色平面图)。湖岸以起伏的斜坡形式上升,两边成为真正的山脊,构成一个围绕中心布局的蜿蜒框架,即人工湖,占地约20英亩。现在的树木主要是山毛榉和角梁,以及其他树叶茂密的落叶树,但最初似乎有某种松树混在其中。沿着山坡往下走,榛子是以前主要的植物,但后来逐渐被杜鹃花所取代。如果你在初夏参观庄园,你会被树叶的丰茂、柔软的轮廓和整个园林的芬芳气味所打动。原始形态的细节显然已被茂盛的植被磨平或抹去。(参见560页,图52)在一些地方,色调变得更重、更暗,但这里的总体气氛所催生的主旋律却几乎没有改变。斯托海德庄园与克劳德·洛兰的田园音乐的联系仍然很明显。显而易见,亨利·霍尔和潘西尔园林的查尔斯·汉密尔顿一样,借用尤维达尔·普赖斯的话,"从改善自然景观的角度入手研究绘画"。

没有特权的游客可以从山上菱形(从下面看不到)的私人道路进入公园,沿着一条田园诗般的羊肠小道,经过老教堂和从布里斯托尔运来的中世纪纪念用的石质十字架。进入花园大门后,向岸边走几步,就可以看到湖面上的小岛、树林繁茂的山丘,以及作为背景的中心图案的万神殿,其白色外墙在深绿色的背景下显得格外醒目。(参见560页,图51)。这是最引人注目的景色,曾多次在早期的绘画和雕刻(包括派帕的其他作品)

（参见562页，图56和图57），以及一些更近的照片中出现。最引人注意的是靠近湖边坡岸的景色。此处以前有一个土耳其帐篷和一棵梧桐树，派帕特意为此番景色创作了一幅画，其中还显示了左边山上的太阳神庙。

然而，往相反的方向走，游客首先会经过被称为花神庙的庄严的多立克门廊。（参见561页，图53）下面的斜坡上是现在已经干涸的天堂之泉遗址，其拱形基座上有一个装饰性的石瓮。再往前走几步，人们可以沿着一条小路进入一处有两个拱门在水面上的石窟。很明显，这是一个船屋。（参见564页，图62）

花神庙后面的地势相当陡峭，现在已经长满了杜鹃花丛和更大的树木，但根据派帕的平面图我们可以知道，这里原来也有一些装饰性建筑，即小屋（参见562页，图54），一个爱奥尼亚式的门廊，中间有一个拱形的开口，还有中式壁龛。前者位于一个平台上，"那里有两条笔直的大道（一条通向阿波罗雕像，另一条通向方尖碑），从那里可以看到较低的地面和对面山坡上的太阳神庙、隐居之所等，视野广阔"。不幸的是，派帕没有给我们留下中式壁龛的画像。在他的平面图的一个角落里，有一幅特殊的中式拱桥，它横跨了湖的最远一湾。从花神庙出发，沿着岸边的小路就可以到达拱桥。这座拱桥现在已经不复存在，但在图纸上可以看到它高高的拱门和装饰性的栏杆，据说其长度为100英尺。桥身由橡木制成，在正式投入使用前风干了两年，这样就不会扭曲或变形了。然而，这并没有阻止它在17世纪中期开始腐烂，后因安全隐患而拆除。因此，绕过湖湾的小路现在长得多了。在湖湾的另一边，有一个园林看守人的小屋。这个小屋是后来建成的，是一座哥特式的石头小屋。灌木丛和一簇簇的树木原本看起来更像乡村的林地，从派帕的一幅素描中可以看出。画中，在进入洞穴前穿过树林的通道上放着一个立在底座上的瓮。（参见562页，图55）

离这片树林几步之遥便是整个园林最引人注目的建筑之一，至今仍保存完好，派帕在一系列的画作中进行了详细描绘。这就是石窟，之所以如此命名是因为它部分隐藏在覆盖着植被的土丘下。然而，从建筑的角度来看，它更像一个陵墓或小教堂。石窟的外观看起来不是很有趣，除了风景如画但不易到达的面向湖的外墙。它覆盖着与在潘西尔园林的几座庙宇中观察到的相同的真菌状的多孔石灰华。（参见564页，图63）在土丘顶部，同样的石头在茂密的植被下成片地出现。直到进入房间，参观者才意识到这种地下结构的非凡意义。（参见563页，图58）参观者可以从建筑的任何一端进入，沿着斜坡（从东面）或通过在另一端蜿蜒而下的粗糙石阶进入。无论选择从哪里进入，游客首先会来到镶有凝灰岩的小石窟般的前厅，并从圆顶中央房间的两侧延伸到矩形的厢房。在这个房间的后面有一个与前厅大小差不多的壁龛，与此相对应的另一侧是一个开放式拱顶，可以看到湖景。四个开口之间的墙壁部分设有壁龛，使房间整齐地划分。（参见

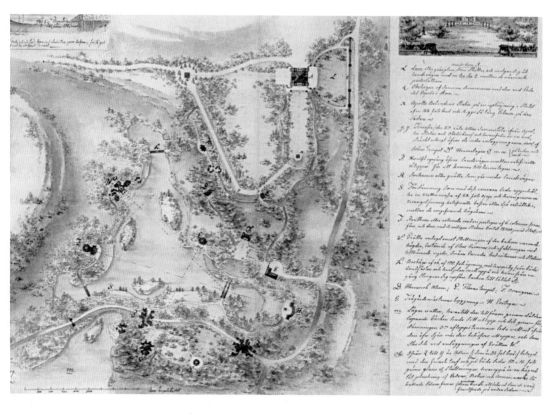

威尔特郡斯托海德庄园的平面图。派帕（1779）绘制，藏于瑞典皇家美术学院

563页，图59）由于它相对较亮，也因为屋顶灯盏的光线和水的反射，它没有给人忧郁的印象。

　　从派帕的图纸中可以很清楚地看到这个地方的建筑，其砖墙外部用一层黏土加固，而不是取用周围的泥土，里面衬着石灰华。其中还提到，"地板是用英国鹅卵石或小石子混合荷兰三合土的砂浆铺设在砖基上，然后在下面用鹅卵石和砾石铺成坚实的底部"，所有这些都是为了让斯托河的水源源不断地流入后面壁龛中的池塘里，从而达到实用目的。派帕的平面图还显示了水是如何被收集到建筑物后面的一个较大的池塘中，然后通过壁龛最远处的一个基座两边的侧渠流出，如下所述："一块小石头上放着克利奥帕特拉的雕像，她被称为'沉睡的仙女'，水绕过这个雕像流入前面的小池塘"。（参见565页，图64）

　　也就是说，这就是著名的"沉睡的仙女"大理石雕像所在地，亨利·霍尔似乎是从当时非常受欢迎的雕刻家雷斯布拉克那里订购的。关于这个雕塑的起源，我们没有得到任何细节信息，但我们不禁要问，这是不是受到了亚历山大·蒲柏从拉丁文翻译过来的诗句的启发？他把这些诗句刻在一块大理石板上，作为他在特威克纳姆花园的一部分铭文，尽管他未指明仙女是何人。这首诗显然引起了亨利·霍尔的兴趣，因为他把这句诗作为花园的中心主题，并在雕像前的大理石上刻了下来：

岩洞的仙女们，我保存着这些神圣的泉水，
在水的淙淙声中睡去。
啊！饶恕我的沉睡吧，轻轻地踏上山洞，
在沉默中饮酒，或在沉默中哭泣。

这并不是宏伟的石窟中唯一的雕像，如果向西走，穿过狭窄蜿蜒但越来越宽阔的庭院道路，就会来到一个漆黑的石灰华石窟，这在派帕的画中被称为"海神洞"，因为海神的雕像（同样由雷斯布拉克创作）被放置在这里的神龛中。海神的右手拿着三叉戟，左手托着一个水瓮，水从里面流出。（参见566页，图65和图66）前面的大理石板上的铭文是借用了维吉尔·毕诺的话。[①] 为了将这些地下室改造成庄严而独特的神灵居所，他们不惜一切代价。在那里，古典的雕像与风景如画的环境形成了鲜明的对比。正如我们所看到的那样，后者的特点是采用了与潘西尔园林内更古朴的石窟相同的石灰华，可能意味着这里也受到了中国的影响，即使在这里没有像其他采用相同材料的地方那么明显。在园林更远处的一些隧道中也发现了这种材料。

从这个与水面齐平的奇特房间爬上去，你几乎会有一种漂浮感，继续在花丛中漫步，很快就进入了一个截然不同的世界。那里的场景具有古典特色，道路在庄严的柏树之间蜿蜒，通向一座山丘。山丘上有一座有圆顶柱式门廊的大型建筑。其灵感来自罗马万神殿，名字也来源于此。（参见566页，图67）由于它离岸边如此之近，在碧波荡漾的水面上的倒影变成了一幅灵动可爱的画面。最重要的是，这座建筑作为一个统一的中心主题，在湖上最好的景色中脱颖而出；而且其位置确实非常好，因为它耸立在繁茂的树叶之间，既坚固又紧凑，而且轻盈优雅。穹顶的内部有一个通风的圆形大厅，因为在墙壁的凹槽里，高高的基座上有一尊罗马雕像，代表瑟雷斯[②]（有莉薇娅[③]的特征），还有四尊巴洛克雕像，其中值得一提的是雷斯布拉克的著名杰作——手持棍棒的大力神，尽管这与优雅的古典主义建筑框架难以协调。（参见567页，图68）

如果游客从万神殿向西走，就会经过一座桥。此桥横跨湖中最远的一个海湾，湖里的水被水闸拦住了。从这里沿着一条蜿蜒的小路继续前行，很快就能看到一些古朴的拱门和拱顶。（参见567页，图69）通过这些拱门和拱顶，走上陡峭的斜坡，来到了隐修院最初所在的林间小台。建造这些质朴的隧道式拱门的实际原因是，必须在这个急剧上升

---

① 贺瑞斯·沃波尔显然不喜欢石窟，但他也承认这座石窟的优点。他在《奇闻逸事》中写道："在这种气候下的洞穴只是过眼云烟。当它们以对称性和建筑式样有规律地组合时，就像在意大利那样，它们只是极不得体的行为。斯托海德的那个洞穴是最明智的，也是最幸运的，在那里，河流从其神龛里冲出来，沿着它的河道穿过洞穴。"
② 瑟雷斯，罗马神话中的谷神。——译者注
③ 莉薇娅，罗马帝国第一任元首屋大维的妻子。——译者注

的穿过公园的旧公路上进行建设，这样施工时就无法深挖路段，这自然会让游客想到中国园林的群山和隧道。这里使用的质朴石料与中国常见的石料惊人地相似，建造者也希望创造一些明清园林所特有的如画的野趣。就像潘西尔园林的石窟与中国的相似一样，这里与中国的假山相似。这当然不是巧合，而是有意为之，即便不能说是直接模仿。在稍微往东一点的地方，还有另一个类似的石头建筑，但它几乎具有隧道的特征，这条小路不是穿过它的顶部，而是穿过它的内部。值得注意的是，多年以后，派帕在斯德哥尔摩的查理十二广场的设计方案中采用了同样的想法，阿森纳斯嘉顿艺术走廊在这里就像一条穿过堆积如山的岩石的隧道。

沿着一条蜿蜒曲折的小路，穿过质朴的拱门，游客便来到一个平台前，在那里可以停下来眺望湖面。（参见567页，图70）眼前的冬青树和毁坏的拱门在黄昏中仿佛是黑暗的剪影，与银灰色的水面和对岸的绿树相映成趣。这里有着田园般的和谐氛围，与"休憩的克劳迪奥"画面中完美呈现出来的寂静之美有着异曲同工之妙。

在斜坡稍高的地方，树木变得更茂密，小路在灌木丛中无迹可寻了，被称为隐庐的著名建筑坐落于此。派帕对此进行了详细的说明和描述。（参见568页，图72）隐庐也差不多具有石窟的特征（分为三个房间），但大部分不是用石头建造的，而是由树桩倒转，根部绑在一起形成尖顶，就像大肆张开的巨大爪子或触角。从派帕的画来看，所有这些倒置的树桩扭曲的形状和张开的树根与小路相接并在房间上方缠绕在一起。它们看起来一定非常奇妙，就像野蛮的史前野兽的残骸一样可怕。（参见568页，图71）现在，这些东西都不复存在了，树桩已经腐烂或被烧毁了，但多亏了派帕的描述和图纸，人们仍然可以对原始结构有一个概念。他如是说道：

无论是精心选择的位置、质朴的形式，还是用料方面，这个隐庐超越了同自然相结合的艺术和品味所能想象的一切。后者实际上由大而多节的橡树树桩组成，其树皮两侧与苔藓相连，根部向上翘，形成四个尖拱，一个在入口上方，第二个形成所谓的德鲁伊①牢房或小屋的入口（图71），第三个用作出口，第四个可以从隐庐俯瞰下方整个园林的景色。在入口和出口处，有几棵橡树树干并排而立，上扬的树根交织在一起，看起来像天然的柱廊。顺着小路蜿蜒而下，来到一个石窟——就像隐藏和覆盖通往银行家的房子或农场之一的公共道路的拱门一样，它穿过地面，只要离园林够远，在园林的任何地方都发现不了它。

沿着蜿蜒小路从隐庐遗址走向另一个稍高一些的平台，平台的顶端是太阳神庙。从这里，游客再一次沿着峡谷向下，穿过东部的岩石，到达岸边和横跨东湾的桥，也就是他开始游览的地方。太阳神庙同万神庙和花神庙属于同一类精美装饰建筑，尽管它有更明显的特征，即巨大顶盘的围柱式建筑。这个顶盘在高大的科林斯式柱子上以深曲线连

①德鲁伊在罗马、希腊神话中意指森林女神。——译者注

接。（参见569页，图74）据说它是仿照巴勒贝克[①]寺庙建造的，如果考虑到它的晚期罗马巴洛克风格，这听起来就足够可信了。

从派帕的一幅画中可以看出，这座寺庙以前位于一个开放的露台上，从很远的地方就可以看到，但现在此处长满了灌木，尽管1947年已经砍掉了一些。这在一定程度上改善了这座寺庙的外观，可以从露台上欣赏到壮丽的景色：如镜的水面居于中央，茂密的树丛展为两翼，蜿蜒的岸边逐渐褪去，光影摇曳在幽暗的背景上，一切都与自然风光完美相融。（参见568页，图73）

除了以上提到的神庙外，派帕的图中（参见568页，图72）还画出了一些不复存在的建筑，比如门廊（H）、橘园（F）、小屋（Q）、中式壁龛（D）、帐篷（B）和方尖碑（Z）。方尖碑与罗马的波波罗门尺寸相同，处于园林西北两条路径的交汇处。因此，这里不乏古典风格与异国情调兼具的纪念性建筑，但它们以一种不同于斯陀园的方式与景观融为一体。派帕的评论当然有理有据，斯陀园想要"极简和质朴的外观，也希望人们能在斯陀园感受到浪漫和独特之处"，即使在今天，这种判断也可能得到大众认可。如前所述，托马斯·惠特利对当代英国场地的分类包括四种：装饰性的农场、公园、园林和马场。现在已经给出了前三者的典型例子，但还可以对马场（法语中称为采石场）做一些补充。马场也是英国在18世纪中叶的典型创造，尽管它们比想象中更难定义。托马斯·惠特利指出，它们与园林的相似性或亲缘关系在于"马场扩展了座位的概念，并有一种俯瞰整个国家的视觉体验"。马场应该种植精挑细选、分组明确的树木，并在这些树下设置能欣赏到不同景色的座位。作者特别强调了对树木的选择，他对这些树木进行了仔细的描述，其中包括香石楠、铁杉、卫矛、忍冬之类的矮树丛。当然，最重要的是，主要路线应该以一种令人愉悦和变化多端的方式蜿蜒前行。它甚至可以穿过一个田园诗般的小村庄——小房子隐藏在大树下，木桥横跨在潺潺的小溪上。他说："很少有村庄不可以变得宜人。"可以对房屋进行小改动，增加种植园，以掩盖不足。但是，他的结论是："在马场，场景只是途中的娱乐，娱乐不会停止。而在园林中，场景是主要的。"因此，人们应该尽可能地使其自然，以便让观者被大自然本身的魅力所吸引。随后他提到了一个这类马场的完美例子——蒙茅斯郡的珀斯菲尔德。

贺瑞斯·沃波尔是这个领域的终极权威，至少后人认为如此，他把园林分为"与公园相连的园林""观赏性农场"和"森林或未开发的园林"。贺瑞斯·沃波尔还对所谓的追求多样性，即在各个方面追求过多的多样性、异国情调和夸张效果，提出警告和抗议：

如果我们一旦忽视了园林景观的合理性，就会陷入中国人奇妙的"诗情画意"中。我们已经懂得如何追求完美，向世界提供了真正的园林模式。让其他国家模仿或腐蚀我们的品

---

①巴勒贝克，黎巴嫩中部城市，以罗马时期古迹著称。——译者注

味；但就让它在翠绿的宝座上统治吧，它以其优雅的简约性为原创，除了软化自然的严酷和复制她优雅的触感之外，没有其他引以为豪的技艺。

贺瑞斯·沃波尔表达了英国绝大多数园艺爱好者所珍视的理想，不过他又指出受异国情调影响的其他园林模式在英国很受欢迎。毫无疑问，这些也是推动园林理念发展的一个因素。在18世纪中叶之后，新的园林理念从英国传到欧洲大陆，并以"英中园林"的名义广为人知。然而，在讨论这些问题之前，不妨先思考下贺瑞斯·沃波尔的反思。这些反思以其特有的方式表达了合乎情理的自豪感和自信，表明了英国人在这些问题上的立场。

意识到英国在园林领域做出的贡献可以与法国、意大利在浪漫山水画方面的贡献相媲美后，英国人希望在他们的国家有相应重要的画家出现。贺瑞斯·沃波尔在他自己的作品中表达了这个愿望：

如果不重新回到野蛮、拘礼和与世隔绝的状态，当日常种植园达到令人肃然起敬的成熟阶段时，什么样的景观会使我们的每一个角落都显得高贵呢？如果我们中间有克劳德·洛兰或加斯帕·凡·维特尔[1]的后裔，他一定会出手相助。如果树木、水、树林、山谷、贫民区能激发诗人或画家的灵感，就在这个国家，这就是创造他们的时代。这国家是多么富有，多么欢乐，多么美丽！

为什么这片福地，这片土地，这片领域，这个英格兰！

没有诗人或者画家！

贺瑞斯·沃波尔和莎士比亚的诗中都表达了同样的骄傲，以及对大地、水、茂密的植被以及岛屿的幸福隐居生活同样的感情。英式公园或风景园林实际上是英国人热爱自己所在的富饶肥沃的国土的结果。英式园林完全符合他们的渴望，非常满足他们的需求，以至于他们不再有任何沉溺于可能侵占他们理想的欲望。与其他民族相比，自然风景的浪漫情怀对他们来说更重要，这就像一种爱国主义。这种爱国主义在他们的精神世界根深蒂固，就像深深地扎根进他们周围的土壤一样。

因此，18世纪中叶以后发展起来的欧洲园林中的异国元素，在英格兰的主导地位不如在欧洲大陆那么重要。贺瑞斯·沃波尔和他的朋友们所倡导的哥特式浪漫主义和其他类似的民族理想比中国思想影响更大，尽管在这一时期，这些是由一个亲自访问过远东的人以新的热情和辞藻提出的。他被视为该领域的真正权威人士。我说的这个人就是钱伯斯。由于著作众多，钱伯斯被誉为欧洲中式园林的领军人物。我们将对他的活动进行更深入的探讨，但在回答这个特殊的问题之前，对于钱伯斯的主要研究方向——典型的英国风景园林，提供一些补充信息可能是有用的。

---

[1]加斯帕·凡·维特尔（1652—1736），荷兰画家，画作在意大利旅行者中很受欢迎。——译者注

第七章

兰斯洛特·布朗
和
汉弗莱·莱普顿

兰斯洛特·布朗（1715—1783）是一位大师。在18世纪中叶之后的几十年里，兰斯洛特·布朗对英国人来说比其他任何纯粹完美的英式园林的缔造者都重要。大家更愿意称他为"能人布朗"，因为他善于发现和创造可能性，以改进他所处的景观场景。他的活动范围广泛，毫无疑问，在接下来的50年里，在确定英国风景园林发展主线上，他比其他任何人都发挥了更大的作用。贺瑞斯·沃波尔写道，国家和威廉·肯特都是幸运的，因为威廉·肯特的后继者是像兰斯洛特·布朗这样有才能的大师。但他也声明，就他自己而言，他无法对兰斯洛特·布朗进行评论，因为他的《画家趣闻逸事》一书不打算谈及任何在世的艺术家。他补充说："如果把评论兰斯洛特·布朗这件事留给更有能力的学者，对兰斯洛特·布朗来说会更有裨益。"我们可以赞同的观点是，要对兰斯洛特·布朗作为园林设计师的能力做出公正的评价并非易事。

根据他的批评者的审美观念和对园林问题的态度，人们对他的评价截然不同。总的说来，他的同辈人都十分敬重他——其中包括对他赞赏有加的托马斯·惠特利。但对下一代人来说，兰斯洛特·布朗似乎是一个缺乏想象力的、机械的园林掠夺者，而不是一个改良者。在后面的章节，我们将回到批评兰斯洛特·布朗和他的后继者的主要论点上。这些批评是由主要的业余人士，如奈特和尤维达尔·普赖斯在18世纪末期提出的。在这里，只需引用后者的几句话，即可作为当时对兰斯洛特·布朗的流行看法：

很少有人能如此幸运，从来没有见过或听说过真正的散文家。他微笑着，以同样平静的面容，同样平和的声音，清楚地说出流畅的平庸之言。他是蜿蜒的小径、曲折的绿化带和河流的象征，兰斯洛特·布朗先生的所有作品都像他自身一样，平和、流畅、均匀、清晰；和他一样，它们也会让人精疲力尽。

这些话也许有些讽刺和尖锐，但当得知这是看到兰斯洛特·布朗大量"改进"的人的自然反应时，便会觉得情有可原。这些改进大多重复着同样的模式，给人一种程式化的统一和单调的印象，再加上兰斯洛特·布朗对旧公园的树篱、大道、阶地和其他形式特征的无情破坏，引起了年轻一代的不满和反对。对于只看过兰斯洛特·布朗几个最佳作品的人来说，他似乎更受欢迎。不可否认的是，他知道如何充分利用大自然提供的构成元素，如繁茂的树丛和清澈透明的水面，并在它们的帮助下创作出有效的，甚至是壮丽的景观。他的一位女性崇拜者宣称，与其说他是一位画家，不如说他是一位诗人，他的作品都是有灵性的挽歌或田园牧歌。

兰斯洛特·布朗似乎从未受过任何实际意义上的艺术教育，但他的实践训练已经足够有效。起初，他受雇于斯陀园的科巴姆子爵，当时只是一名菜农，但他逐渐获得了英国贵族的信任，他们特别委托他对肯德莱斯顿庄园、布伦海姆宫和克鲁姆宫庄园等古老的庄园进行改进或现代化改造。在他的作品《风景园艺中的梗概与线索》（1794）中，兰斯洛特·布朗提到他的继任者汉弗莱·莱普顿询问他的知识从何而来，他提供了答案。

起初，他受到几个地位显赫人士的资助，并被公认为是有品位的人，于是他就逐渐有了预判效果的能力；部分是由于反复的尝试，部分来自那些被他的天分所吸引与之交谈以及亲密的人的经验。虽然他自己不会设计，但有许多风景画是在他的指导下画出来的，这都归功于他的想象力。

汉弗莱·莱普顿认为这种预先判断效果的能力是真正的园林大师的标志，毫无疑问，兰斯洛特·布朗在这方面有很多实践和把握。他不是像查尔斯·布里奇曼或威廉·肯特那样的创新者，但他对英国的风景情有独钟，他知道如何做出正确的改变来展现它的美丽。我们不知道兰斯洛特·布朗有什么原创园林设计，他最著名的作品都是对旧园林的改造，毫无疑问，他对它们的改造是大刀阔斧的。他削减了林荫大道，夷平了阶地，把河道从装饰性的布景中去掉。对原有园林的特征进行抹灭在多大程度上利大于弊，这是一个几乎无法回答的问题，因为新旧园林之间已无法进行对比。但是，如果我们相信18世纪末期和19世纪初期批评家们的话，那么他所摧毁的园林比那些在原地建造的园林更有价值。

兰斯洛特·布朗最佳的作品之一无疑是在布伦海姆宫。这座伟大的宫殿是根据约翰·范布鲁的平面图建造的，作为马尔伯勒公爵在布伦海姆取得胜利（1704）的国家奖励。大概在18世纪20年代，约翰·范布鲁与皇家园丁怀斯合作，以一种相当正式的风格规划了周围的环境，至少有部分装饰花坛和树篱是他们设计的。半个世纪后，当兰斯洛特·布朗受命对花园进行现代化改造时，他填满了花坛（其中一个已经修复），并将草坪移植到了城堡，现在仍然可以在公园一侧看到。他认为必不可少的是起伏的表面，由大树丛分隔和框起。他用草坪包围宫殿，用林地框起建筑以获得这种韵律感。城堡露台下方的山谷被水填满，使整体面貌焕然一新。兰斯洛特·布朗创造了以绿树成荫的河岸和庄严的白杨岛为中心主题的湖泊或河流景观。景色整体是那么庄严，对比效果是那么巧妙，中间翠绿宽阔的水面是那么赏心悦目，以至于人们可以很好地理解兰斯洛特·布朗的感叹："泰晤士河，泰晤士河，你能原谅我吗！"

托马斯·惠特利和大多数18世纪六七十年代的园林爱好者一样，对兰斯洛特·布朗十分钦佩，他写道：

布伦海姆宫的一切都是伟大的，但在那广阔的空间里，没有留白。平原是如此广阔，各个部分是如此重要，各个物体也是如此壮丽；山谷宽阔，林木深邃，虽然建筑间距很大，但每栋都很宏伟，在它周围，到处都弥漫着富丽堂皇的气氛。河流沿着长长的、变化多端的路线，靠近每一个物体，接触到每一个部分，把它的足迹延伸到整个地区。尽管这些景物彼此相距很远，但它们似乎都聚集在水的周围。水的四周是一片广阔的土地，而水的尽头未可知。无论在大小、形式还是边缘上，它都与景色的庄严相当。它以这种精神设计，以原始捐赠的慷慨之情建造。当时伟大的人民把这个住所慷慨地赠予这位英雄，他应该得到他的国家最好的馈赠。

这种观点得到了很好的阐释。布伦海姆宫以其宏大的规模、丰富的形式、广阔的水景和树林、壮丽的树木和阴凉的步道而令人印象深刻。但也有两三个古典风格的建筑纪念碑、一个壁龛和一个寺庙门框，是根据钱伯斯的设计建造的。奇怪的是，钱伯斯是被邀请来对兰斯洛特·布朗的创作做补充的。

无论人们对兰斯洛特·布朗所改造园林的艺术价值持有何种观点，必须承认它们是经典的，有时甚至是真正的宏伟风景园林的典范，即把整个景观变成浪漫自然公园的艺术。在英国国家园林理念的发展中，兰斯洛特·布朗的贡献或许比任何人都要大，后来还有汉弗莱·莱普顿（1752—1818）和他的儿子，更不用说后来的英国景观设计师，他们继续成功地推行了这一理念。这个学派是英国园艺的主要代表，或是世界的。这一学派实际上是基于兰斯洛特·布朗的思想，由汉弗莱·莱普顿在理论和实践中提出和重塑的，因此，我们不妨提供一些兰斯洛特·布朗活动的例子，尤其是对他有帮助的相关描述和水彩画。在他的著作《风景园艺中的梗概与线索》中，他特别写道：

改善一个国家的风景，充分地展示其天然美，是一门起源于英国的艺术，因此被称为英式园林艺术。然而，由于这个表达不够恰当，特别是因为园艺，在更狭义的意义上被称为园艺学，在这个国家同样得到了最大的完善，我采用了"风景园林"这个术语，因为只有风景画家和有实际经验的园丁的共同努力才能完善这门艺术。前者必须构思一个计划，后者才可以执行。画家丰富的想象力必须服从于园丁的实践知识。另一方面，一个纯粹的园丁，如果没有一点绘画技巧，就很少能在建造园林之前对效果形成一个恰当的构想。这种对效果有预知能力的人在每一种高雅艺术中都能成为大师。

汉弗莱·莱普顿在他所谓的《红皮书》中进一步阐述了这些想法和观点，其中包含了按照新的理念改造旧园林的建议。根据这些，他（用水彩）勾勒出他心目中的画面，并希望用大自然所能提供的配件来使这个画面变为现实，但在要改变的部分上，他设定了一块挡板，他称之为幻灯片，在上面显示出该地的原始面貌。因此，把这个东西放在一边，人们就能构思一个画面，知道这个地方在改建后会是什么样子。换句话说，这就是他所说的"预判效果的能力"的一个示例。

举个例子，我们可以参考他在兰利公园拍摄的照片，照片上有一条部分被拆除的大道。他声称，大道的缺点是它把公园分成了两个部分，从而破坏了统一感。这条大道可能有窗帘的效果，一般来说，它会屏蔽一些比一长排树木更有趣的东西。通过切断大道，我们可以在某些地方拉开帷幕，如果这样做得很巧妙，就可以在某些地方，特别是在大道的首端和末端保留一些大树。尽管大道有间断，我们还是可以使其保有一个古老林荫大道的印象。图中显示了这一做法在兰利公园的应用情况，林荫大道在中间被切断了，因此，植有高大橡树的部分被置于突出位置。林荫大道没有了庄严的外观，景观起伏的自然之美比以前得到了更好的展示。从客厅的窗户看到的林荫大道的古老外观没有受到影响，因为从房子的总体透视图中，几乎看不到移除的树木。汉弗莱·莱普顿补充说："虽然我不建议设置这样的大道，但在前面的树木中，以及在仰望兰利公园的这一长长的视野中，总会有许多古代的宏伟景观。"因此，他认为兰利公园的林荫道不应该完全被移除，而只应该被切断，这就足以产生新的华丽的效果。

汉弗莱·莱普顿没有兰斯洛特·布朗那么激进。兰斯洛特·布朗毫不犹豫地把林荫大道上的树砍掉了，只剩下最后一棵。汉弗莱·莱普顿属于开始意识到老式布局也包含值得保留的元素的一代人。

另一个类似的改造计划是对埃丁汉姆庄园车道的改造。由于这条道路沿着公园的边缘伸展，给人一种封闭的印象，汉弗莱·莱普顿建议把沿路的那一排封闭的树木移走，因为这样就可以把车道引到公园里，树木也就可以分散成小丛。人们应该会有这样一种印象：开车穿过公园，而不是沿着公园的外围行驶。

在他的另一幅插图设计中，汉弗莱·莱普顿把他的注意力特别转向了水，像他钦佩的前辈兰斯洛特·布朗一样，他对水的装饰效果给予了最大的重视。作为他用水方式的一个例子，我们可能会想到他对维尔贝克园林和温特沃斯庄园提出的改进建议。关于维尔贝克园林，他写道，这里的水，由于有许多小涧流，而且从房子里可以看到它的末端，几乎让人觉得它是一个小湖。但是，由于宽阔的河流总是比小湖泊更美丽，所以应该将水改道，使其延伸到房子之外，形成连绵不断的河岸线。隆起应该被宽阔的曲线切开，这样整个画面就会呈现为一条安静流动的宽阔河流。他的图画说明了这一点，同时也展现了地面向房子方向延伸的方式。根据汉弗莱·莱普顿的说法，这种变化在现场的意义比图画中显示的要大，因为图画中只显示了房子的一小部分。

位于约克郡的温特沃斯庄园有很多水，但正如他所写的那样，这些水没有被充分展示出来，从大路走到这里的人根本看不到水，因为它们分散在树丛中的小湖或池塘里。汉弗莱·莱普顿建议，所有这些水都应该汇集在一起，呈现出宽阔的水流的特征，为了强调这一点，没有什么比一座桥更有效的了。桥传达了一条长长的水道的概念，它的起点和终点是无法观察到的，而且除了使用桥之外，无法跨越水面。

通往兰利公园的道路。栗树大道移除前后的对比图。汉弗莱·莱普顿绘制

埃丁汉姆庄园的车道，最初被一排树围起来时的样子，以及移除一些树后的样子。汉弗莱·莱普顿绘制

位于兰开夏郡的兰舍，显然有一种较古老的对称式布局。这样的公园很难以一种使整体显得自然和非人工的方式并存而进行现代化改造。从兰舍的房子里看去，视野被侧翼的墙壁所封闭，以柱子和对称排列的树丛为终点。在这些前面略微升高的平台上有一个长方形的池塘。汉弗莱·莱普顿的任务是打破线性对称并降低水位。当兰舍位于对称的环境中，高出地面的池塘会反射天空的光，产生一种闪光的效果，在眼睛和远处的物体之间不断闪烁。换句话说，它是一面大镜子，吸收和反射光线，从而限制了视野，使观看者无法清楚地观察到位于远处的部分。汉弗莱·莱普顿这样解释这个问题：

有适当的距离和以自然形态呈现的水是非常令人愉快的，并以不可抗拒的力量吸引我们。但是兰舍的池塘被置于前景中，占用了太多的景观，既没有足够赏心悦目的形状，也没有足够自然的位置。这与它作为这一场景的主要特征并不相符。

为了补救，汉弗莱·莱普顿不仅移走了池塘，还移走了露台，两翼的树木在一定程度上发生了改变，形成不对称但平衡的体量。汉弗莱·莱普顿的建议是，景观应该占主导地位，园林的构成应该给人一种开阔的乡村和无拘无束的自然的印象。

这里不是对汉弗莱·莱普顿作为"花园改良者"的活动进行详细分析，而是为了说明他是如何继承兰斯洛特·布朗的传统并进行改良。随着年龄的增长和经验的增加，他允许自己在很大程度上与兰斯洛特·布朗的方法相左，他在各方面都不那么激进，并显示出对别人以及自己的审美理想和风格的逐渐欣赏，从而形成了向维多利亚时代[1]的过渡。

---

① 参见佩夫斯纳："汉弗莱·莱普顿"，《建筑评论》，1947。

第八章

钱伯斯：赫希菲尔德的批评

在园林史上，很少有人能比钱伯斯更出名、更受推崇，这主要是因为他被认为是18世纪下半叶最重要、最具影响力的中国风代表人物。他的声誉是建立在他的一些广为流传的出版物之上的，本章将对此进行论述。无论如何，还有一个很好的理由让我们特别关注钱伯斯的生活和思想，关于他生活和工作的最详细的传记资料可以从瑞典得到。

因此，我们不是在托马斯·哈德威克的《钱伯斯爵士生平回忆录》①中，尽管托马斯·哈德威克是钱伯斯的学生和朋友；也不是在有关英国皇家艺术学院（钱伯斯是该学院的创始人之一）的作品中，而是在他于1770年1月寄往瑞典的一份备忘录中（当时他被授予北极星勋章），找到了关于他的履历和主要作品的最可靠的信息。据了解，这封信的原件没有被保存下来，只是被加姆·佩尔森以副本形式保存下来（日期为1781年②）。下面是完整的英译本：

赞扬自己是令人不悦和难为情的，也有损自尊。

你应该很容易理解，让我写自己的成就是多么困难和痛苦。虽然你说完全有必要，但我要求除非必要，否则不要将这份文件示人，请记得收回。

你也知道，我出生在（瑞典）哥德堡，后在英国接受教育，16岁时回到瑞典。在瑞典东印度公司工作期间曾三次前往孟加拉国和中国。在这些航行的空闲时间里，我学习了现代语言学、数学和人文学科，但主要兴趣是民用建筑，因为我从小就对民用建筑最感兴趣。

航行期间，我还造访了英格兰、苏格兰、荷兰、佛兰德斯③和法国的部分地区。

1749年，我离开了瑞典东印度公司前往巴黎。在那里生活了大约一年，一直在勤奋地学习建筑。从那时起，我坚定地把建筑作为唯一的研究和职业方向。

在巴黎逗留期间，有幸结识了瑞典驻法国宫廷的公使舍费尔伯爵阁下，他对我照顾有加。1750年底我离开巴黎前往意大利时，他写了几封推荐信把我推荐给意大利的一些知名人士，这些推荐信对我帮助很大。

我在意大利待了五年，大部分时间都在罗马，但也在那不勒斯、佛罗伦萨、博洛尼、威尼斯、维琴察、热那亚、米兰、都灵等地逗留了一段时间。每到一地我都尽可能地提高自己的研究能力。

从意大利出发途经法国时，在其南部地区停留了一段时间，于1755年抵达伦敦。此后我一直在伦敦工作，并获得了远超我应得的荣誉和回报。

---

①托马斯·哈德威克的《钱伯斯爵士生平回忆录》于1825年出版，只印了25本，但在后来也印刷了一些版本（1860年版等）。这里提供的有关钱伯斯早期生活的数据，存在部分错误且不完整，在大多数后来的传记中都有提及，例如威廉·桑德比于1862年出版的《皇家学院的历史》。
②钱伯斯先生的生平资料：他是大不列颠国王的首席建筑指导和御用建筑师，瑞典皇家北极星（骑士）勋章获得者。1770年由他本人写就。
③佛兰德斯，今比利时西部、法国北部、荷兰沿海部分地区。——译者注

1756年，我被任命为威尔士亲王（即现任国王）的建筑顾问，有幸在建筑方面为他提供指导，并在几年内做出了新的建筑设计。在此期间，我还成为威尔士王妃（国王的母亲）的建筑顾问，根据她的要求，按照我的平面图和指导，邱园中各种庙宇和其他装饰建筑拔地而起。后来国王命人将这些图纸进行了刻版印刷，还支付了我800英镑的版税。

　　国王陛下登基后，希望我担任他的首席建筑指导，但由于担任这一职务的是一位非常年长的前辈，而且已经任职多年，我请求让他留任，而我以国王陛下建筑顾问的名义成了建筑委员会行政专员。直到去年年初这位老人去世，我才接任他的职务，并任职至今。这是一个艺术家可以得到的最高职位。这一职位总是授予出身高贵并对议会有利之人。

　　去年年初，国王陛下非常高兴地任命我为皇家艺术学院的司库，很荣幸创建了这个应该会促进国家艺术发展的学院。

　　短居伦敦时，出版了三部关于建筑的著作。正如阁下您所看到的那样，我的著作广受好评，特别是建筑类书籍。关于这本书，贺瑞斯·沃波尔先生和其他几位作家都写了一些赞美之辞，自己就不便大肆宣扬了。

　　两年前，冒昧地给瑞典女王陛下寄去了自己的所有作品，女王陛下很开心地收下了，我还荣幸地得到了一个华丽的金盒。女王陛下命令奥古斯特·于尔登斯托尔佩伯爵告知，她很喜欢这些书。

　　我主持建造的建筑太多，以至于不能完全记清，只能大致提一些，比如：为里士满公爵在苏塞克斯造的一个宏伟马厩和古德伍德的一些建筑，以及他在伦敦房子里的各种装饰；马尔伯勒公爵在布伦海姆宫的一些寺庙和其他装饰，以及伍德斯托克镇的一座联排别墅；贝德福德公爵在沃伯恩修道院建造的前厅和豪华公寓；彭布罗克伯爵在威尔顿的花园里的凯旋门、赌场和一座桥，以及在伦敦的房子里的吊顶；阿伯康伯爵在苏格兰爱丁堡乡村庄园的一座宏伟的房子和马厩；查尔蒙特伯爵在都柏林的一家酒店和一座宏伟的图书馆，以及在同城的园林里的一栋别墅和几座庙宇；贝斯巴勒伯爵在伦敦的住所和附属建筑物；高尔伯爵在伦敦的一家豪华大饭店；克莱夫勋爵在什罗普郡的两栋房子；位于伦敦的路德教会教堂。

　　在伦敦，我建造了大量的房屋，在英国的其他地方也是如此，我就不提了，因为这些人在瑞典并非耳熟能详的人物。我现在正忙于在里士满建造一座皇家宫殿。

　　我已经48岁了。你说我必须找一个在宫廷里有名的人写一份证明，以便证明我的专业地位，我肯定不会这样做，因为在瑞典只有虚荣和软弱的人才会这样，且会被鄙视和谴责一辈子。如果有人怀疑我所写内容的真实性，这些建筑就站在所有人的面前，我将向冯·诺尔肯男爵或舍费尔伯爵阁下可能乐意提及的其他任何人展示我的作品。

加姆·佩尔森写于1781年5月21日

这份备忘录是用瑞典语写的，这也证明了钱伯斯与他的祖国保持着密切的关系，他的母亲和兄弟姐妹在他离开后一直留在那里，他的信件和笔记也证实了这一点。其中包括比约恩斯塔尔（Bjornstahl）于1775年在伦敦访问钱伯斯后写的内容："他认为自己是瑞典人，说瑞典语，而且很像瑞典人——他确实为我们的国家带来了荣誉。他有一座相当漂亮的房子，他在那里以接待王子的方式①接待瑞典人。"（此时，钱伯斯已经搬进了位于伯纳斯街13号的房子）

根据信中所述，钱伯斯生于1722年底或次年初（不是托马斯·哈德威克和其他传记作家所说的1726年），他于1723年2月23日在哥德堡受洗。他们家原是苏格兰人，据说他的祖父曾借钱给瑞典国王查理十二世，这可能是他的父亲约翰·钱伯斯在瑞典定居的主要原因，因为他父亲希望能收回部分借出的款项。在这方面，他父亲并没有取得多大成功，但从1715年开始直至1735年去世，作为哥德堡钱伯斯和皮尔松经纪公司的合伙人，他父亲的生意做得很好，因为从财产清册来看，钱伯斯家是比较富裕的②。然而，很小的时候钱伯斯似乎随父亲去了英国，并被送到约克郡的里彭上学，他自己用"在英国接受教育"这句话来支持这一假设。当他的学业结束，年轻的钱伯斯在16岁时（1739年）回到了哥德堡的家。然而，他的家可能在这之后不久就分崩离析了，因为他的母亲在1740年去世，兄弟两个也相继出国了。

钱伯斯最初的计划似乎是像他父亲一样成为一名商人，加入与他父亲关系密切的瑞典东印度公司，享受远东贸易带来的丰厚回报。

瑞典东印度公司成立于1731年。1740年，该公司至少有三艘船从哥德堡驶出，即1月出发的"贵族院"号、4月出发的"斯德哥尔摩"号和"弗雷德里克国王"号。前两者前往广州，后者前往孟加拉，三者均于1742年10月18日③返回瑞典。从现有的文件中看不出学员钱伯斯在哪艘船上航行，但他自己说的"我三次航行到孟加拉和中国"可以被解释为他的第一次航行只有孟加拉，乘坐的是"弗雷德里克国王"号。他于1742年10月回到哥德堡，并于1743年4月再次出海，这次是作为"贵族院"号的助理押运员。该船于1745年9月12日从广东返回。

这次愉快而圆满的航行，可能意味着在广东停留的时间相对较长，也许是一整年，

---

① 参见比约恩斯塔尔的《法国、意大利、英国、土耳其、希腊之旅》（伦敦，1775年5月19日），由格乔尔韦尔二世于1780年出版。

② 参见贝克斯特伦的《钱伯斯的动人备忘录》。这篇文章转载了加姆·佩尔森所写的钱伯斯备忘录副本，以及钱伯斯家的财产清单数据。

③ 有关船只的航行日期和船员的数据（船长、押运员和他们的助手）引自哥德堡博物馆展出的一份文件，标题为"1732—1766年间'萨奥特拉康帕涅特'号船上人员轮值表"。该文件也被贝克斯特伦在1948年引用。

而且还在进口货物上获得了可观的利润。两年后，钱伯斯开始了第三次远东航行。正如备忘录中所述，这段间隔期是用来旅行的，目的是在欧洲大陆研究建筑。总而言之，这位年轻商人的艺术兴趣越来越占上风，但这并不妨碍他再次乘坐东印度公司的船只前往中国，这次是作为押运员（与大卫·桑德伯格、科恩和克里格一起）乘坐"希望"号。他们于1748年1月20日从哥德堡起航，并于次年（1749年）7月11日返回。由此可知，他们最多在广东停留了六个月。

我们不知道这位年轻的押运员在这一时期有什么经验和研究，但毫无疑问，他们在许多方面都是受限的，因为押运员的职责实际上是相当苛刻的。押运员要负责卖掉船上的货物，并为回国的航程购进新的货物。他们没有多少时间来发展自己的兴趣爱好，而且他们也不可能为了自己的爱好而进行更长的探险旅程。当时所有的欧洲商人都在清朝政府的监管之下，他们被限制在广东附近（广东本身对他们来说是一片未知的土地），他们几乎没有机会认识中国人，除了政府任命的与欧洲人进行交易的十三行商人。另一方面，我们可能会理所当然地认为，由于浓厚的兴趣和足智多谋，钱伯斯没有忽视任何可以增加他最喜爱的建筑领域的知识的机会，即使他仍然是一个业余爱好者而不是一个专业人员。从他后来的出版物来看，在广东期间，他对建筑、家具和家用器皿进行了素描和测量，而关于他研究园林的材料非常少。他自己后来写道，在广东只看到了几个小型私人园林，但他能够充分利用他在中国看到和学到的星点东西！

一回到瑞典，他就毅然决然地离开了瑞典东印度公司前往巴黎，真正投身于建筑事业。这是钱伯斯人生的转折点，或者用他自己的话来说，"从那时起，我坚定地把建筑作为唯一的研究和职业方向"。经常有研究（由托马斯·哈德威克首次提出）说钱伯斯此时在巴黎的查尔斯·路易斯·克莱里索手下工作，这应该是错误的，因为查尔斯·路易斯·克莱里索与钱伯斯同龄，前一年（1749年）查尔斯·路易斯·克莱里索在帕尔斯学院（The Academy in Pars）赢得了罗马大奖赛并去了罗马。很可能，当钱伯斯于1750年底前往意大利时，在那里遇到了查尔斯·路易斯·克莱里索。查尔斯·路易斯·克莱里索当时正在与亚当斯兄弟合作，在罗马推广英国艺术。

钱伯斯在巴黎期间结识的最重要的朋友显然是法国宫廷的瑞典公使舍费尔。他的艺术兴趣和对东方的喜好显然影响了钱伯斯。毫无疑问，钱伯斯的准瑞典公民身份帮助他进入了瑞典公使的视线。显然，无论钱伯斯是在巴黎还是在意大利，舍费尔都尽其所能帮助这位年轻建筑师，并给钱伯斯介绍他的新朋友和赞助人。

钱伯斯在意大利待了近五年，他在备忘录中简要地提到了这一点。他对古典纪念碑和帕拉第奥式建筑的研究（可能是在克莱里索的影响下）在意大利并没有获得多大的反响，但这些研究对于他将来的建筑活动具有重大意义。他所建造的一切都带有帕拉第奥古典主义的印记，因此有助于延续17世纪上半叶的英式建筑风格。正是这一点确保了他作为职业建筑师获得成功。

返程时他在法国南部做了短暂逗留，但在1755年底回到了伦敦，结识了同乡布特勋爵。布特勋爵得到了威尔士弗雷德里克亲王的遗孀、威尔士亲王的母亲奥古斯塔公主的青睐。威尔士亲王当时还是个未成年人，后来继位为乔治三世。由于布特勋爵的个人影响，钱伯斯在1755年被任命为威尔士亲王的建筑顾问。正如他自己所写的那样，他有幸"在建筑方面为他提供指导，并在几年内做出了新的建筑设计"。同时，他还是亲王母亲的宫廷建筑顾问，并以此身份改造邱园。这奠定了他的声誉和地位。乔治三世一继承王位，就任命钱伯斯为他的宫廷建筑师和建筑委员会行政专员。1769年成为国王陛下的首席建筑指导，这是一个艺术家可以获得的最高职位。此外，1768年，钱伯斯主动提出成立英国皇家艺术学院，并被任命为该学院的司库。这是一个需要信任的职位，也被认为是一种莫大的荣誉。

钱伯斯因此获得了显赫的社会地位，并在他的新工作中取得了相当大的成功，通过舍费尔的推荐，他被授予了瑞典北极星勋章。促使他获得此殊荣的因素还有他的著作，其中包括当时深受公众欢迎的"建筑三部曲"。这些作品包括《中国建筑、家具、服饰、机器和器具设计》（1757）、《论民用建筑的装饰》（1759）和《邱园的庭院和建筑的平面、立面和透视图集》（1763）等。几年后，他又完成了一篇名为《东方造园论》的奇文。他当时的影响力、名声，尤其是成为喜爱远东风格流派的代表，在很大程度上归功于这些出版物，但在把目光转向这些出版物和他的一些园林作品之前，不妨先引用几段他与舍费尔就瑞典北极星（骑士）勋章的颁发和瑞典其他活动的通信中的几段话。在1770年5月4日的信中，舍费尔明确表示，这项荣誉是由于他的直接干涉，这可以作为他对钱伯斯高度尊重的证据。以下引用的是法语译文[①]：

亭子。
刊于钱伯斯的《中国建筑、家具、服饰、机器和器具设计》（1757）

---

①引自英国皇家建筑师协会档案的《钱伯斯信件集》。

我向你保证，先生，你能在我可能为你服务的问题上向我表态，这让我感到非常高兴。长期以来，我一直对你的个人品质抱有最高的敬意，现在这种敬意又因你在艺术上获得的巨大声誉以及由此给你的国家带来的荣誉而进一步加强。正是基于这些理由，国王认为应该授予你一个杰出的标志以表示他对你的恩宠，于是在上个月28日举行的分会上授予了你北极星（骑士）勋章。我谨奉陛下之命，于今日将此事通知您，并借此机会向您表达我个人最诚挚的敬意。

　　冯·诺尔肯男爵会很快把勋章寄给你，他将以国王陛下的名义为你授勋。沃耶·德·阿根松伯爵先生也写信给我，表示他对这一令人高兴的事件非常感兴趣。有这样一位强有力的赞助人，同时也是一位艺术鉴赏家的支持，对我在这里宣传您的功绩是很有帮助的。先生，我想您应该亲自向他表达谢意。另外，我请您的朋友查普曼先生向您转达我的问候，愿友谊长存。

舍费尔

斯德哥尔摩，1770年5月4日

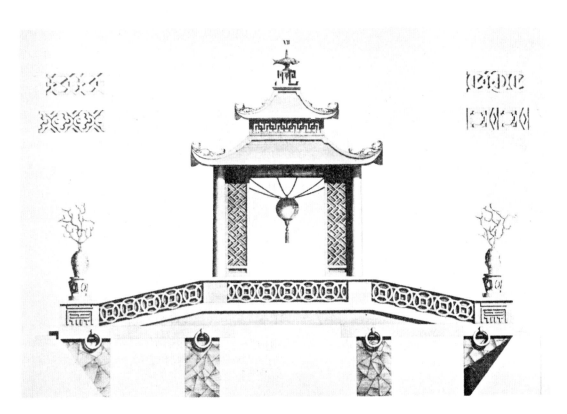

亭桥。摘自钱伯斯《中国建筑、家具、服饰、机器和器具设计》(1757)

舍费尔和钱伯斯之间的通信持续了一些年头（尽管保存下来的信件数量不多），并且具有传记价值，证明了这位日益知名的建筑师对瑞典的情况表现出持续的兴趣，但这些信件并没有涉及太多他的艺术活动。[①]这些后来的信件中的第一封是1772年10月9日从伦敦寄来的，信的开头写道，他已经把自己最新的著作《东方造园论》的两本副本寄给了斯德哥尔摩的朋友查普曼[②]，一本是送给国王的，另一本是送给舍费尔的。然后，他谈到了最近结束的政变，并特别向舍费尔表示真诚的祝贺，因为他相信，这一变化一定是"对臣民有利的，也是对君主有利的，而如此伟大的事业能够在不流血、不混乱、不抗议的情况下实施，无疑是一件幸事。革命是经常发生的，但很少有像我们最近看到的那样进行得如此好的革命"。

　　他对舍费尔作为国王的老师的能力表示祝贺，因为他如此成功地培养了国王的思维习惯和行为方式，从而培养了一个摄政王，"他有一天会与古斯塔夫二世相媲美，并恢复瑞典君主制的昔日荣光"。

　　在1773年6月11日的信中，他讽刺地提到了某些英国报纸对古斯塔夫三世政变所提出的批评。"就我自己而言，"他说，"我不是政治家，我宁愿做一个奴隶，也不愿为自由不断争吵，既然经验证明所有政府都有其不便之处，最安静的似乎是最舒服的。专制国家和民主国家的主要区别在于一个是由君主统治，而另一个是平民自治，而一万只野猫的爪子完全可以像狮子的爪子一样让人望而生畏。"

　　最后，钱伯斯说，他已经（再次通过他的朋友查普曼）给国王和舍费尔寄去了两本他的小书的新增订本（这次是法译本）。他还说，译者"说了一些我不应该听到，阁下也不会注意到的恭维话"。对于钱伯斯这样的人来说，这种愿望无疑不应该被过分解读。

　　第三封信写于1775年2月24日，是对舍费尔建议钱伯斯迁往瑞典至少住上一段时间的答复。这位对艺术感兴趣的政治家无疑意识到，像钱伯斯这样的人可能是瑞典的一笔财富。但这个建议提得太迟了，钱伯斯的回答如下："如果不是国王的恩宠和众多的家人，以及对英国的依恋把我留在这里，我肯定会特意前往斯德哥尔摩。其他吸引我的因素现在很少，一系列成功的生意使我获得了丰厚的财富，而宽容的世界给了我永远也配不上的声誉。"他反而推荐了他的弟弟，因为他与英国没有如此紧密的联系，因此他可能更容易在瑞典为自己创造一个美好未来。然而，他的弟弟当时正在法国南部学习，并且刚刚完婚，预计夏天之前他不会回到伦敦。我们不知道舍费尔是否觉得这个建议令人满意，但钱伯斯和弟弟约翰内斯·钱伯斯都没有搬去瑞典。

---

①钱伯斯的信件被收录在瑞典国家档案馆的《舍费尔书信集》中。
②查普曼，未来的海军上将和瑞典海军的建设者。

这些文件在一定程度上说明了钱伯斯作为建筑师的快速发展过程，他获得的有影响力的赞助，以及他与瑞典的持续联系，即使这些联系不那么重要。

在园林这一特殊领域，钱伯斯占据了核心地位，并产生了深远的影响。不过，奇怪的是，他的影响不是通过作为建筑师的实际工作，而是通过他的理论出版物产生的。这些出版物以英语或法语形式传播到几个国家。

这些著作中的第一部于1757年以大对开的形式出版，书名为《中国建筑、家具、服饰、机器和器具设计》，由钱伯斯根据在中国绘制的原稿雕刻而成，书中还附有对其房屋、花园等的描述。这部制作精美的作品同时以英文和法文出版，在欧洲的艺术界产生了巨大的影响，因为它是第一本关于中国建筑、家具、家庭用具等主题的技术类"可靠"出版物。

在前言中，钱伯斯提到了"对中国的学问、政策和艺术的无限赞美"，并认为这是肆意哗众的结果。他声称已经避免了这一点，因为他认为只有在与他们周围的民族相比时，中国人才是伟大而明智的，因为他不希望把他们与西方文化中的古人相提并论。他应一些艺术爱好者的要求发表的照片是几年前他在广东画的草图和测量结果。它们的目的是纠正在欧洲流行的关于中国建筑的非常不恰当和误导性的观念。书中还介绍了中式家具、家用器皿、机器、服装和园林。他非常重视园林，因为"中国将布置园林的艺术发展得炉火纯青，他们在这方面的品位很好，这也是我们在英国一段时间以来一直追求的目标，尽管并不总是成功。我努力使我的叙述与众不同，并希望它对我们的园丁有一些帮助"。

这就是我们感兴趣的材料，这本书包含了钱伯斯观察到的或听到的与中式园林有关的所有重要内容，或者说，他在这一领域的真正知识，而15年后出版的《东方造园论》则是对这一主题非常武断的阐述，更不用说奇妙了，其目的是论战，而不是为了提供客观信息。以下材料取自题为"中国人布置园林的艺术"这一章节。这一章为鉴赏钱伯斯对中国园林这一主题的认知以及他对这一艺术的总体态度提供了出发点。

作者一开始就承认，他在中国只见过几个小园林，并宣称在其他方面，他的知识要归功于一位画家，这位画家把中国人的观点传达给他。

大自然是他们的原型，他们的目的是模仿大自然所有美丽的不规则之处。他们首先考虑的是地面的形状，无论是平坦的、倾斜的、丘陵的、多山的，广阔的还是小范围的，是干燥的还是沼泽的，有丰富的河流和泉水还是容易缺水的。无论在什么情况下，他们都十分谨慎，选择因地制宜，并花费最少的资金，掩盖缺点，突出优点。

由于中国人不喜欢走路，所以我们很少见到像欧洲种植园那样的林荫道或宽敞的步行道。整个地面被布置成各种场景，你可以通过在树林中开凿的蜿蜒通道，享受不同视角带来的视觉体验。中国的园艺家就像欧洲的画家一样，从自然界中收集最令人愉快的物体，他们努力使这些物体不仅单独呈现时有最好的效果，而且还能结合在一起，形成一个优雅而引人注目的整体。

他们的艺术家们将三种不同的场景区分开来，给它们冠以悦目、恐怖和迷人的称号。他们的迷人场景在很大程度上符合我们所说的浪漫主义，在这些场景中，他们使用了若干手段来使人们感到惊奇。有时，他们让一条急流从地下流过，湍急的水流声让首次前来的人感到震惊，因为他们不知道水流从何而来；他们把岩石、建筑物和其他物体摆放得很好，使风通过不同的间隙和空洞，发出奇怪和不寻常的声音。他们引进了各种奇特的树木，并让不同种类的大型鸟类和动物自由活动。

在他们的骇人场景中，他们设置了悬挂的岩石、黑暗的洞穴和湍急的瀑布，树木参差不齐，似乎被暴风雨撕成了碎片，建筑物有的成了废墟，有的被火烧掉了一半，还有一些分散在山上的可怜小屋，一下子表明了居民悲惨的生存状况。在这些恐怖的场面之后，通常会有一些令人愉快的场面。中国艺术家知道对比对心灵的触动有多大，所以不断地练习突兀过渡，以及形式、颜色和色调的鲜明对比。因此，他们引导你从有限的景色走向广阔的视野，从恐怖的事物走向欢乐的场景，从湖泊和河流到平原、丘陵和森林。他们以适当的角度建造建筑，以适应一天中每个特定时间的娱乐活动，或者在较小的花园里布置建筑物，从它们的用途确定一天中享受完美场景的时间。

由于中国的气候非常炎热，他们在园林中设计了很多水系。在小园林中，如果情况允许，他们经常把几乎整个地面都埋在水下，只留下一些岛屿和岩石；在大园林中，他们引入了广阔的湖泊、河流和运河。他们的湖泊和河岸模仿自然界，有时是光秃秃的砾石，有时岸边布满树林。有些地方是平坦的，装饰着鲜花和灌木；有些地方是陡峭的，岩石嶙峋，形成了洞穴，其中的一部分水发出声响，并有了冲击力。

他们同样建造了假山，在这一方面，中国强于所有国家。建造假山是一种独特的职业，在广东和中国的大多数城市都有许多工匠从事这项工作。他们使用的石头来自中国的南部海岸。这种石头呈蓝色，在海浪的作用下被磨成不规则的形状。中国人对这种石头的选择非常考究，我甚至见过有人用几两银子买了一个拳头大小的石头，那石头形状漂亮，颜色鲜艳。但是他们在园林中使用一种比较粗糙的材料，即蓝色的水泥把石头连接起来，形成了相当大的岩石。我曾见过一些精美绝伦的作品，这些作品使我发现了匠人非凡的高雅品位。当石头很大时，他们会在其中开凿洞穴和石槽，并设有开口，通过它们你可以看到远处的景色。他们在不同的地方用树木、灌木、荆棘和苔藓覆盖，在它们的顶部设置小寺庙或其他建筑，你可以从在岩石上开凿的崎岖不平的台阶登上顶去。

他们用各种各样的手段来制造惊喜。有时,他们领着你穿过黑暗的洞穴和阴暗的通道,走到那里,你会突然看到一片美丽的景色,那是丰富的大自然提供的一切最美丽的东西。在其他时候,你会被带着穿过林荫道和小路,这些地方逐渐缩小,变得崎岖不平,直到最后,通道被灌木、石楠和石头完全阻断,变得不可通行。这时,一个丰富而广阔的前景意外地展现在你面前,它是那么出乎意料,所以更令人高兴。

他们的另一个手段是用树木或其他中间物体来隐藏构图的某些部分。这自然会激起观赏者的好奇心,让他走近观看,然后被一些意想不到的场景或一些与他所寻找的东西截然相反的事物所震惊。他们总是把湖泊的尽头隐藏起来,为想象力的发挥留下空间,只要能够付诸实践,他们在其他作品中也遵守同样的规则。

我们所说的丛生植物,中国的园艺家们并不陌生,但他们比我们更少使用它们。他们从不把整块土地都用丛生的树木填满,而是把种植园当作画。他们把树木归类,就像画家把人物归类一样,分为主要的和次要的群体。

本章以下面的话收尾:

这就是我在中国短居期间学到的内容,部分来自我的观察,但主要是来自莱普顿的教导。从上述内容可以推断出,按照中国的方式铺设地面的艺术是非常困难的,资质平平的人无法掌握这一技艺。因为尽管这些规则简单而明显,但将其付诸实施则需要天赋、判断力和经验,需要强大的想象力和对人类心灵的透彻理解。这种方法没有固定的规则,但可以有诸多变化,因为创造的作品设计各一。

从这些摘录中可以看出,钱伯斯对中式园林的描述绝非毫无可取之处,尽管它不像一个多次访问过中国的建筑师所期望的那样完整和系统。他自己观察到的东西,如石头和水、蜿蜒的小路和成群的树木,被简单而令人信服地描述出来,而他道听途说的大量内容则显得更加梦幻,而不是令人信服。这一点很值得我们关注,尤其是在钱伯斯后来描述中国园林时受到的批评,以及对其存在的质疑。如果钱伯斯把自己限制在通过观察

一座两层的中式房屋及其部分花园的横剖图。刊于钱伯斯的《中国建筑、家具、服饰、机器和器具设计》

了解的范围内，他日后宣传中国（通过《东方造园论》）肯定不会引起那么多蔑视和反对，他在第一本书中为唤起人们对中国园林和建筑艺术的兴趣做出相当谨慎的尝试时也不会有人不悦。

正如他自己在前言中所指出的那样，这本书并不是要歌颂中国在园林艺术方面的技巧，他的实践活动也没有任何明显的亲华主义色彩。这一点，从他在1757—1762年间在威尔士王妃居住的邱园中完成的作品可见一斑。在钱伯斯为这个地方规划的20多座装饰性建筑中，2/3以上是古典式的，一座是摩尔式的，一座是土耳其式的，还有两座是中式的。他决不是盲目推崇中国建筑，相反，他认为中国人还没有达到欧洲人的水平，但他确实希望引进某些如诗如画的创新，使园林更具多样化，更具想象空间。然而，在这方面，他非常谨慎，很少把他的理论付诸实践。

我们对邱园的了解相当不全面，因为它已不复存在，但我们可以从1763年出版的一本精美的大开本书中了解到钱伯斯的作品和花园的总体特征，这本书的标题是《邱园的庭院和建筑的平面、立面和透视图集》。在之前引用的1770年备忘录中，钱伯斯提供了他的这本邱园著作的信息：

> 在此期间，我还成为威尔士王妃（国王的母亲）的建筑顾问。根据她的要求，按照我的平面图和指导，邱园中各种庙宇和其他装饰建筑拔地而起。后来国王命人将这些图纸进行了刻版印刷，还支付了我800英镑的版税。

园林本身没有被提及，钱伯斯似乎没有像他对建筑创作那样重视这个问题。至于其他方面，他在布置花园方面也不能完全随心所欲。在著作的某个部分，他提到了主要管理者，即负责邱园种植园的园艺专家，这些种植园将成为"欧洲种类最多，质量最好的奇特植物收藏园"。除了各种装饰性建筑之外，他本人所做的内容只能从介绍性的评论中间接看出：

> 邱园不是很大[①]。没有优越的地理位置，因为地势较低，也没有任何景观。最初的地面是一片死气沉沉的平地，土壤总体上是贫瘠的，既没有树木也没有河流。在如此多的不利条件下，要在园艺方面产生任何东西都是不容易的，不过在一位既长于耕种土地又富有艺术修养的主管的指导下，他克服了一切困难。曾经的沙漠现在成了伊甸园。为了弥补自然界的缺陷，掩盖自然界的畸形，艺术的判断力得以运用并获得了普遍的赞誉，反映了创造者的高雅品位。为了使这项艰巨的事业达到完美，花费了大量的资金，也为杰出拥有者的慷慨和仁慈带来了无限的荣誉。

---

① 隶属于王妃府的园林只占现在邱园植物园面积的一半左右。

谁是具有"高雅品位"的"创造者"，谁"既长于耕种土地又富有艺术修养"，是一个难以回答的问题。钱伯斯是否真的给自己起了这么谄媚的称号，还是指的是王妃的密友和钱伯斯的保护人布特勋爵呢？这个问题可以暂且搁置，因为它对我们的讨论无关紧要。毫无疑问，布特勋爵是对这一布局的一般原则产生最大影响的人，而钱伯斯则特别关注地面的造型、水面的铺设、景物的安排等。他在文章中提到了某些主要部分，例如异域园林、花园和鸟舍、花坛、动物园或野鸡场、荒野和湖泊。本文不可能对这些项目进行更详细的说明，因为没有一个建筑迄今还保持着原来的状态。我们必须满足于与最重要的建筑和装饰性特征有关的一些数据，因为它们出现在版画中。

　　异域园林中最漂亮的建筑是橘园。它位于宫殿附近，形状像一个质朴的拱廊（145英尺长，30英尺宽，20英尺高）。它在某种程度上让人想起威廉·肯特在斯陀园建造的某些建筑，但它是根据钱伯斯1761年所绘的平面图建造的。离这不远处就是太阳神庙，这是钱伯斯为邱园创作的众多古典作品中最优雅、装饰最丰富的一个。据钱伯斯自己说，他构建太阳神庙的灵感来自巴勒贝克的一座建筑。在这块几乎具有植物园性质的土地上，具有重要实际意义的是带有巨大火炉的暖房，这一点后文将进行仔细描述和说明。一道装饰性的大门将异域园林同被称为花园的部分隔开。花园是一个开放的空间，两侧有乔木和灌木，远端有一个长而通风的建筑。该建筑有大的格子窗，因而被用作鸟舍。前面是一个以几何图形划分的花圃和一个四叶形的池塘。换句话说，这是一个传统的风格布局。从这里有一条弯弯曲曲的小路通向动物园，也叫野鸡园。野鸡园是一个很大的椭圆形，里面充满了水，周围有一系列高高的格子鸟笼。（参见572页，图81）正如钱伯斯所描述的那样，中间伫立着的是"一个不规则八角形的亭子，是我模仿中国的开放式亭子设计的，于1760年完成"。（参见572页，图82）亭子的附近有贝罗纳神庙，这是为数不多的保留下来的建筑，尽管在某种程度上，椭圆形的圆顶已经消失了，但多立克式的四边形门廊仍然存在。（参见571页，图80）在花园的同一区域，还矗立着三座小圆庙，这似乎是钱伯斯最欣赏的建筑类型，它们是潘神庙、埃厄洛斯神庙和索尔图德神庙（Temples of Soltude）。后者是一座封闭的建筑，而其他两座是开放的，而且设有滑动墙体，因此人们就像坐在一个小龛里，可以凝望任何自己想要欣赏的风景。其中，埃厄洛斯神庙是唯一保留下来的神庙，尽管在后来的修复过程中有些简化（没有门楣装饰）。（参见574页，图85）

　　描述下页图的文本中，以下内容值得引用：

　　在湖的上游，靠近埃厄洛斯神庙的地方，矗立着一座两层的中式八角楼，是多年前建造的，我相信是根据约瑟夫·古比的设计建造的。它通常被称为"孔府"。它的墙壁和天花板上画着奇形怪状的装饰物，几乎没有与孔子有关的历史主题，还有几份基督教在中国传教的记

一个名为"孔府"的中式凉亭。
由约瑟夫·古比设计,
刊于钱伯斯的《邱园的庭院和建筑的
平面、立面和透视图集》(1763)

录。沙发和椅子,我相信是威廉·肯特先生设计的。

这些数据具有特殊意义,因为它们证明了在钱伯斯开始在邱园工作的几年前,中式建筑就已经建立起来了。在这种情况下,设计者一定是活跃在18世纪上半叶的著名时尚装饰家约瑟夫·古比。同样有趣的是威廉·肯特为中式装饰和家具做出的评论。然而,他在大多程度上遵循了中国模式,这是一个我们无法回答的问题。无论如何,我们必须承认这个古老的亭子和钱伯斯为邱园设计的任何一个亭子一样,都是中式的。

在这一部分还可以看到奥古斯塔剧院(一个弧形的科林斯式柱廊)、胜利神庙和一个带护栏的爱奥尼亚式围墙。围墙是1759年为纪念明登的胜利[1]而建立的。

从这里继续往园林的最远处走,就会到达钱伯斯称之为大荒野的地方。人们可以在远处看到罗马拱门的废墟,那是一个坚固的、夹在岩石之间的砖石建筑,现在还能看到,由于被丰富的匍匐植物覆盖,营造出了一种浪漫气氛。

与众多古典建筑相比,除了已经提到的两个中式凉亭外,我们更感兴趣的是建在曲折湖岸线另一边荒野中的东方建筑。除了一个例外,这些建筑都没有经受住时间的洗礼。被称为阿尔罕布拉宫的半摩尔式建筑和带有圆顶和尖塔的清真寺都不复存在。钱伯斯宣称,他尽最大努力在阿尔罕布拉宫的外部装饰中融合了土耳其建筑的主要特点,同时在室内装饰中给予了自己更大的自由,他在八角形房间的角落里放置了棕榈树形状的柱子——这是一个经常出现的形状。离这些东方庙宇不远的地方矗立着一座规模非常小的哥特式大教堂,尽管它的平面图不是钱伯斯画的,而是"蒙兹先生"(贺瑞斯·沃波尔的门徒)画的。

①明登战役,"七年战争"中英普联军与法军的一次会战。——译者注

然而，比这些现已消失的建筑物中的任何一座更引人注目的是中式宝塔。它被保存了下来并且长期以来都是邱园的主要景点。（参见573页，图84）当然，它部分地模仿了中国模型，但更细长。这座八角宝塔高163英尺，共10层，底层直径为26英尺，往上逐级递减。每层塔檐上都装饰有上了釉的龙和装饰性栏杆。该砖塔"外观鲜艳，与灰坯的搭配相得益彰，整体构造十分精细，毫无裂缝。尽管很高，建造时并不费劲"。1761年秋天动工，1762年春天便完工了，只用了6个月的时间。很明显，建筑师对这座不同寻常、令人印象深刻的建筑的自豪感超过了邱园的其他所有建筑。该塔一直是18世纪欧洲建筑掀起中国风最重要的标志。

除了已经提到的装饰性建筑外，在邱园的大卷插图中还有古董画廊的插图。画廊里有一个宏伟的古典壁柱（壁龛里有雕像）、十字形的和平神庙（有爱奥尼亚式门廊）和一个小的阿瑞图萨神庙。与前两个建筑不同，阿瑞图萨神庙仍然存在，现在被用作工具棚。在派帕的一幅画中，可以看到它原来被柏树和其他针叶树包围。此外，钱伯斯还在邱园中设置了两个古色古香的壁龛式的花园座椅和一座中式的拱桥。

邱园与斯陀园一样拥有大量闻名遐迩的纪念建筑，18世纪七八十年代，许多园林业余爱好者纷纷前来欣赏。这其中就包括派帕和法国人格罗伊。格罗伊曾写道："平坦无奇的地面被改造成了一个迷人的、多姿多彩的娱乐公园，其技巧是如此之高超。"派帕在这方面发表了评论：

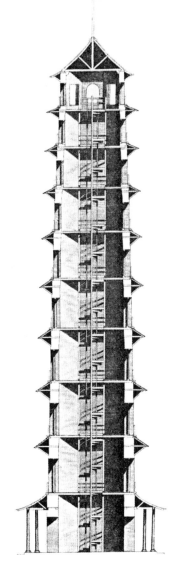

邱园中式宝塔的剖面图。
刊于钱伯斯的《邱园的庭院和建筑的平面、立面和透视图集》

骑士勋章获得者、前英国国王的首席建筑指导钱伯斯，以其在游乐园的布置和装饰方面的出色品味而闻名。他将邱园别墅前平坦而统一的地面改造成一个非常有名的、游人众多的公园。他利用开挖人工蛇形运河的泥土在单调的地面周围建起了几个小山丘，使之变化多端。人们站在上面可看到一座中式高塔、几座寺庙、一座所谓的阿拉伯风格的阿尔罕布拉宫，以及其他装饰性建筑。

一位法国观察员认为，邱园结合了"英国人的品位所能产生的最丰富和最多样的东西"①。他简单地提到了某些建筑，它们被放置在灌木丛中，围绕着由人工河流灌溉的起伏巨大的土地。河的另一边有一座建在草地中央的木桥，这座桥除了可以提供"多样的视角"外，没有其他作用。如果桥下的那条小河已经干涸，并长满了草，这种说法还算行得通。作者补充说，靠近河流的斜坡被用作奶牛、绵羊和山羊的牧场，而"这块草坪的边沿修剪得很整齐"，他可能指的是在高大树木之间蜿蜒的草皮小径。这些迹象（尤其是在荒野中）清楚地表明邱园是一个典型的英式公园。它延伸至略微起伏、树木丛生的乡村地带，而其他部分则是开放的（可用于牧牛），有一条蜿蜒的小溪穿过。在这个人造景观中，建筑装饰作为焦点出现，在它周围有了不断变化的视野。它们在类型和风格上表现出相当大的差异，代表了迥然不同的文化背景，并且经过精心策划，可以将旁观者的思想带到遥远的国度。因此，邱园的园林成为英式园林中最具异国情调的例子之一。也许就连钱伯斯自己也没有设计过类似的平面图。

在之前引用的备忘录中，钱伯斯提到他所完成的作品中，除了邱园中的各种庙宇和其他装饰性建筑，还有布伦海姆宫的一些庙宇和装饰性建筑，以及都柏林的查尔蒙特伯爵园林中的各种庙宇。后者中最著名的是都柏林马里诺酒店院内迷人的小赌场，而在布伦海姆宫公园里可以看到两个简单的庙宇门面。这些建筑与邱园的对应建筑极为相似，尽管没有那么完整。因为它们都不包含任何房间（参见570页，图77），一个是带座位的深壁龛，周围是带马舍罗尼柱头的壁柱，另一个是爱奥尼亚神庙的正面，在封闭的墙壁前有四根细长的柱子。这座建筑也颇具壁龛与神庙正面的特征。

根据钱伯斯本人的说法，他建造的另一个园林位于威尔顿宫，即彭布罗克伯爵在索尔兹伯里附近的宫殿式宅邸。这些建筑包括一个凯旋门、一个赌场和一座桥。第一个无

邱园土耳其清真寺的剖面图。刊于钱伯斯的《邱园的庭院和建筑的平面、立面和透视图集》（1763）

①由乔治·路易·勒鲁热引自《格罗莱对伦敦城的观察》，《英国和中国花园》，第一卷。

疑是入口处的大门，这是一种尺寸相当大的罗马宫廷门廊，上面有一个马可·奥勒留①的骑马雕像。拱门置于成对的多立克柱上，多立克柱一直延伸到两侧的柱廊中，而浮雕式的门板则由巨大尺寸的科林斯壁柱支撑。赌场可能是指花园中一个较小的凉廊（参见571页，图78），而桥一定是指帕拉第奥式廊桥，这在讨论斯陀园的类似桥梁时已经提到过。所有这些作品都是典型的古典主义的代表，比例匀称，但没有明显的个人特征，后面会进一步讨论。

钱伯斯在英格兰和爱尔兰建造了重要的建筑，并出版了他最著名的著作《论民用建筑的装饰》。这无疑显示了他作为一个理论家和实际建造者的能力。该书于1759年以对开本②的形式首次出版，此后又出版了两到三个版本，这表明其影响了不止一代人，且一直是建筑学的权威著作。

18世纪七八十年代，钱伯斯作为建筑师在英国名声大噪，但作为一名园林专家，他在国外显然比在英国更受重视。这主要是由于他的一些出版物。我们已经看到，在他第一次发表的关于中国建筑和园林的文章中，他所表达的思想或多或少比他在同时代的邱园作品中所运用的要激进得多。例如，当他在1772年回归到这个主题时，他对中国园林的描述是如此幻想夸张，以至于引起的嘲笑和反对多于兴趣和同情。钱伯斯的新出版物名为《东方造园论》。该书于1772年以四开本形式出版，没有插图，几个月后又出了新版，其中增加了谭谦嘉③的解释性论述，对前述论文中规定的原则进行了说明并付诸实践。这两个版本的法译本几乎同时出现，而且主要是这些法译本被送到了外国政要和园林业余爱好者手中，其中最著名的一位是斯德哥尔摩的舍费尔伯爵。

除非认识到该出版物在很大程度上是钱伯斯对英国最受欢迎和最成功的风景园林设计师"能人布朗"的蔑视，否则可能很难理解作者对其同时代的英国人所实践的园林艺术的吹毛求疵，更不用说咄咄逼人的态度。据说钱伯斯大概对克莱夫勋爵选择兰斯洛特·布朗而不是他建造其在埃舍尔的住所感到特别失望。不管是怎么回事，很明显钱伯斯的讽刺主要是针对兰斯洛特·布朗的，虽然没有指名道姓。

在《东方造园论》的序言中，园艺被赞誉为所有艺术中最有魅力和最具多样性的艺术，即使不足以超越绘画、雕塑和建筑，也与它们不相上下。中国人比我们西方人更好地认识到了这一点。在这之后，有一段关于意大利和法式园林建筑的简短描述：它们的直线模式和修剪过的树木、灌木，"没有一根树枝可以按照自然的指示生长，树木没有任何自然形式，只有科学的、可以通过线条或罗盘确定的形式"。

①马可·奥勒留，罗马帝国皇帝。——译者注
②对开本，将全开纸对折一次。而下文提到的四开本则是对折两次。——译者注
③谭谦嘉，据说是来自中国广州府的士绅。——译者注

这种（古典）风格在英国很受蔑视，钱伯斯与他同时代的人一样，认为新风格过度地将所有艺术驱逐出了园林，这就与普通的耕地几乎没有什么不同。不单变化少，缺乏想象力，布局也缺乏艺术性，与其说是精心设计的结果，不如说是偶然。他抱怨说，这样的园林毫无特色，也无人观赏，因为它们不过是到处散布着一些乔木和灌木的绿油油的田野；在草地和围墙之间，只有一条弯弯曲曲的小径，游客不得不沿着这条路走到尽头，或者从无趣的小径原路返回。总而言之，钱伯斯断言这些园林就像一个孤独的单身汉的晚餐一样单调，无休止地重复三只羊腿、萝卜、三只烤鹅，以及三个黄油苹果派。

既然几何学上的正式园林和完全没有艺术性的自然园林都无法令人满意，而且这两种形式也不能结合起来，作者希望提出一个全新的系统，这个系统由一个经常因园艺技巧被称赞的民族发展而来，尽管这从未被定义过。现在，作者打算根据自己的观察、与中国艺术家的交谈以及旅行者的报告，对中国的园艺风格进行描述，以弥补这一不足。这不会对自己造成危险，也希望不会冒犯他人。他希望该出版物能有实际用途，但又理智地补充说："中国人的园艺方式比欧洲人现在使用的园艺方式更好还是更坏，我不下定论，比较是检验真理的最可靠也是最容易的方法"，每个人都有自己决定的权利。

该出版物没有对我们的中式园林知识进行过多补充。钱伯斯说，中国园艺师的一般原则是尽可能地遵循自然，甚至在她不规则的地方，但他们并不盲目地遵循这一规则。他们查缺补漏，消除干扰，变丑为美。换句话说，艺术必须升华和发展自然风景，"艺术必须弥补自然的不足，不仅要产生多样性，而且要有新颖性和效力"。园林风景应该与自然界的一般场景有很大区别，就像英雄诗与散文诗一样。

综合思考之后，作者继续描述了中式园林中的不同元素。他写道：步道和小路的布置应该给散步者带来持续的惊喜；运河和湖泊应该蜿蜒曲折，让人无法辨别其源头或终点；桥梁和建筑应该或多或少具有梦幻般的性质，包括那些位于水下并配有玻璃屋顶的建筑，各种奇妙的乔木和灌木、花朵和鸟儿，以及蓄养的牛群和野生动物。但奇怪的是，他对石窟和群山只是一笔带过，而他在早先的论文中对这些石窟和群山作了十分详细和权威的描述。即使是这些园林里的石头，现在也有奇妙的添加物点缀，"这些假山的洞穴是鳄鱼、巨大的水蛇和其他奇怪的动物的栖身之所"。

总的来说，这些描述包含了许多惊人的、可怕的、畸形的事物和装置，以至于读者有一种被引入一个梦幻般的仙境而非任何尘世现实的感觉。当钱伯斯写到这些园林里的大象和犀牛，或可与特罗尔海坦或尼亚加拉相媲美的瀑布时，人们几乎不可避免地得出这样的结论——他更希望引发人们的惊奇和恐惧，而不是描述实际存在的园林或公园。

尽管如此，这篇论文确实包含了大量的具体信息，如水道、路径和种植园的安排，这些都是基于观察得出，且基本正确。然而，这本书作为信息来源或中式园林艺术的介绍并没有多大价值，所以在这里也没有必要对其荒诞的论点和武断的陈述作任何详细的描述。

另一方面，简要提一下《东方造园论》第二版所附的"说明性论述"中的一些观点是有意义的。附录旨在使这部作为布置园林实用指南的作品更为实用，是根据英国和欧洲大陆的实际情况编写的。在这篇论述中，有相当一部分是对英国风景的狂热描述。

它们因其如诗如画的多样性、自然的魅力、宏伟的气势而受到赞誉，据说只需稍加改动，就可以变成巨大的中式园林。事实上，整个国家可以变成一个以大海为背景的大园林，经常出现的城堡和宅邸可以用来衬托某些场景。如果像中国一样，在桥梁上装饰凯旋门（牌楼）、纪念柱、陵墓，如果墓碑设置在路边而不是挤在教堂里，画面就会更加丰富。这样一来，根据中国绅士的说法，"一个帝国可能会变成一个华丽的花园，皇室的宅邸耸立在中心的高地上，而贵族的宫殿则像游乐亭一样散落在种植园中"。

在作者看来，这在一定程度上可以从布伦海姆宫周围宏伟的布局中得到说明。这些布局因自然风景之美被描述和赞扬，但是，他抱怨说它们缺乏更精细的处理和装饰，而这些处理和装饰可能会使整体变成一件完美的艺术作品，可与中国的圆明园或其他皇家园林媲美。作者断言，之所以没有这样做，是因为英国的艺术家和园林业余爱好者都太重视他们所谓的自然和朴素。这些术语是"每一个愚蠢至极的浅尝者的不断呼喊，你会不自觉地被它哄骗到沉闷和平淡之中"。这就是为什么英国公众更喜欢蜡像而不是米开朗琪罗·博纳罗蒂等人的雕塑，"过分的简单只能取悦无知的人或弱者"。另一方面，法国和意大利园林的特点是艺术处理，这是英国园林所完全缺乏的，没有艺术的帮助，英式园林依旧单调、统一、无趣。作者在声明中充分说明了自然和艺术之间的关系，通过谭谦嘉的措辞，钱伯斯充分发挥了他的辩论才能。他对英国人特别写道：

有人告诉我们，在园艺的纯洁性方面，你从未被超越过，也许的确如此。你的园林肯定已经被彻底净化，摆脱了所有障碍，移除了所有多余的东西，所以在它原生的纯洁性方面，现在只剩下真正的肉体，但这种品质，我认为是唯一可以肯定的暗示。这究竟是一种完美还是一种瑕疵，将永远处于争议之中。99%的人都会认为，你的纯洁园林可以通过增加适当的点缀而得到很大的改善，以产生多样性，并充分利用植被，尽可能地改变乔木和灌木，但它们仍然只是乔木和灌木，只能在观众的头脑中留下很浅的印象。

钱伯斯随后提到了法国的凡尔赛宫、马尔利花园、特里亚农庄园、圣克劳德花园、利扬库尔花园和尚蒂伊庄园，以及意大利的蒂沃利公园、弗拉斯卡蒂花园和其他地方的园林。这些地方的园林与中国的园林一样造价不菲，本应刺激更富有的英国人做出更大的努力。但是，"我们可以从另一个地方获得更好的模式"：

我以前曾告诉过你我们从中国园林中学到了什么样的制造艺术，现在推荐给你模仿。虽然在我看来，欧洲人矫揉造作的态度虽不是十全十美的，但却包含了许多值得注意的东西，而你却轻率地把这些东西搁在一边。

他断言法式园林里充满了浪漫的岛屿或有节日氛围的大厅，就像他们的小主人一样矫情和不自然，但还是很精彩，因为他们的荒诞中充满了品味和幻想。关于意大利园林，即使有品位的人也不能想象比其更迷人的东西，它们表达了与意大利雕塑一样的高尚风格和优雅的选择。在英国，人们则沉溺于相反的过度行为。

因为，在旧园林中，艺术、秩序和多样性被过分地夸大了，而在新园林中几乎完全排除了这三者。要修补一条华丽的裙子，你得把衣服脱得一丝不挂；要治愈一具患病的肢体，你得像当代一些著名的外科医生一样，把它完全砍掉。

这种雄辩的虚张声势伴随着对英式园林代表的批评，甚至可以说是论战。在当时这些代表中，"能人布朗"是最突出的，最有可能的是，钱伯斯和兰斯洛特·布朗之间的个人竞争促使钱伯斯更加反对英国园艺界的流行趋势。

钱伯斯在这篇奇怪的论述中，以一种中式的伪装毫不掩饰地进行了攻击，也进行了辩护，这表明论文的第一版引起了批评和怀疑。他说：

我们有理由相信，从在座的各位先生们所提供的各种线索来看，（谭）谦嘉所描述的真实性是值得怀疑的，不仅如此，所描述的园林据说只是（谭）谦嘉的想象。如果是这样，我的朋友们，我将不寻求反驳你们似乎如此强烈相信的东西，它目前不是我表达的目的，而作为一个艺术家，我想向你们展示一种新的园林风格，而不是以一个旅行者的身份来叙述我所看到的真实情况。尽管你们指责我，但你们似乎都很满意，甚至对我的描述感到高兴，这是毫无疑问的，但现实，和其他类似情况一样，会比画面对你们产生更大的影响。

可以补充的是，钱伯斯最后宣布他不是自然园林的反对者，而是反对这种风格或这种系统在英国被应用得不加批判和单调的方式，在那里它已成为强求一致之物。该文章的结论与开始时一样，断言自然本身不足以作为园林的模式，它必须与艺术相结合，必须得到加强，必须赋予多样性和表现力，并采用艺术所能支配的一切手段。

钱伯斯在他扩展的论文中所表达的一般观点实际上既不是新的，也不是革命性的，但它们以一种新的方式表达引起了人们的注意，因为它们的奇异伪装和辩论形式是先进的。由于钱伯斯的著作也以法语出版，他的思想传到了欧洲大陆的相关圈子，这有助于解释为什么用法语的"Jarduns Anglo-Chinois（英中园林）"来形容英国的风景园林。这个名字也许不是由钱伯斯最先提出的，但却通过他的作品得到了证实。然而，这引起了英国主要评论家相当明确的甚至可以说是激烈的反对。

随之而来的争议不仅涉及经常误导人的"英中园林"一词，也涉及钱伯斯对中国园林或多或少的夸张和荒谬的描述。最后，批评是针对国王和贵族信任且有影响力的建筑师钱伯斯个人。

在英国，反对钱伯斯的活动主要是由爱国的专业人士和业余人士发起的，其中应特别提到三位著名学者托马斯·格雷、贺瑞斯·沃波尔和威廉·梅森。当然，第一位学者在《东方造园论》(1772)发表的前一年去世，但他对钱伯斯早期关于中国建筑和园艺的书很熟悉，也可能对其他将中式园林作为欧洲典范的尝试也很熟悉。在1763年9月10日写给豪先生的信中，他提到阿尔加罗蒂伯爵尽管对英国民族有情感友谊，但在这件事上没有为他们主持公道[1]：

> 我更关心这个问题，因为它涉及我们唯一可以自称的品位和在快乐方面的原始天赋的唯一证明。我是指我们在园林方面的技能，或者说是铺设场地的技能，这对我们来说是不小的荣誉，因为法国和意大利都没有这方面的概念，当他们看到它时也根本不能理解。从耶稣会士的信件和几年前出版的钱伯斯的小论文中可以看出，中国人似乎很有可能拥有这种高度完美的艺术，但非常肯定的是我们没有从他们那里抄袭任何东西，也没有以大自然为模型。这门艺术在我们中间诞生还不到40年，而且可以肯定的是当时我们根本没有获得中国这方面的信息。

贺瑞斯·沃波尔对中国学派的反对和对钱伯斯的敌意一直是一个特殊的历史研究主题[2]，实际上，他重复了他的朋友托马斯·格雷的观点：

> 在园林方面，或者更确切地说，在铺设地面时对自然的模仿，由于没有专门的术语来区分这种全新的艺术，所以仍然被称为园艺。这是原创的、无可争议的英国艺术。

贺瑞斯·沃波尔关于这个问题的声明散见于他的著作中，并形成了一种日渐明确的形式。前面已经提及了一些，它们揭示了他的爱国自信，并对各种外来主义发出了警告。作为补充，他在《现代造园趣味史》(1782)第二版中加入了一个有特色的注释：

> 近年来，法国人在园林中采用了我们的风格，但由于他们选择从根本上对更遥远的对手负责，他们否认了我们一半的优点，或者说是发明的原创性，把发现归功于中国人，并把我们的园艺品味称为"英中趣味"。我想我已经证明了这是一个错误，中国人已经走到了荒谬的一个极端，就像法国人和所有的古代人已经走到了另一个极端一样，两者都同样远离自然；规整的形式与梦幻般的错落有致截然相反。

---

[1]《格雷先生的回忆录》，第五章，第八节。伯格在他对梅森的诗歌《英国花园》(约克，1783)的评论中做了引用。
[2] 伊丽莎白·克林的《城市追逐》、贺瑞斯·沃波尔的《园艺家》(普林斯顿，1943)。

贺瑞斯·沃波尔随后引用了威廉·坦普尔爵士对中国园林布局的描述,这本身就说明他对这种园林有一定的兴趣,即使他把这种园林称为"异想天开的不规则构造",据说欧洲的园林是"形式上的统一",而中国园林与之截然不同,他认为两者同样是人造的,同样是与自然相悖的。贺瑞斯·沃波尔随后沉浸在对圆明园的歪曲评论中,这些描述是钱伯斯从王致诚那封著名信件的英译版中摘取的,由于这位热情的耶稣会士辞藻华丽且富有想象力,这本身就是一项轻松和值得欣慰的任务。毫不奇怪,一个正在寻找描述中弱点的评论家会发现这是一部"反复无常和心血来潮的作品"。

　　对钱伯斯作为园艺权威的更直接的人身攻击来自一本匿名的小册子,以无韵诗的形式写成,题为《致威廉·钱伯斯爵士的英雄体书信》。小册子出现在1773年初,在钱伯斯论文发表之后几个月,显然得到广泛的传播,因为1776年出现了第十三版。当时匿名诗作者已被确定为诗人兼园林业余爱好者威廉·梅森,他因著有描述性诗歌《英式园林》而闻名。该诗的第一部分已经出版,但全诗直到1781年才出现。然而,威廉·梅森似乎并不是唯一一位对钱伯斯论文进行讽刺的,事实上,贺瑞斯·沃波尔也参与了这首诗的创作,这无疑有助于它的传播。

　　引言提醒读者,钱伯斯的论文是"明确表示要赞扬中国人的品位,谴责由威廉·肯特引入并由索思科特、查尔斯·汉密尔顿和兰斯洛特·布朗推行的简单而沉闷的方式。这种方式使我们国家的英式园林风格名誉扫地"。

　　这本小册子之所以如此受欢迎,不可能是因为它对钱伯斯那些令人难以置信或色彩斑斓的中国描述的机智诠释,而是因为它隐晦地提到了一些当代人物和政治状况。因此,当时的读者能够从这本小册子读到比现在更多的东西,其中提到的许多东西早已被遗忘。总之,这本小册子中不是对园林之争的简单、轻松的评论,也不是对钱伯斯作为新中式园林风格代表的讽刺。它还针对国王的首席建筑指导(钱伯斯),此外还包含一些对君主本人和他的某些朋友的不恭维的暗示。这篇文章是由辉格党的两名杰出成员写的,他们毫不犹豫地躲在一场关于园艺的公开讨论的烟幕后面,讽刺他们的政治对手。政治背景在介绍性的几句话中已经说得很清楚了。

北极星骑士!由命运安排。
照耀着英国人的品位。
他的光环集聚在一个明亮的视野中。
中国美德散落的光辉,
散落在如此广阔的范围。
在我们的注视下,国王自己也感到目眩神迷。

这封书信的内容可以说是一个相当松散的混合物，由个人的转述、半遮半掩的典故和对钱伯斯最不严谨和天真武断的戏仿组成。

这本小册子对园林史没有任何积极贡献，但却值得铭记，因为它无可否认地帮助钱伯斯在广泛的圈子里出名，虽然是以他自己不完全同意的方式。可以肯定的是，钱伯斯在国王和贵族心目中的地位已经稳如磐石，不会受到这次攻击的影响，但这种保护并不能使他的《东方造园论》免受质疑和嘲笑。英雄体书信当然有助于消除英国人对中式园林思想的兴趣，但由于其民族和政治的色彩，这本小册子可能很少有英国以外的读者[1]。

另一方面，钱伯斯这本书的法语版本确实受到了对园林感兴趣的欧洲大陆人士的欢迎，极大地激发了人们对中英两国园林的兴趣，从而使"中式园林"一词更加权威。事实上这一时期，在传播度和影响力方面，可能没有任何一本关于园林的英文书可与钱伯斯的《东方园艺论》相比。在评估作者的重要性时，这一事实非常重要。

然而，该书的缺点和可笑的夸张之处也无法逃脱国外的注意。随着时间的推移和对远东了解的深入，人们对钱伯斯的可靠性产生了更大的怀疑，尽管这几乎没有减少人们对他的出版物的兴趣。对钱伯斯论文最有效和最冷静的批评来自博学的德国哲学家和园艺专家赫希菲尔德，他在其巨著《园林艺术原理》（1779）的第一卷中，详细评论了钱伯斯对中式园林的描述。他声称自己非常仔细地研究了这篇论文，并说他越是深入研究就越清楚地认识到，这篇作品所说的并不是关于中式园林的真实信息，而是作者自己的想法，他巧妙地用中式的伪装来使它们在欧洲更受欢迎。

他非常精明地在这些思想中加入了具有中国民族特性的成分，通过在中国的土壤上播种英国思想，使其更加轰动和成功。

正如我们所看到的，这些反思是相当合理的，即使赫希菲尔德的观点过于倚重毫无根据的假设。这一点尤其明显，尤其是当他反对当代中国园林或"英中园林"的狂热时，他得出一个结论，即中国从未存在有艺术设计的园林。

如果这种热情被证明是毫无根据的，就像许多其他的时尚潮流一样，会怎么样呢？如果人们如此大惊小怪、热衷于模仿的中式园林实际上并不存在，或者至少不以人们想象的形式存在，那又会怎么样呢？那就太不寻常了。

当然，赫希菲尔德对当代园艺的奇异倾向并不友好，他的批判主要针对钱伯斯怪诞的夸张和奇怪的描述。他发现，经过严格的审查，这些观点并没有得到来自中国的其他

---

[1] 约翰·得拉普尔的《威廉·梅森：18世纪文化研究》（纽约，1924）中对英雄体书信的政治背景进行了描述，伊莎贝尔·蔡斯的《园艺家贺瑞斯·沃波尔》（第五章）对其进行了总结。

更可靠的信息的证实。他同时发现，钱伯斯的书是由一个化名"我知晓"的人写的，他得出的结论是，它可以被指定为"对一个不存在的物体的愉快描述，一个美丽的理想。对它可以提出反对意见，它可能永远不会有任何现实"。

赫希菲尔德是否真的想否认中式园林的存在，并不能从这个判断中清楚地看出来，他确实充分认识到钱伯斯所描述的园林在中国从未存在过，而且他认为，如果这种布局在欧洲被模仿，这不是中国人的功绩，而是钱伯斯的。在这一点上，赫希菲尔德说：

> 就模仿而言，它更多的是遵循英国理念而不是中国模式。

他的意见不仅作为这位著名园林专家对钱伯斯宣传中国的个人想法的证据，而且间接地支持了所谓中式园林是在英国发展起来的观点，尽管英国人自己实际上并不想承认这些混合式园林。正如我们所看到的，对他们来说，"英中"或"中英"的称谓是错误的。

我们可以简单地认为，作为英国借鉴法国建筑或花坛花园而产生的风景花园，逐渐吸收了一些异国元素，特别是中国元素。这些元素对于这种类型的花园而言并非必要因素，但却有助于其在其他国家流行。这些元素往往具有转瞬即逝的性质（因此它们通常无法经受住时间的摧残），而且往往局限于一种或另一种独特的安排或装置，也许是座椅、壁龛、亭子、桥梁、空心石窟等。但这已足以引起某些联想，并将旁观者的思想引向一个遥远的国度或文化——物质繁荣和智慧传统的闪烁着光芒的国度。简而言之，它传达了一些暗示，这些暗示对于18世纪热情的业余爱好者和创新者来说，远比对于后来的考据派观察家来说更有意义。

因此，即使英国人有充分的理由认为所谓的风景园林是他们与自己国家的风景紧密合作而创造出来的，但它的进一步发展在许多情况下导致了中国的装饰和风景元素的加入，这无疑为"英中园林"的称呼提供了理由。此外，这种风景如画的装饰似乎在欧洲大陆比在英国更受重视，这也构成了这个流行术语传播的另一个原因。

尽管受到了同胞的批评，钱伯斯在园林艺术领域仍享有不可低估的地位。特别是在其他国家看来，他过去和现在都是提倡中国风的领头人，比其他人更有效地指出了英国和中国风景园林的主要对应关系。事实上，他的最终目标可能是唤起一种将两者结合起来的东西。在这方面，他更多的是由想象力而不是对中国园林的真正认识所引导，这对我们来说和对赫希菲尔德来说一样明显，但这几乎没有减少他的重要性，以及他在欧洲大部分地区传播"英中园林"所做的贡献。

第九章

带有中国装饰元素的后期英式花园

钱伯斯对中式园林的奇妙描述以及他将其作为欧洲新风景园林典范的建议,都不足以成为对他进行人身攻击的理由。这些原因应该在个人的争论中,在社会和政治环境中,在钱伯斯有点傲慢的语气中寻找。与他的艺术思想相比,这些原因更与他的个人野心有关。在钱伯斯的个人影响范围之外,也存在着对中国及其园林艺术的浓厚兴趣。它零星地出现在各个地方的园林装饰中,然而这些地方现在已经所剩无几了。因此,在继续叙述兰斯洛特·布朗和汉弗莱·莱普顿在那个世纪的最后十年中对景观艺术的高度流行但相当单调的改进的反应之前,可以匆匆瞥一眼几个这样的园林。

温莎附近的德罗普莫尔园是英国保存最好,或许也是修复得最仔细、带有中国元素的园林之一。这座庄园的现任主人凯姆斯利勋爵在对建筑和园林的艺术修复方面取得了巨大的成功。因此,这个地方作为18世纪末期杰出的英国庄园文化的一个极其精美与和谐的标本脱颖而出,且具有典型的中国装饰元素。

这地方可追溯到18世纪90年代。1792年,当时在威廉·皮特的手下担任外交部部长的格林维尔勋爵买下了所谓的独树山上的德罗普莫尔园。据说它由一片围绕着一处不起眼的小住宅的荒野组成。格林维尔勋爵一接手这个地方就进行了广泛的种植,这样空旷的荒地就变成了公园。这种转变是如此之彻底,以至现在很难想象德罗普莫尔园除了是一个被绿荫环绕的大园林外,还有什么其他形态。最壮观的树群是公园中的松树园,那里有许多著名的道格拉斯松。

这座长房子南面的园林两侧有一个玻璃阳台,显然是最近重新设计和添加的,但由于建筑背景或环境因素,它保留了足够的原始特征,留下了18世纪晚期的一些花园所特有的难以捉摸的异域风情。中国元素在这里以晚期英国古典主义的名义被引入,或多或少与它在法国通过最优雅的路易十六风格传达的方式相同。

在18世纪后半叶的异国花园中,最重要的建筑装饰元素是鸟舍和动物园。特别是前者,需要用格子和类似的材料建造通风的建筑,而这非常适合中式建筑。这可以从较早的邱园的复制品中看出。然而,这种建筑几乎没有完全保存下来的。在大多数情况下,它们独特的风格和轻巧的材料都没能经受住时间的摧残。仅这一点就为德罗普莫尔园的鸟舍增添了特别的重要性。(参见575页,图88)这是一个相当长的建筑,矩形的中央部分伸出较短的横梁(中间一个,两端各一个),屋顶略微凸起,但在横向翼楼从主楼伸出的交汇点上,出现了圆顶笼状塔楼。结构骨架大部分由薄铁杆组成(在这里取代了更普通的木制品),但在这些铁杆之间,无论地基还是屋檐,以及沿着最重要的垂直缝隙,都插入了带有剪影装饰的中国釉面砖的宽边。这些装饰性的边框也在中间部分的阁楼层和圆顶塔周围出现,因此从装饰的角度来看,它们为整个建筑提供了一个统一的框架。墙壁主要由红漆的铁格子组成。在以前,野鸡和其他五颜六色的鸟类在风景如画的假山上活动，然而现在这些假山基本已经不复存在。

鸟舍是长长的园林正面的一部分，它从低矮房子宽敞的玻璃阳台延续下来，由网格组成，一连串的拱门和壁柱花架的栅格结构被涂成了灰绿色（一些地方是双层的），在另一些地方则是以白色墙壁为背景，旨在为爬山虎提供落脚点。（参见575页，图87）然而，现在爬山虎并没有掩盖或打断这种连续的背景装饰的主体部分。在两个点上，格架前面被古典寺庙的立面打断，它以某种庄严的姿态从背景中脱颖而出，尽管它们也是由中式的格架建造的。然而，从最远处建筑多立克门廊下的门进入，人们发现的不是一个古典的室内装饰，而是一个装饰着中国饰品的小房间，并配有中式家具。无论家具还是利用格子的方式都表明其灵感来自中国而非古典。

诚然，在以法国或意大利风格为主的古典园林中也有类似的树篱，但它们的数量并不多，而且通常比这种长格子立面更简单。这确实让人想起明代及以后的中式园林图片中的树篱（转载于本书上册的《中国园林》部分）。

在德罗普莫尔园，仍有一整段可能由中国元素组成的园林。其中部是一个小池塘，池塘周围是低矮的灌木丛。（参见577页，图90）侧面生长着竹子和高大的灌木丛，堆积的石穴容易让人想起中式园林中的假山。然而，这个花园中最纯粹的中国元素是一些蓝绿釉面的凳子，而池塘边的两座大型苍鹭铜像似乎来自日本。在一百年或一百五十年前，这两个东方国家艺术风格的差异还不是很大，而且在这一时期，人们对日本和中国都充满了兴趣。

除了德罗普莫尔园的大鸟舍外，埃姆斯伯里花园、沙格伯勒庄园和奥尔顿塔公园里还矗立着其他中式建筑。在我造访的时候，第一个地方很难到达，也几乎不可能拍摄到，因为它位于埃文河丰富水源的对岸，周围是错综复杂的灌木丛。这是一座四角形的建筑，在一个帐篷状的中式屋顶下有开放的楼梯，但据我观察，它并没有任何显著的装饰性元素。

斯塔福德附近的沙格伯勒庄园的中式亭子，虽然更容易进入，但其外在装饰也没有那么引人注目。它立于一个宽阔的平台上，石头之间生长着低矮的灌木，这易于让人想起中国的模型。这座简单的方形建筑的装饰性来自突出的屋顶。它像一顶帽檐上翘的大帽子，坐落在建筑的主体上（遗憾的是，现在有些损坏）（参见577页，图92）。与屋顶一起，带有装饰性格子的大窗户有助于营造中式风格的外观。从壁龛和天花板的雕刻、镀金设置中仍可看出内部装饰采用了一种中式洛可可风格，但后者已从亭子里移出，用于装饰一间会客厅。

我无法确定该建筑的建造日期，但值得注意的是，汤姆斯·安森在他的兄弟、著名海军上将乔治·安森去世后，于1762年接管了城堡，并对城堡周围的场地进行了大量的美化。随后，根据詹姆斯·斯图亚特的绘图，在公园里建立了几个著名的古典纪念碑，其中包括多利安神庙和莱西克拉特合唱团纪念碑的复制品、风之塔和雅典的哈德良拱门。这些都是在18世纪60年代中期精心仿制的雅典模型[1]。大概也是在同一时期，为乔治·安森上将的猫建造了一座相当华丽的古典纪念碑。（参见577页，图93）它位于中式亭子后面一个四面环山的隐蔽处。这些部分似乎很可能是同时完成的，因为尽管它们代表了完全不同的风格，但从所在的位置来看，它们并不冲突，连接花园两部分的简单而宏伟的桥梁也有助于人们产生这种印象。

更难以确定日期的是一座奇特的纪念碑。它由两根装饰华丽的多立克柱组成，柱顶非常精致。一个宽阔的乡村拱门构成了大型大理石浮雕的框架，主要图案是尼古拉斯·普桑的名作《阿卡迪亚的牧人》，即古典祭坛废墟上的牧羊人。（参见578页，图94）这幅浮雕采用了新古典主义风格，让人想起了卡诺瓦[2]的早期作品，但这种奇怪的折中主义、精心设计的建筑环境很可能起源更早。

比这些建筑更夺人眼球的是那些东方纪念碑。它们和其他建筑物一起装饰着斯塔福德郡的奥尔顿塔公园，然而它们的年代较晚，因此对我们来说也不那么重要。

这座梦幻般的宫殿及其周围宏伟的公园是在1815—1827年间由第十五代什鲁斯伯里伯爵建造的。在很大程度上，他似乎亲自负责规划这个有些杂乱的场地的不同部分，甚至还亲自绘制了一些平面图。他家财万贯，不仅被一种相当反复无常的想象力所打动，而且还有一颗制造与众不同物什的野心。著名园林专家、与什鲁斯伯里伯爵同时代的劳顿，在《园艺百科全书》中，对伯爵的做事方式作了如下描述[3]：

虽然他咨询了几乎所有的艺术家，包括我们在内，但他这样做似乎只是为了避免艺术家可能提出的任何建议。他自己的想法或他对平面图所做的更改，由他特意聘请的艺术家或工程人员转化到纸上，然后经常由他在地面上标出（1826年，那里的园丁伦先生告诉我们的）。就伯爵去世时和我们不久前（1826年10月）看到的奥尔顿塔公园而言，它是英国或世界上乡村住宅中最奇特的反常现象之一。

写完上文之后，奥尔顿塔公园的很多东西都被抹去或简化了。近年来，自从这个地方成为奥尔顿市政府的财产后，它已经失去了大部分昔日的辉煌。但是，那壮丽而引人注目的景观，以及高原两侧沟壑般的山谷，与肥沃的河床融合在了一起，还是一如既往

---

[1] 参见劳伦斯：《斯图尔特和雷维特：他们的文学和建筑生涯》，《沃伯格研究所学刊》，第二版，1938—1939。
[2] 卡诺瓦（1757—1822），意大利画家，新古典主义时期欧洲艺术界最重要的雕塑家之一。——译者注
[3] 劳顿：《园艺百科全书》，伦敦，1869，第259—263页。

地令人印象深刻，尽管现在的色调比最初还要弱一些。正是由于这片土地的自然形态，这个地方才如此令人印象深刻。

虽然对公园进行详细描述会花费太多时间，但根据劳顿在公园刚建成时的描述，可以提一下公园的某些部分和一些建筑古迹。哥特式塔楼（或亭子）仍然矗立在"汤姆森的岩石"上，尽管有些破旧不堪，但它是亚伯拉罕（建筑师）对（木匠式）哥特式风格偏爱的证据。从装饰的角度来看，更吸引人的是螺旋形喷泉。可以肯定的是，这里不再有喷泉表演，但它的原始形式和螺旋式的节奏使它在构成其环境的封闭的一大片柏树中显得独树一帜。两排带有大玻璃穹顶的温室被建在连续的阶地上，下面是一座希腊神庙。除了这些特征外，用劳顿的话说，山谷的斜坡上有迷宫般的梯田、奇特的建筑墙、格子藤架、花瓶、雕像、石梯、木梯、草皮楼梯、人行道、砾石和草道、装饰性建筑、桥梁、门廊、寺庙、宝塔、大门、铁栏杆、花坛、池塘、溪流、座椅、喷泉、洞穴、花篮、瀑布、岩石、农舍、树木、灌木、常春藤墙、岩石、贝壳、树根、苔藓屋、老树干、整棵枯树等等。完全无法用语言来表达这种效果。

在这份清单中，还补充说明了几个较小的平房或有不同用途的茅草建筑，以及砂岩上开凿的石窟。在某个地方，一座印度寺庙的门廊从岩石中被挖掘出来；而在另一个地方，突出的砂岩架子被塑造成一个巨大的蛇头，蛇头上有矛状的铁舌和玻璃眼睛。关于山谷的最底部，劳顿写道：

> 人们看到了八角宝塔的地基和两层楼（原计划的六层楼可达88英尺）。宝塔建在一个小池塘中央的岛上，在这个小池塘上有一座装饰性的中式桥梁。桥的第一层是石头结构，上层是钢铁结构。40盏灯笼悬挂在屋顶，由下层的煤气罐点亮。除了这些灯笼，屋顶的角上还有喷水的怪物的奇异形象投影，同时一股水柱从建筑的顶部垂直地喷射到70~80英尺的高空中。

正如劳顿所说，宝塔、哥特式塔、螺旋式喷泉、装饰过的温室和巨石阵的微型复制品是奥尔顿塔公园最好的装饰品。他对宝塔的描述具有特别的价值，因为其描述有助于人们了解这座非凡建筑的原貌。它显然是在1826年之后完工的，虽然不是六层，而是三层。塔上面有一根柱子，周围有九个环，就像我们在日本的各种寺庙宝塔上看到的那样。灯笼已经换成了铃铛，八角形的帐篷屋顶上没有龙或怪物伸出来，这里似乎也不可能有任何水流出来。显然，实际建造塔时，对原平面图进行一定程度的简化是必要的，而且这里更多的决定性特征的处理委托给了木匠，而不是建筑师。如果说它仍然在景观中引人注目，那是因为它坐落在一个池塘的中间（或者更确切地说是一个布满鲜花的林地池塘）、一个田园诗般的山谷的尽头。塔顶的自然环境和高高的装饰柱让人联想到日本而不是中国，但作为一座建筑，它并非模仿任何东方模型设计的，也无法与钱伯斯在邱园建造的宝塔相提并论。

总的来说，奥尔顿塔公园是折中主义最有说服力的例子之一。这种折中主义在19世纪的前20年在英式园林的圈子很受青睐，并且不排除把远东元素置于近东、中世纪和古典元素一边，尽管前者与徘徊在最好的英中园林中那种浪漫的中国风不再有任何有机联系。

关于奥尔顿塔公园，劳顿提出的最后一个问题是：一个富人仅追求满足个人的品味，而不是他所生活的国家普遍认可的品味，这点是否值得称赞？这个问题的合理性毋庸置疑。然而，它不应该针对奥尔顿塔公园体现出的如此自由的空间、近乎肆无忌惮的原创精神，而应该针对将园林变成不同国家和时期文化博物馆式的展示，而不是对自然艺术作品进行人为干预。

第十章

尤维达尔·普赖斯和奈特对改良者
兰斯洛特·布朗和汉弗莱·莱普顿的回应

关于中式灵感对英式景观运动影响重要性的争论逐渐转移到了欧洲大陆，赫希菲尔德和德国、斯堪的纳维亚①的其他园林专家以及法国一些有影响力的学者继续进行争论。英国园林爱好者的兴趣集中在更具理论性的问题上，这些问题当然跟自然与艺术之间的关系或景观图案的艺术处理有关，但与异国情调的倾向无关。英国园林的后期发展以及随之而来的讨论，虽然与我们的特定主题几乎没有直接联系，但为了完善整个18世纪英国风景园林的逐步形成过程，我们将对其进行一些简要的说明。

最后一个阶段的作品异常丰硕且引人入胜，这要感谢那些有才华的学者，他们承担了传播新思想的任务，反对景观改良者仍在使用的传统方法。他们对风景园林的主要目标和问题的描述是对18世纪英国出现的大量园林主题文献最重要的贡献之一。我们特别感兴趣的不是个体的细微差别和对旧传统代表的争论性攻击，而是风格的普遍变化、对自然和艺术的新态度。这在几个方面暗示了对上一代目标的反对，以及对纯风景园林代表所反对的风格的回归。这种观点是在18世纪到19世纪的过渡时期，在这些年轻学者的作品中发展起来的，带有某些个人差异。它在尤维达尔·普赖斯（1747—1829）和奈特的作品中得到了最完整的表达；在一定程度上也在汉弗莱·莱普顿的作品中得到了表达，尽管汉弗莱·莱普顿在当时的审美斗争中反对尤维达尔·普赖斯和奈特，但实际上，他在原则上与他们持相同立场。由于汉弗莱·莱普顿是一个务实的园林家而不是理论家，他发现自己有义务不断修改自己的观点，以因地制宜和满足客户的要求。而尤维达尔·普赖斯和奈特不是务实的园林家，没有什么可以阻止他们提出理论要求和观点，而这些要求和观点只部分适用于当代的布局。然而，他们所做的贡献是相当有趣的，无论在美学还是园林历史方面。其中最完整、最通情达理的是尤维达尔·普赖斯著名的《论别致》（共三卷，其中第一卷于1794年问世）。也是在这一年，奈特的作品（精美四开本）以《风景，一首收录在三本书中的训诫诗，献给尤维达尔·普赖斯和汉弗莱·莱普顿的第一部作品风景园林的素描和提示》为题出版。正如它的标题所暗示的那样，这部作品包含了他对园林改进观点的深刻总结。随后汉弗莱·莱普顿在1803年又出版了一本更广泛的著作，同样有插图，题为《风景园林理论与实践观察》，三年后又出版了《风景园林品味变化探究》。关于这三位作者的书，人们的兴趣主要在于他们通过公开信，就如画的风景和美丽的本质进行了激烈而温和的争论。

这封信件的主线是所谓的"风景如画"（这个词的美学意义及其在绘画和园林艺术中的重要性）以及与此相关的绘画与自然风景之间的关系。尤维达尔·普赖斯的《论别致》中包含了下面这段典型的介绍性陈述："我相信，没有哪个国家（如果把中国排除在

---

① 斯堪的纳维亚，位于欧洲西北角，与俄罗斯和芬兰北部接壤。——译者注

外）布局场地的艺术像现在在英国这样得到如此广泛的发展。"尤维达尔·普赖斯写道，从前的习俗是只在离建筑物最近的地方配置装饰品，让更远的部分——即使它们形成了一个公园——保留自由和野性的特征，现在非常广泛的区域被包括在这些构图中形成风景园林。他声称，这些花园很大程度上是"能人布朗"和他的改良学派的工作，他们以一种非常无情的方式进行这项工作。

一个画家，或者任何用画家的眼光看待事物的人，即便不是嫌弃，也会冷漠地看着那些树丛、小径、人工开凿出来的河流，以及精心设计的平平坦坦和千篇一律。另一方面，改良者则认为这些是最完美的装饰，是大自然从艺术中得到的最后润色。因此，他们会认为克劳德·洛兰的作品（在我前面提到的所有大师中，他的装饰风格最华丽）是比较粗糙和不完美的。尽管他们可能会承认，用兰斯洛特·布朗的话来说，克劳德·洛兰的作品有"能力"。我相信尚未有人敢于改进克劳德·洛兰的作品，但我并不认为这是一种不切实际的假设：一个完全相信自己的品位和贺瑞斯·沃波尔先生这样的权威作家的人，可能会说一种不为任何时代和国家所知的艺术，即创造风景的艺术，已经以大师般的步伐蓬勃发展至完美境地。

这一宣言连同其中所反映的思想脉络是典型的尤维达尔·普赖斯思想。他说，除了中国之外，场地布局艺术在英国比其他任何国家都更加根深蒂固。他反对"能人布朗"将土地平庸化和图案化，然而，兰斯洛特·布朗甚至受到该国在品味方面的最高权威贺瑞斯·沃波尔的认可和赞扬。尤维达尔·普赖斯对这一民族学派持怀疑态度，他认为这种学派平淡无奇、毫无生气。他断言，野性的、自由的自然被过于严格地排除在这些园林之外，因此，这些园林缺少了"风景如画"的基本元素。尤维达尔·普赖斯使用的这个词是相当模糊的，但可以用来形容可能成功地在绘画中表现出来的各种物体和场景，而"美丽"这个词他通常用来形容所有赏心悦目的东西。他用来自艺术和自然领域的例子来说明这两个术语之间的区别，尽管这些不能在这里列出。然而，可以提及的是，萨尔瓦多·罗萨据说是最重要的风景如画元素表现者，因为他比任何画家都更多地提供了"突兀和粗犷的形式，在他的人物和风景画中都有突然的偏离"，他以"粗犷和断断续续的笔触"而闻名。另一方面，圭多·雷尼①"因美而闻名"。同样的区别也可以在哥特式建筑与希腊神庙之间观察到，前者有不规则的塔楼和尖顶，而后者平衡和谐，比例匀称。因此，尤维达尔·普赖斯所说的"风景如画"和"美丽"之间的对比，大体等同于德国美学中被称为浪漫和古典的不同种类艺术美之间的对比。

尤维达尔·普赖斯坚持认为，一个风景园林就像自然界最有趣的景色一样，其目的

---

① 圭多·雷尼（1575—1642），巴洛克时期的意大利画家。——译者注

在于赏心悦目，引人遐想，其特征首先应该是丰富的多样性和不规则性——"粗糙的品质，以及与不规则性相联系的突然变化"，这是"风景如画的效果最有效的原因"。在另一方面，尤维达尔·普赖斯强调，许多赋予自然景观多样性和表现力的特征可能会在"一个有着装的地方"被模仿，但这必须通过遵循原则，而不是复制细节来实现。

这种模仿的最佳指南是在伟大的风景画家的作品中找到的，如克劳德·洛兰或萨尔瓦多·罗萨，因为这些人在最高程度上发展和实现了"风景如画"。这是"风景如画"的主观方面。本文不可能详细说明这些想法应该如何应用于园林创作，也不可能描述尤维达尔·普赖斯对各种机械平整的蔑视，他对丰富多样的地面造型、阶地和台阶、蜿蜒的水路和起伏的小路，以及其他著名的浪漫元素的欣赏。总的来说，不能把尤维达尔·普赖斯当作一个教条主义的美学家来看待，他对前代的美学理想和构图原则表现出深刻理解。但是，尽管他对野性的、未经雕琢的自然界充满热情，尤维达尔·普赖斯还是愿意承认，这种原型必须经过艺术化的改造和净化，才能在园林中发挥作用。因此，他在《论装饰》一文中指出，此点存在于一切艺术创作中，无论是绘画、诗歌，还是戏剧。

到目前为止，最显著的效果是通过增强偏离常规的明显特质，在极简和自然的基础上添加人工的东西而产生的。这种增高偏离和补充的效果好坏取决于制作这些东西的创作家的鉴赏力、判断力和天赋。如果仅仅是梦幻般的奢侈，而没有公正的原则，那么在流行过后就会被忽视。但园林不能假装与其他所有美术不同，拒绝所有人工装饰，仅以简单为荣（正如乔舒亚·雷诺兹①爵士在谈到绘画时所指出的那样），当它似乎避开了艺术的难题时，是一种非常值得怀疑的美德。园林和其他艺术一样，难题不在于形成独立的部分，即制作直立的阶地和喷泉，或蛇形的道路、种植园和河流，而在于通过这些部分产生各种构图和效果，并将它们结合起来。无论它们是什么，或如何混合成为一个引人注目的、和谐统一的整体。

这段话对我们意义非凡，它不仅反映了尤维达尔·普赖斯在审美上的宽广胸怀和宽容，而且还表明他所指出的"诗情画意"的风景园林本质上与钱伯斯之前更多以论战形式提出的观点吻合（钱氏的观点中有对风景园林的设计和布局的要求）。钱伯斯的论战部分是在中式风格的伪装之下。与钱伯斯一样，尤维达尔·普赖斯也强调，不加修饰的自然界不足以作为模型，也不宜复制，它的特征必须通过艺术处理来加强，并使之具有重要意义，使其具有多样性，具有令人惊奇的因素，以及值得称为"风景如画"的表现力。如果尤维达尔·普赖斯有机会亲自了解中国的园林，他很可能会成为它们如诗如画

---

①乔舒亚·雷诺兹，英国18世纪伟大的学院派肖像画家。——译者注

的美，以及在自由自然装扮下的艺术风雅的热情崇拜者。值得注意的是，一旦风景园林艺术强调了对风景如画的处理和表现力的需求，它与中国园林的相似之处就会立刻显现出来，即使它不是刻意遵循这样的模式。在18世纪末期，如果考虑到当时的总体审美水平，它们的知名度太低，无法发挥它们可能具有的巨大影响。

　　钱伯斯的宣传可以说是两面性的，他的夸大其词缺乏品位，这损害了他试图推进的事业。即使是奈特，他敏感的心灵也可能被一个比钱伯斯更谨慎和客观的人打开，了解中国风景园林的浪漫魅力。奈特在他的诗歌《风景》中揶揄道：钱伯斯对皇家花园的描述（摘自王致诚的信件）和他对装饰的偏爱，如"中国狭小而轻薄的桥，轻盈而奇幻，但僵硬而拘谨，贫瘠幻想的产物变成了奇思妙想"。在其他方面，奈特的审美与尤维达尔·普赖斯差不多，尽管他不像尤维达尔·普赖斯那样认识到了"风景如画"和"美丽"之间的区别。这两位热情洋溢、才华横溢的园林业余爱好者意见一致，尤其是对英国风景园林的激烈批评，因为这是由兰斯洛特·布朗发展起来的，并由他的继任者延续下来，汉弗莱·莱普顿也在其中。奈特对后者的攻击是他的作品中更有个性而非诗意的段落之一，在他为这首诗所作的注释中，其定义更加明确。他毫不留情地鞭挞这些改良者，因为他们破坏了古老的园林：

> 看那个神奇的人，
> 有图表、计步器和规则在手。
> 凯旋而上，同样的土地却荒废一片。
> 自然的形式和有品位的作品！

　　奈特也谴责兰斯洛特·布朗（被不公正地称为改良者）是所有园林破坏者中最危险的：

> 你最喜欢的兰斯洛特·布朗，他的创新之手
> 首先把诅咒施予这片肥沃的土地，
> 首先教唆在庄重的尖顶上移步，
> 神秘的树妖也在他们的出没地遭到驱赶。
> 美好平和的景象，如今不再盛行，
> 每一个哭泣的缪斯都会为你的损失感到悲痛！

　　为了显示这些改良者活动的本质，奈特在他的书中引入了两幅版画作为插图（展现了围绕着一个古老的乡村住宅的公园景观），一幅是经兰斯洛特·布朗改良后的样子，另一幅是奈特希望看到的同一景观的自由和如画的状态。通过这些改良，起伏的地面被整

一个英国乡村宅邸的场地，
根据兰斯洛特·布朗和汉弗莱·莱普顿的方法改进。
奈特的《风景》一诗的插图

与左图相同的地点，
处于未经改善的风景如画的状态，
符合奈特的理念

平，自由生长的植被被修剪，直到它只是一块"统一的永恒的绿色"的普通草坪。所有的灌木都被清除了，只剩下几棵大树，而在粗糙的石床上奔腾的溪水已经变成了一条等宽的水流，在有明显痕迹的河岸之间流动，"河岸之间的溪水在修整过的滑坡间流淌"。建筑本身从平坦的景观中突兀地升起，这很可能被称为"风景如画的反面"。然而，在奈特看来，所有这些都是对老式园林的典型改造，这些改造出自那些自称为"改良者"和"风景园林师"之手，他们的目的是创造风景和打造"风景如画的地方"。奈特说，他们应该从伟大的风景画家的作品中寻求艺术指导。

然而，如果一个场地改良者拒绝这一标准，并认为风景如画的美不属于他的职业，我就与他毫无瓜葛了，因为我们追求和研究的目标完全不同。我对他的要求是，如果他要使用任何专业头衔①，一定要是一个真正描述他职业的头衔，比如步道建造者、灌木种植者、草皮清洁者或农村表演者。因为如果风景不是他要制作的，那么风景园林师这个头衔不仅没有意义，而且也不是在真正意义上值得骄傲的事情。

在这种情况下，批评指向了汉弗莱·莱普顿，根据他自己的想法，他宁可做一个"园林园丁"。此外，他与尤维达尔·普赖斯关于"风景如画"重要性的通信刚刚公开。奈特的审美立场，无论正面还是反面，都与尤维达尔·普赖斯大致相同，但他的气质更浪漫，表达对比更丰富，论战攻击更尖锐。像尤维达尔·普赖斯一样，他呼吁风景园林师应该

---

①威廉·申斯通是第一个使用"风景园林师"这个词的人。参见他的《与园艺无关的思考》。

和风景画家一样，从大自然中选取具有特色的元素，并与他们的品位和判断力相结合。

通过仔细收集和珍惜野生自然的偶然之美，通过明智的安排使之巧妙地相互结合，通过艺术的修饰，我不禁想到，风景园林师也许能在自然界中创作出完美无缺的作品。它们比艺术模仿的作品高明得多，就像加里克①或亨利·西登斯·莫布雷②的作品比最佳的肖像画的表现得要好得多。

总体目标和观点并不新奇，但奈特赋予它们一种个人基调和不常见的表现力，特别强调需要一定程度的散漫自由或明显的粗心大意，以产生风景如画的美，或者我们应该称之为浪漫的氛围。

的确，有些人只想到优美的园林是为了满足自己的虚荣心，或从别人的虚荣心中获利，他们可能会称这是一种因疏忽和意外而改进的新系统。

然而，奈特承认，没有一定的计划或意图，这是不可能实现的。设计师应该知道如何利用当地特有的偶然效应，如何以一种明显的漫不经心或无拘无束的自然气氛来增强气氛和如画的表现力。因此，与上述版画所示的精心改进的布局相比，一个有着杂草丛生的阶地、树篱古老且无人问津的园林更受欢迎。

奈特在他的诗歌《风景》和他后来出版的作品《对品味原理的分析调查》中对当代园林提出了相当尖锐的批评，这主要是针对汉弗莱·莱普顿的。汉弗莱·莱普顿冷静地反驳了这些攻击，并表明在一些情况下，他的对手夸大其词，这大大削弱了他的论点。由于他的理论论断是建立在丰富的经验和实践基础上的，毫无疑问，这些论断给园林爱好者留下的印象比尤维达尔·普赖斯和奈特的杰出论点更为深刻。汉弗莱·莱普顿的反驳第一次出现在他1794年出版的《风景园艺中的梗概与线索》（同年他给尤维达尔·普赖斯的信中也有）中，他在《风景园林品味变化的探究》（1806）中进一步发展了这些观点。

在我们看来，汉弗莱·莱普顿作品中最有趣的部分不在于他的自卫，而在于他对园林问题的积极态度。他断言，要通过遵守以下四个原则来达到这一艺术分支的完美状态：第一，园林必须展现自然美景并掩盖场地的自然缺陷；第二，它应该通过仔细地掩饰边界来给人一种宽广和自由的印象；第三，它必须刻意掩盖艺术的一切干扰，不惜代价，以改善风景，使整体看起来只是自然的产物；第四，所有仅因造就方便或舒适的物体，如果不能装饰或成为整体风景的恰当组成部分，必须移除或隐藏。这四个原则定为

①英国18世纪著名的学院派肖像画家乔舒亚·雷诺兹绘制了《悲喜剧之间的加里克》，加里克是其朋友，著名的戏剧家和诗人。——译者注
②亨利·西登斯·莫布雷（1858—1928），美国画家，其作品展示了精湛的技巧、温暖的色彩和微妙的概念。——译者注

园林设计师的实用指南，与正式花坛花园的基础原则相反，但它们不包含任何关于绘画与园林之间的对应关系，或关于如画风景的内容。这些问题都在"绘画与园艺的亲缘关系"一章中讨论过。

在讲述了他与尤维达尔·普赖斯和奈特的个人关系之后，作者继续论述他们关于园林艺术与山水画艺术之间直接关联的理论是站不住脚的。然后他继续表述他的论点，从五个方面论证这些方面涉及园林和山水画中的不同组成元素。我们在这里不做深入讨论，必须指出的是，前景中的元素在绘画中所起的作用通常与在园林作品中的作用大不相同。后者不是基于一个特定的点固定不变，背景或远处的前景往往不在园林设计者的实践范围内。作为一般规则，他认为：

> 对风景如画的热情似乎让这首诗的作者完全不知所措，他不仅弄错了风景画家和风景园林师之间的本质区别，而且似乎忘记了住宅是一个舒适和便利的对象，是为了居住，而不仅仅是风景的框架，或者乡村画的前景。

汉弗莱·莱普顿承认，他自己曾经相信这两种艺术形式之间有密切的联系，但实践经验使他改变了这种看法。

> 我发现，在人们居住的地方，实用往往比美丽更重要，而便利往往比风景如画更重要。

这种说法显然出自汉弗莱·莱普顿之口，他是一个专业人员，而不是一个理论家，因此，他倾向于把实际的考虑和实用性看得和风景如画一样重要。在给尤维达尔·普赖斯的信中，他进一步阐释了对风景如画的看法。信中写道："在任何与人有关的事情上，得体和方便都是很有品位的东西，不亚于风景如画的效果（一个美丽的园林，即使它在绘画中出现缺陷，也不亚于一首没有为画家或音乐家提供主题的说教诗）。"他称赞尤维达尔·普赖斯在"风景如画"和"美丽"之间划清了界线，宣称应该用后者而不是前者的品质来表明一个园林设计师作品的总体性质和趋势。然而，汉弗莱·莱普顿认为有必要将这一目标与实际效用结合起来，这就把风景如画抛诸脑后。汉弗莱·莱普顿对尤维达尔·普赖斯的美学观点和许多中式园林观念之间的关系是相当陌生的，他不再受到艺术理想主义的启发，这种理想主义使18世纪的美学家们充满了热情。他更清醒、更谨慎、更现实，甚至在给尤维达尔·普赖斯的信中写道：绘画和园林艺术"并不是姊妹艺术，它们并非来自同一股艺术，而是像夫妻一样因性情相投的天性结合在一起。你得想想，要是干涉他们偶尔发生的分歧，那是多么危险，尤其是你怎么劝说他们俩穿同样的衣服"。

汉弗莱·莱普顿反复告诫他的读者不要夸大理论，在实践活动中，他了解到理论必须加以修改，以满足个案的实际条件。

无论是作者的理论，还是教授的实践，都不能直接反对或强行引导时尚。我偶尔大胆地发表我的理论观点，但在实践中，我常常害怕因反对别人的品味而冒犯别人，因为怀疑一个人的品味和怀疑他的理解力是同样危险的。

换句话说，汉弗莱·莱普顿发现，在他的实践中，折中和避免一切极端是自然和必要的。年纪越大，他获得的经验越多，对不同的理论和风格的态度就越开放。在他的《风景园林理论与实践观察》（1803）中，他多次表达了对古老建筑园林的阶地和树篱，以及其宽阔、空旷的步道（辽阔而庄严的广场）的赞赏。然而，他并不打算引入这样的构图元素。

我不建议在所有情况下都把露台作为美的对象，而不是作为方便的对象，但如果露台已经存在，而且不仅具有实用功能，还具有装饰功能，就应该保持原样（就像哈塞尔园林那样）。因为它不该被人遗忘，景观比历史图片的地位低，一个代表自然，另一个涉及社会状态下的人类。

在他后来的作品《关于品味变化的调查》（1808）中，汉弗莱·莱普顿回到了阶地的问题上。他说，阶地作为古典建筑的框架是合理的，即使它们在当时以现代品味标准来看是过时的，但通过未来的品味变化，它们可能会再次成为流行趋势。

他的这一观点很有意思，因为它表明，像尤维达尔·普赖斯和奈特一样，汉弗莱·莱普顿不再绝对反对设计原则和几何花坛花园的形式元素，而是愿意在他的景观创作中使用其中的一些元素。在某些情况下，这些或多或少的异质元素被吸收到一个活生生的、风景如画的整体中，在其他情况下，更大的作品是由几个相对独立的部分组成的，没有任何真正的有机联系。事实上，这种不拘一格的布局，在18世纪末期之后日益普遍。它们既出现在欧洲大陆，也出现在英国，我们已经提醒读者注意其中一个最好的例子，即奥尔顿塔公园（19世纪20年代）。汉弗莱·莱普顿自己也提到了这样一个广泛的折中主义计划，他对其进行了改进，即沃伯恩修道院。

（这包括）房子附近的露台和花坛、仅供家人使用的私人园林、温室前面的玫瑰园以及修饰过的花园、只种植该国植物的美丽花园、围绕着中式大亭子前面水池的中式园林（中式园林点缀着来自中国的植物）、用于对植物进行科学分类的植物园和动物园，最后是英式园林或灌木丛小径。它们连接着整个园林，有时俯瞰着每一个不同的物体，有时俯瞰着花园和遥远的国度。

这些建筑很容易让人想起钱伯斯在邱园的设计。沃伯恩修道院包含了几乎和邱园一样多的异国元素（美国元素似乎已经取代了伊斯兰元素），但没有那么多的装饰建筑。对汉弗莱·莱普顿来说,场地本身已经成为主要的考虑因素,而建筑舞台效果(以前在划分构图和赋予不同部分画面连贯性方面发挥了如此重要的作用)已经大大减少。

汉弗莱·莱普顿并没有像兰斯洛特·布朗、贺瑞斯·沃波尔和威廉·梅森那样,在原则上反对钱伯斯。他认为钱伯斯的作品值得仔细研究,还有赫希菲尔德和当代法国作家的作品,但他对中式园林艺术没有特别偏爱。汉弗莱·莱普顿没有选择引起激烈讨论的中国风尚,而是设想了利用当时在印度新激起与园林和建筑有关的兴趣的可能性。

我无法抑制自己的观点,即由于我们最近熟悉了印度内陆地区的风景和建筑,我们正处于这两种艺术将发生巨大变化的前夜。尽管对这些新形式的误用可能会在这个国家未来的建筑中引入许多不良的品味,但我们有理由期待这些在欧洲从未被采用的美丽形式将发挥同样的优势。

这些关于印度风格是否适合欧洲建筑和园林的观点,已经在溪磬苑①得到了一定程度的应用,在那里,汉弗莱·莱普顿同建筑师科克雷尔(可能是他自己设计了这座房子)和托马斯·丹尼尔合作。托马斯·丹尼尔最近在一本名为《东方风景》的书里发表了他的印度绘画。由于科克雷尔和汉弗莱·莱普顿都没有去过印度,他们的想象力主要是受到了托马斯·丹尼尔绘画的启发,其结果并不比钱伯斯所建造的中式建筑更符合原作。这在汉弗莱·莱普顿于1808年出版的《布莱顿展馆设计》中更为明显。然而,在书中,他只是作为一个建筑师出现,而不是作为一个园林设计师。亭子的平面图与溪磬苑的建筑密切相关。不幸的是,虽然他们获得了威尔士亲王的无条件批准,但立即动工所需的资金却没有到位。资金直到1815年才就位,然而建筑师却不是汉弗莱·莱普顿,而是约翰·纳什。约翰·纳什得到了皇家赞助人的青睐,最终被委托执行这项工作。约翰·纳什做了许多改变,特别是在圆顶和塔状尖塔方面。这样一来,异国情调的效果得到了加强,尽管这是否意味着对建筑整体构成的增益仍是一个悬而未决的问题。

汉弗莱·莱普顿当时在埃塞克斯郡安享晚年,1818年,他在那里郁郁而终。他没有成功地唤起人们对异国情调的普遍兴趣,在他看来,这种兴趣可能会释放出建筑和园林方面的新动力,而且他也没有得到执行他在这一领域的最伟大计划的机会。因此,他在印度建筑领域的活动本质上仍然是抽象的空谈,它没有为任何新的东西铺平道路,也没有像钱伯斯对中国的宣传那样引来大量模仿。作为艺术灵感的来源,印度的重要性从不足以同中国相提并论。它并不像华丽的中原王朝在18世纪最后的光辉岁月里那样,代表着一种艺术文化和生活传统。

---

①溪磬苑,英格兰考茨乌兹地区的一座庄园。——译者注

第十一章

法国人对新式园林的诠释：

赫希菲尔德、瓦特雷和哈考特公爵

18世纪中期，以中国为研究对象并产生文化影响的主要中心在巴黎。正是在那里，外来思想首次被翻译成欧洲语言，并传播到其他国家。1725—1775年，远东的一些历史和哲学经典出现在法国，与此同时，中国在装饰艺术领域的发展促进了对假山的热爱，即洛可可风格的形成，这种风格从法国传遍了欧洲大部分地区。然而，我们不应忘记，此时法国本土的建筑和装饰艺术传统得到了进一步的发展，也许比任何其他国家都更加根深蒂固，这种情况似乎对吸收和同化中国的影响起到了延缓和修正的作用。新的思想被赋予了明确无误的法国形式，并不总是像在其他一些国家那样迅速并直接地得以应用。

这一点在园林领域得到了清晰的体现。法国自古以来就是观赏性花坛园林的应许之地，勒诺特及其学派将这种园林发展到了完美的地步，它比任何其他形式的园林艺术都更符合法国人对形式上的精确性、易于勘察的构图和明确的界限的需求。正是这些园林与凡尔赛宫、沃勒维孔特城堡等宫殿一起，为伟大世纪的仪式感和规范的生活方式提供了理想的环境。只要路易十四留下的辉煌还在为法国贵族的生活锦上添花，表现这种奢华的艺术形式总体上就没有改变。简而言之，与其他国家相比，法国的园林艺术同政治和社会结构联系更为紧密，这在一定程度上取决于知识分子的保守主义或传统，这对风格的发展有阻碍作用。园林艺术的新理念在法国并不像在英国那么容易扎根，它需要更多的时间来获得认可，并在早期的宏伟遗产边上建立自己的地位。

当这种适应性发生时，也就是在18世纪中叶之后的几十年里，英国风景园林已经达到了这个发展阶段的高潮。它的浪漫和如画的美对法国的主要艺术家和园林爱好者具有强大的吸引力，他们尽力创造同样的东西，即使是以另一种方式。对这种来自英国的影响的热情在极端情况下甚至采取了实际的亲英形式，尽管法国的园林设计师确实为打造具有民族或地域风格的园林贡献了自己的元素。例如，法国的园林设计师甚至比英国人对中国的装饰更感兴趣，这些装饰可能采取亭台楼阁、桥梁、帐篷等形式，并不遗余力地强调风景园林不完全是源于英国，而是源于英、中两国。对这个起源问题的讨论在英国和法国如火如荼，但是，这个问题在这里不进一步讨论。无论如何，法国人和英国人对浪漫风景园林的不同态度及其特殊的构成问题的认知差异，已由处于论战中的赫希菲尔德以许多专业的知识来处理。他在《园林艺术原理》（1779）第一卷第133页中写道：

只是在过去的几年里，当关于英式新花园的报告和描述在国外日益传播开来，以及托马斯·惠特利关于这种艺术的著作译成法文后，法国人才开始注意到这种更佳的园林艺术品味。

赫希菲尔德说，法国人与英国公园的第一次接触引起了不折不扣的英国狂热症，盲目的热情导致了不当的夸张，但这种过度热衷的模仿被瓦特雷制止。瓦特雷作为作家、学者，以及秩序与良好品味的杰出代表而闻名于世。在对瓦特雷的观点进行说明之前，应该考虑赫希菲尔德对法国人依赖英国模式的其他反思。在作品的最后一节（第五节），他写道：

在盲目模仿英国人的口味时，法国人不仅重复其缺点，而且还增加了自己的新缺点。一个大公园所能容纳的一切都被挤在一个不超过半英亩的地方。亚洲能提供的所有树木新品种都必须在一个方圆几百步的地方进行复制。中式的奇丑无比的建筑和亭子是新奢华建筑的奇异特征之一，取代了希腊建筑的纯粹简约。在绿地上把树木分组的艺术，似乎到目前为止还鲜为人知。树木之间没有任何联系，就像一幅古画中的人物。这些矮树丛在很大程度上是矫饰的形式主义；通常情况下，它们的布局是对称的，没有任何可能赋予它们散发自然魅力的自由。它们之间的空间经常被切割成奇怪的形状，例如镜子或蝴蝶的形状。园林设计师们还不能从这种玩物中解脱出来。新的布局充斥着各种各样的艺术作品，比如各种各样的建筑、废墟、桥梁等等，那种简单自然的感觉似乎已经完全丧失了。

这种对法国园林的混合和过度装饰特征的描述也许有些夸张，但新的园林风格与某些传统花坛元素异质性结合的一般迹象，大体无误。

赫希菲尔德曾亲自研究过英国和法国的园林，并对它们的特点进行了深刻的反思（既作为一个哲学家，也作为一个艺术生）。他试图从心理层面（即两个民族的种族特征）进行解读，这同样适用于他们的园林和其他创造性活动。

英国人自己就是园林里的园丁和耕耘者，法国人不过是装饰家。威廉·坦普尔亲自修剪果树，亚历山大·蒲柏在他的园林里工作的方式和古代的伟人一样。法国人喜欢赞美和惊奇，英国人享受思想和情感。法国人以他们的比例感为指导，英国人则以他们对风景和绘画的感觉为指导。后者追求的是自然的多样性，前者追求的是艺术的独创性。英国有更多的野生、浪漫、独立的土地，丰富的森林、山脉、岩石、泉水和小溪。法国风景如画的风景则少很多，虽然拥有无数的平原可以吸引人们去规划场地（即便很艰难），但它们不提供丰富的风景，因为平坦乡村的园林总是给人单调的感觉。改变这种单调的代价是非常昂贵的。

赫希菲尔德后续进一步尝试从英国和法国的园林中推导出民族特色，并沉浸在对它们的哲学思考中。他发现英国人对自然的浪漫情怀是法国人所缺乏的。这一点体现在他们对下列事物的赞赏上：

荒凉的岩石、雷鸣般的瀑布、破败的桥梁、黑暗的洞穴，悬崖边上的小屋、陵墓、一切能强烈吸引人的想象力或激起人感情的东西、一切能引人深思忧郁的东西。

英国人总是寻求强烈的对比，他们深沉严肃，多愁善感，有一种崇高的倾向。这在他们的园林和文学作品中都有体现。

另一方面，法国人喜欢迷人的风景、令人愉快的景观和柔和的效果，他们首先专注于他们创作的装饰品，虽然有灯光和闪亮的点缀。他们觉得大型公园很乏味，希望每时每刻都能遇到吸引人的东西，期待每一步都能得到满足。他们不能忍受长时间的步行，他们想要的是容易走完的、令人欢快的。这些园林总是用微笑迎接他们，用迷人的图画刷新他们生动的想象力。

赫希菲尔德个人显然是倾向于浪漫的自然公园，他认为这些公园是英国人独特心态的原始和特色表达。因此，他并不认可远东对英国的重要影响。我已经提到了他对钱伯斯描述的真实性的怀疑，并暗示了他对一切不符合纯正古典品味的事物的厌恶。然而，他觉得没必要为多少有点形式主义的法国风格辩护。对他来说，最重要的不是形式上的设计，而是气氛、浪漫的基调，以及利用自然作为怀旧和梦想的传声板的能力。

瓦特雷的《论花园》出版于1774年，这可能是法国的第一部此类作品。它受到了英国园林爱好者作品的影响，特别是托马斯·惠特利和贺瑞斯·沃波尔的论文，但瓦特雷理论的真正灵感来源显然是卢梭的浪漫主义自然哲学。我们可以轻易地从《爱弥儿》中看出卢梭的思想，即卢梭对自然的态度以及他对自然作为人类生活与活动的准则（因而也是园林艺术的准则）的深刻认识。瓦特雷是浪漫主义风景园林的忠实追随者，因为它是在英国发展起来的，但他不同意英国人对其起源的解释。对他来说，就像几乎所有处理过这个问题的法式园林权威人士一样，这种类型的园林不是源于英国，而是源于中国。因此，其作品的价值主要在于它代表了真正的法国立场，而且是以一种个人的、在某些地方非常优雅的文学形式来表达。

他在序言中写道，他的书旨在为那些将闲暇时间用于装饰园林的人提供指导，因为他的观察始于他装饰自己花园的过程。然而，他指的不是园林的技术问题，而是审美或情感的反映，这一点从下面的评论中可以看出：

> 在以前，人们向仁慈的神灵献上花环。这个小小的花环，其中的花朵绝不是外来的。就是这样的（花环），我在这里把它送给友谊。

序言的结尾是对友谊的真正卢梭式的赞美，它将"可爱的人和敏感的人"团结在大自然的怀抱中，他们可以享受她的魅力和孤独的宁静。这对艺术和文学十分有利，是对智者的安慰。牺牲虽小，但与之相伴的简单而真诚的感情至少是值得的。

第一章名为"起到良好作用的构造"，专门讨论园林中比较实用的部分，如果园和菜园。这是一个相当平淡的主题，但如果知道如何正确利用山水，就可以为它注入田园诗般的气息。

　　第二章讨论名为"装饰性农场"的特殊布局形式，即由一定的耕地组成的小农场。这些耕地被蜿蜒的小路围起来，成为一个艺术整体的一部分，其景色变化多端。作者详细描述了这样一个理想的农场，它有着开阔的田野和小树林、乔木和小憩之地、曲折的不断带来惊喜的道路、各种作物，他还特别提到了有着草药和蜜蜂的花坛。他谈到运河和鸭池、马厩和牛栏，最后谈到人们的简单住所，并对它们进行了考察和描述，把主题融入画面中。在一段赞美田园的文字之后，作者继续描述园林，首先是他所说的古典园林。

　　这些作品通常会激发时而严肃又时而忧伤的遐想。它们吸引人们散步，但并不包含任何特别吸引人或有趣的物品。它们大多是庄园或狩猎园林，其起源不是因为对自然的任何感情或田园理想，而是因为"封建社会的傲慢"，"另一方面，根据新原则设计的园林，它们的名字来自一个国家，在某些方面相当无趣。我们模仿的方面，不但矫揉造作，而且往往是荒谬的。然而，据说这个国家从中国人那里借来了园林的理念。这个民族生活在太远的地方，与我们太不一样了，所以才会有非凡的观点和许多寓言"。瓦特雷接着批评了旧式园林，称这些园林既多余又无用，如果自己有机会，会在这样的园林里引入一些新鲜迷人的特征，"实用性将是我的艺术基础，多样性、有序性和适宜性将是其装饰品"。这句话也反映了卢梭式的思想路线，以及作者与百科全书派的联系。

　　下一章几乎占了这本小书的一半，包含了作者对新花园特征的最基本贡献，题为"现代园林"。在这里，他对英国前辈的依赖是最明显的，尽管他更多地从美学角度来看待这一主题。作者认为有三个基本特征应该作为新型园林装饰的基础，即"雅致""诗意""浪漫"。

　　第一个是从绘画中借来的思想，特指构图，其他两个则属于作品或反映在作品中的联想。园林设计师应遵循与画家相同的方法，从大自然中选择最美丽的景象，然后把这些东西结合起来，形成合适的构图。正是在这里，他将依赖于物质条件，而这些条件对画家来说并不适用。此外应该记住的是，无论从哪个角度看，画中的风景始终如一，而园林里的景物则会因欣赏者所处的位置而不同。因此，这些作品与其说是风景画，不如说是剧院里的场景，尽管剧院里的场景是作为演员的背景，而园林里的场景即使没有任何戏剧性的动作，也应该引起人们的兴趣并引人瞩目。

　　瓦特雷接着简要描述了"大自然提供的材料"，或者说园林设计师所使用的构成元素。这些元素是土地、树木、水域、空间、草地、花卉，还可以加上岩石、山洞。然后，所有这些元素都被分门别类地处理，并根据它们的特殊性质描述为高贵的、质朴的、惬意的、严肃的或忧伤的，因为正是这些方面或特征在大自然的变化场景中表现得最为明显，因此也应在园林中加以突出。这可以通过强调或对比来实现。它们都属于雅致的范畴，而诗意和浪漫则取决于联想。诗意的联想可以由具有神话或历史意义的雕像和庙宇引入，而带着野性的神秘主义色彩的浪漫则是从民间传说和童话世界中产生的。

因此，瓦特雷的《论花园》本质上是一篇以心理学为基础的美学论述。其目的是展示新型园林的优越性，这一点在名为"乐园"的章节中清晰可见。这似乎是指英国人称为马场的那种广阔的场地。它们应该有广泛而丰富的变化，有大量的空地、蜿蜒的流水、山丘和树林，虽然风景是用艺术手段来调整的，但这应该服从于自然。

作者接着描述了艺术家布置园林的方式。最重要的是运动，是大自然的精神，这项法则是自然从人类最深邃、最诗意的想法中所截取的灵感，是永不枯竭的。它与正式花园的僵硬、对称的模式相对立。崎岖的地面比平坦的地形更能激发有趣、生动的想法。同样，饱经风霜的老树也是一种财富，决不应该被移除。泉水不可能让一个真正的艺术家想到笔直的运河或有规律的水面，他会在其中看到一条蜿蜒的小溪的源头，它清新和优雅的动态是对绘画的一种触动，等等。

大自然为艺术家提供了创作的原材料，而艺术家可以通过引入雕塑和建筑装饰来加深和扩展诗意的表现力。瓦特雷描述了最令人愉快的主题，断言除了个人品味和想象力之外，没有其他的规则。对于每一种情况、每一种类型的地面，都根据其特殊的性质提供了特殊的润饰可能性。为了说明这一点，他给出了两个相当详细的例子，一个是中式园林，另一个是法式园林。第一个是司马光的诗意描述，我们在《中国园林》中详细地引用过。[①]而后者是以给朋友的信的形式，作者在信中用浅色调描绘了一个浪漫公园的美好理想，路径曲折，水面铺满倒影，青翠的岛屿像花束一样升起，上面装饰着亭台楼阁，通过长桥与岸边连接。各个部分的情感联想都借助于诗句，这些诗句被刻在树皮和园林各处的碑上。被吸引的不仅仅是眼睛，还有想象力和心灵。作者显然希望通过对这两处布局的描述来为他的"花园里的艾萨"画上圆满的句号。这两处布局在位置和种类上都可以称为风景园林艺术的缩影，因此可以作为园林业余爱好者的模型或灵感来源。

与瓦特雷一起被记住的还有另一位当代法国业余爱好者哈考特公爵，他写了关于园林的理论反思。他的《公园、花园非主流的装饰观》写于1775年，虽然直到1919年才通过欧内斯特·德·加奈出版。因此，这本小书虽没有对法国园林的塑造产生任何直接影响，但作为最优秀的法国业余爱好者对于中国典范的高度赞赏则具有历史意义。哈考特公爵写道：

[①]瓦特雷是从一封刊载在《中国文化历史风情丛刊》（第二卷）的传教士信件中抄录的。

世界上只有两种园林，一种是中式园林，另一种是法式园林。在后者中，对称性是至高无上的，但在前者中，对称性完全被置之不顾。中国人的闲适是他们温暖气候的结果，在他们的特殊体裁下，一切都变成了风景；根据朝向和场地的要求，每个窗户都有其特定的装饰。他们（在他们的园林风景中）表现了可怖的、迷人的和令人愉快的东西，并借助不同艺术领域的成就，着重强调这些对比效果。这些成就是他们通过对力学的深入研究而获得的。因此，著名的园林设计师在中国被视为杰出人物。

在法国，园林设计师们唯一知道的科学是数学，他们的原则是在欧几里得几何中找到的，他们的模型是在作品集中找到的。他们的全部艺术包括有条不紊地勾勒一个表面，划分圆、方、直线和不同的图形。

英国人模仿吸引他们品味的东西，而不创造任何新的东西。他们的皇宫周围最美丽的场地，在勒诺特规划之后，成为所有此类重要作品的模型。他们熟悉中式园林风格，著名的天才艺术家威廉·肯特发现了中式园林风格之美。人们欢呼雀跃地迎接它，阶地被铲平，林荫道被砍去或遮蔽，运河遭到填埋。

哈考特公爵对中式园林的概念显然来自稍早出版的钱伯斯的《东方造园论》，以及耶稣会传教士对圆明园中水力装置的描述。由于没有其他说法，这些说法被其他作者毫不犹豫地接受为基本的、普遍有效的说法，这就形成了我们随处可见的关于中式园林令人惊讶的描述。即使它们确实有真的成分，但经过多次口口相传便会变得越来越梦幻。此外，法国人的态度很有特点，就是努力完全否认英国人的贡献，把风景园林说成是纯粹的中国创造，与法国的正式园林相媲美。由于当时法国文化在欧洲具有主导作用，这种说法在一些国家得到了认可。

第十二章

乔治·路易·勒鲁热出版的新理念图解

关于新园林概念的最好说明之一，是由皇家地理学家与工程师乔治·路易·勒鲁热于1774—1789年间在巴黎出版的一系列重要的现代"英中园林"版画。这部作品共二十一卷，每卷包含22~30张版画，没有通用标题。第一卷的标题是"流行中的新型花园的建构细节"，但在后来的大部分卷（第二卷、第十三卷、第十七卷）的标题为"英中园林"。在第十四卷至第十六卷中有中国木版画的复制品，标题为"中式园林"。有三卷标题为"英式园林"，有一卷（第十二卷）扩展为"英法中园林"。从这些标题可以看出，乔治·路易·勒鲁热作品的内容有些杂乱，不仅展示了欧洲各国（如法国、英国、荷兰、德国和奥地利）的园林建筑规划和设计，也有来自中国的，但出版商只勘察了少数场地，大部分的雕刻都是参考私人档案馆或其他出版物上的图纸完成的。这些图纸现在几乎无法得到，而且显然缺乏系统的安排。第一卷提供了比较详细的说明文字，但在后面几卷，文字一般仅限于短标题（在大多数中文图片下甚至没有文字说明）。某些版画单独附有印刷文字，尽管只有在特殊情况下才会保留。

我只记得一篇文章（巴黎国家图书馆）提到了一个奇怪的作品"英法中园林规划"。这是建筑师贝蒂尼为威尼斯驻巴黎大使卡瓦利埃尔·德尔菲诺创作的。该项目几乎不可能完全执行，但它有重要的历史意义，因此理应引用如下文字说明：

如果从大路走近，就会发现远处有一座以现代风格建造的城堡。在正前方有一个普通的花坛园林，这增加了道路给人的印象效果。但是，如果从城堡一侧的花园大门进入，直到穿过离它很近的一个石窟（平面图上的2B）之后，才能看到这座建筑。在进入之前，可以参观园林。园林一直延伸到靠近桥的小门处，在那里可以看到一个简单的小屋，周围环绕着果树、菜园和牧场（4）。离这里不远的一座小山上，是一座已成废墟的哥特式教堂，原本打算用作牛奶厂，山脚下一个小湖的岸边是一座渔民小屋。牛棚和牧牛人的小屋离得稍远一些。在这里，人们还发现了一座意大利葡萄园和一座藤蔓缠绕在柱子上的酒神庙，以及一尊由跳舞的仙女和森林之神围绕的神像。

从这些欢乐的场景中，人们来到另一个庄严的区域——陵墓岛。在这里，一切都能激发人们的敬畏和悲痛之情。它是神圣的，有纪念各阶层的伟人、善良的公民和已故的朋友，甚至是那些仍在世的人的纪念堂。纪念堂的位置和装饰有助于激发人们的情绪。因此，一座留存美好记忆的纪念堂应该建在美丽的山上，山上布满了玫瑰花丛、茉莉花和藤蔓；而纪念痛苦（丧亲之痛）的纪念堂则应该隐藏在紫杉、柏树和垂柳中；那些为纪念英雄事迹而建的建筑物，应该置于柏树或绿橡树丛中，或者用一丛月桂树围起来。所有的道路都应该能通向这些纪念堂。另外，这片区域是黑暗的，因为其被橡树、雪松和柏树的浓密树叶所遮蔽。这些树叶掩盖了下面的风景，其特征与前面的相反（10）。凯旋桥上面装饰着战争战利品和两根圆形柱子。桥的不远处即摩斯神庙，神庙建在一块椭圆形的草坪上，周围种满了花草，可以在草坪上设置运动场，而神庙里可以安装台球桌。在对面的荷兰园林里，有一个由鹅莓树丛、茉莉花和玫瑰灌木组成的迷宫。

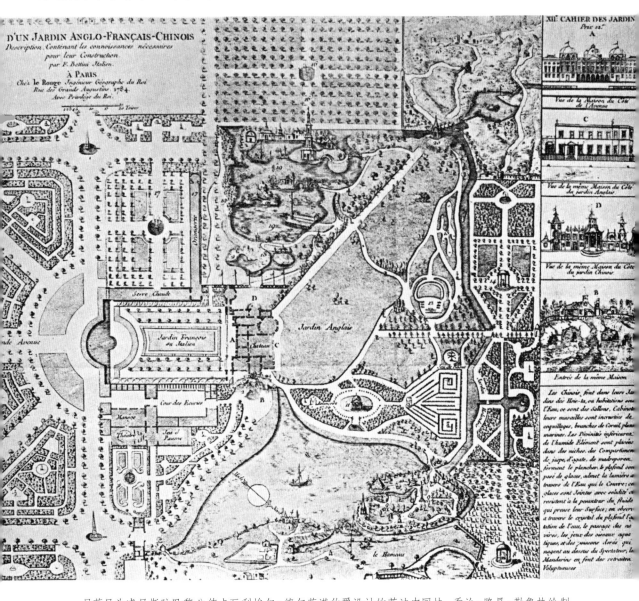

贝蒂尼为威尼斯驻巴黎公使卡瓦利埃尔·德尔菲诺伯爵设计的英法中园林。乔治·路易·勒鲁热绘制

　　如果从中间那条宽阔道路的另一边进入英式园林，就会来到露天剧场，这里的装饰是英式的。这里的草坪应始终保持新鲜和绿色，因为正是这一点"构成了英式园林的巨大美感"，而最适合这里的树木种类是冷杉、雪松、冬青、月桂、苏格兰松，以及韦氏松和黎巴嫩雪松。在这些常青树中可以混入意大利的杨树和灌木，但应该注意将颜色较

深的树放在背景中，这样，那些叶子较浅的树就可以在前景中得到更好的体现。露天剧场后面的灌木丛应该"用雕像来点缀，并种植牛角树和榆树。雕像在里面，在那里要凿出雕像的壁龛，而榆树则起到遮阳的作用"。如果从这里继续沿着运河走，就会来到荷兰园林。这里（14）是维纳斯神庙，"各种贝壳和矿物装饰（这种装饰方式在荷兰园林中非常常见）在这个国家不仅用于神庙，还用于桥梁、门洞和墙壁，并作为花坛和花圃的背景。这座寺庙周围应该种满桃金娘和玫瑰"。

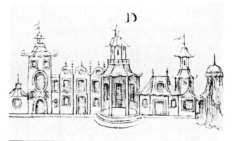

卡瓦利埃尔·德尔菲诺园林的中式城堡的两张图片

从这个令人愉快的园林，人们直接走进一个可怕的沙漠（15）。这个部分很难布置，很难不给人一种贫瘠的印象。这里一定没有住宅的影子，只有一些被烧毁或倒塌的房屋废墟、被风暴击碎的树木、怪物居住的石窟，入口处碑文描述了这里发生的可怕事情。一座类似维苏威火山的人造火山喷出的无烟煤火焰给人一种错觉。从这里出去，唯一的道路是在火山下面挖的一条黑暗的隧道。隧道的中间有一个瀑布，其水声像洪水的咆哮或雷声的轰鸣，而且又脏又臭。适合这种风景的树木是沙棘、糙苏和带刺的灌木。部分被雷电劈开的岩石是黑色的，与沙子及熔岩的残骸一起见证了大自然的疯狂力量。

通过一个隧道便离开了这个令人沮丧的场景，直接走进极乐世界（16）。在这里会发现大量令人愉快的花卉、果树等。草坪郁郁葱葱，鲜花遍地，中央区域矗立着波摩娜[①]的雕像。雕像旁边闪闪发光的小瀑布哺育着溪流，滋润着这片美丽的土地。橘子园也是极乐世界的一部分，那里种植着菠萝和其他稀有植物。

在中式园林里（18）应该有很多池塘和假山、大理石雕像、亭子、宝塔、瀑布，以及各种罕见的树木，如广玉兰、木兰、三瓣木兰、黄花木兰、各种各样的杜鹃花、中国或日本的漆皮树、翅藻、落叶松、香柏树、洋槐、冬青柏树、桑树、紫杉、甘蓝树、杜鹃花、棕榈树、橘子、柠檬、郁金香和丁香。城堡的这一侧应该有一个中式的外墙装饰，如图（D）所示。其中一个亭子应该是用来放置自然史资料的柜子（收藏有关农业和植物学的书

①波摩娜，果树女神。——译者注

籍和版画），另一个亭子里肯定有一个物理实验室，而在宝塔里应该建有天文观测台。（19）日本岛应该是很难接近的，并由一堵墙围住。在墙上可以画一个面向水的门。从城堡看去，给人一种有人居住的印象。

这个场景周围的地平线，以及整个园林周围的地平线，应该用大树来突显，以形成一个露天剧场。离开这个迷人的地方，人们可以在月亮神庙里休息。月亮神庙位于一座山上，在那里可将大部分园林尽收眼底。人们可以感受到一切能想到的方便和舒适，有助于休息和提神。接着，可以继续前往主干道上的城堡，主干道两边是不同种类的枫树和韦茅斯松树。这座建筑并不是一个同质化的建筑，而是为了加强从相同的地方可以看到不同景色的错觉。

为了进一步解释中式园林非常奇特的特点和迷人的魅力，作者在版画上对水下的房间作了如下描述，这很可能是法国耶稣会士记载的免费版本。他写道：

中国人在他们的园林里建造了所谓的水帘洞，即墙壁上镶有贝壳、珊瑚枝和水生植物的小屋或房间。在这里，水下神灵被安置在壁龛中。地板上镶嵌着碧玉、玛瑙和珍珠母，屋顶是玻璃的，能让光线透过水进入。这些玻璃碎片被牢牢地连接在一起，它们可以支撑流过屋顶的水的重量。因此，人们可以通过屋顶观察到流动的水、航行的船、嬉戏的水鸟，以及在头上来回游动的金鱼。

对贝蒂尼的英法中园林项目的描述非常详细，几乎没有必要进一步评论。这个平面图是折中主义构图方法的一个很好的例子，由于新风格对旧领域的侵蚀，这种方法在欧洲大陆得到了发展。新与旧的结合有多种方式，但通常没有尝试将不同的元素有机地融合在一起。不同元素是作为独立的单位协调，而不是作为一个同质的组成部分。这方面的各种例子出现在乔治·路易·勒鲁热的出版物中，这些平面图中的大多数不仅说明了法国和英国的不同，而且说明了中国的装饰元素是如何被引入英国的。读者可以参考法国的沃雷阿、罗曼维尔和鲁瓦西的平面图，威斯特伐利亚[①]的斯坦福德、奥地利的塔滕巴赫和施瓦岑巴赫、波茨坦的桑苏西等人的平面图。在这方面也可以提到卓宁霍姆宫，因为这里也要在法国花坛园林的基础上增加一个英式园林，以扩大场地，尽管它从未完成。

乔治·路易·勒鲁热的图集也重现了欧洲大陆新园林（中国元素是其主要特征）的规划。例证之一是克罗伊王子从伦敦返回时绘制的平面图。这里的地面被塑造成波浪状，在这些波浪之间，弯曲的水道和小路以宽阔的曲线蜿蜒前进。这里不仅有一个瀑布，而且还有一座中式桥梁和一幢中式房子。然而，这些建筑之间通常都有古典元素加

①威斯特伐利亚，德意志西北部的历史地区。——译者注

以平衡，如一个小教堂和一个栏柱。这幅版画的附文（第一卷）中说，在英式园林里，人们找不到任何僵硬、单调或对称的东西。一切都结合在一起，显示出大自然最有利的一面。这里有连续不断的欢乐、阴郁、狂野和质朴的场景，"水在绿地上蜿蜒流淌，鲜花在溪流边上生长，但其他地方都铺设了最好的草皮"。在远处的山上，羊群和鹿在枝叶繁茂的树丛中吃草，这些地方被矮矮的沟渠所包围。一言以蔽之，所要表达的是一种不受限制的自由和未受影响的自然，但由于这是根据正式规划强调或制定的，需要对自然场景进行相当大的修改，因此手段往往破坏了目的。这无法避免，在法国大多数"英中园林"中都可以看到。这些园林会借助装饰性的建筑元素，而风景如画的装饰通常比英国程度更甚。我们在访问法国一些仍然保留着景观的园林时，证实了这一点，同时我们也能注意到这些相当脆弱的装饰元素被岁月摧残得最为严重。

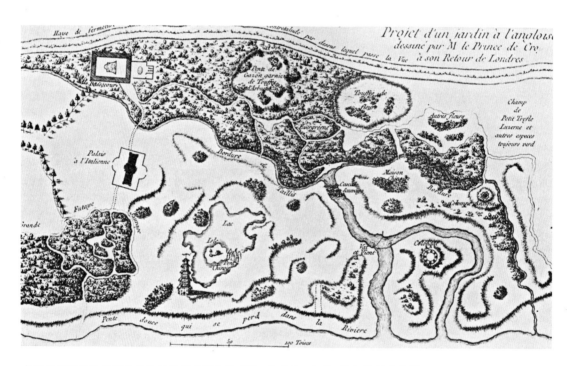

克罗伊王子从伦敦回来时绘制的英式园林平面图。由乔治·路易·勒鲁热制作成版画

第十三章

小特里阿农王后花园和蒙维尔花园

小特里阿农宫是一座规模宏大、略带现代风格的风景园林,如今仍堪称法国园林之最。该园林是为玛丽·安托瓦内特王后而建,当时是一个精致的官方园林的附属建筑。该庭园是路易十五在18世纪中叶后不久为加布利埃尔的古典城堡提供的配套设施。卡拉门伯爵是王后园林的建筑顾问,具体实施则由几个人执行。最早(1774)的平面设计图为"王后的园丁"安东尼·理查德所作,后期(1783)主要出自库托德·拉莫德之手。然而,除这些园林专家外,还有数位知名艺术家参与其中,为园林的独特设计另辟蹊径。其中最主要的是休伯特·罗伯特和理查德·米克。

相比以前的园林,理查德·米克于1774年设计的园林布局更为奇特,细节也更丰富。该设计图以纵横交错的小径为特征,主要由蜿蜒的运河和弧形的湖泊组成,将这片土地分成了许多小岛屿或小片区。因此,该园林总是呈现出一种不规则感,但通过惊人的仿造技术,实际上这种印象又通过分布各处的精小而优雅的建筑得以凸显。因此,除了必不可少的温室,我们还能看到橘园、国外植物大温室和小型温室、奶牛场、羊圈,以及两个大报亭、一座八角形的戴安娜神庙、一座佛塔、两所中式鸟舍(其中一所由四个环池小楼阁组成,似乎专为水鸟准备),还有带有供水系统的土耳其鸟舍和土耳其长凳。此外,粗糙假山错落其中,流水潺潺,芳草萋萋,垂柳依依,紫荆树、加拿大桦树等各类树木郁郁葱葱。该设计图景观和建筑元素的丰富令人叹为观止,但清晰度有待提高。

后来(1783)的设计图就没那么复杂了。通过不同的水路将交通网系统化,并且在植被间留有视野开阔的草坪。与此同时,所有的建筑装饰一律省略。在这幅设计图中,我们只能看到一个圆形建筑和一座观景楼:前者是爱神庙,后者则称为音乐亭。这两座高雅至极的建筑建于18世纪80年代,由王后最喜爱的建筑师理查德·米克设计,至今保存完好。

第二个设计别具特色,因此得以实施,尽管在过程中有所改良和补充。在现代作品中,我们不得不提及最为悠久,也最为壮观的诺曼农场。这是1783—1786年间王后的乡村隐居住所,或者说是具有卢梭风格的如画风景的王后交际场所。该农场体现的设计概念与圆明园(曾为北京城附近的一处避暑胜地)的奇特布局存在明显关联。圆明园的街道店铺林立,人头攒动,以便皇帝体察民情,了解商贸发展近况。这种日常是受礼仪束缚的王室无法得知的。这些都是18世纪艺术文化的主要特色,欧洲和远东地区都是如此。

这些建筑的价值完全取决于其使用方式。它们往往仅用于观赏,但其实也可以更具永恒意义,即成为具有自主价值的风景作品,小特里阿农王后花园便是证明。乡村农舍、磨坊、鸽舍、牛棚、马尔堡高楼以及其他建筑错落于绿树浓荫下,而这些树木位于荷叶田田的池塘边。色彩丰富的石膏外墙与高低不一的屋檐在微波倒影中交相辉映。(参见

582页，图100）即使整体而言不足以称为农场，但却是一次令人陶醉的艺术上的即兴创作。小特里阿农王后花园与丰富的林地植被相互交融，形成一幅非比寻常的宜人画面。据说理查德·米克也参与这些建筑的设计，但在构思中展现的风景如画般的自由个性，以及将建筑与风景融为一体的设计，触发了人们对休伯特·罗伯特曾与他合作的设想。王后曾多次向他咨询，他也以实力受聘为凡尔赛宫和小特里阿农宫的御用画家。

毋庸置疑，休伯特·罗伯特（1733—1808）是最有影响力的艺术家之一，他发展了法国的新式园林风格。他不仅是一位技艺高超的画家、杰出的装潢师，还是一位勇于充分发挥想象，以免园林千篇一律的大师。他充分利用现成素材（树木、岩石和流水），以及画笔和颜料进行创作。他能够唤起大自然以及其手绘风景的弦外之音。众所周知，他的官方身份是御用画家，当然这与园艺的实践性无关。作为画家，他主要是一个"断壁残垣的画家"，他的许多画作都是草稿或图案，他也希望看到这些图案的自然呈现。这种双重活动极大地增强了休伯特·罗伯特的影响力，而他的个人性格和所受训练又共同助他成为法国艺术史上这一辉煌时期的代表人物。他对英国园林风格的转变做出了巨大贡献，使之更贴合法国人的品味。

18世纪70年代末期，休伯特·罗伯特负责凡尔赛宫园林的建设。就是在那一时期，闲暇之余，他将湖边的阿波罗浴室改造为巨大洞穴，那里陈列着一组弗朗索瓦·吉拉尔

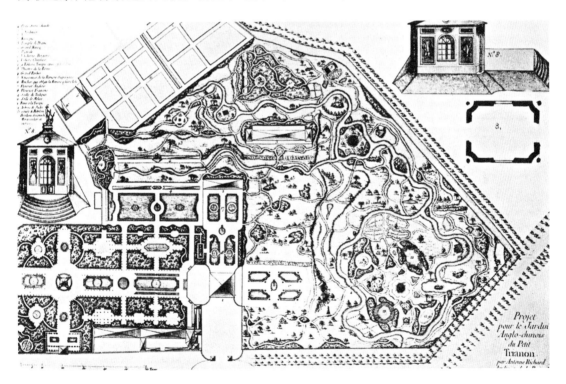

小特里阿农王后花园"英中园林"的设计图。安东尼·理查德绘于 1774 年

登的阿波罗以及仙女雕像。除了令人印象深刻的作品规模，这一创作以洞口的光影、周围的灌木丛与蔓藤为背景，有着丰富的画意（色彩除外）、美感，其效果让人着迷。

人们还在小特里阿农王后花园发现了类似作品，尽管规模较小。该作品位于距离小湖最远处的小湾，是一座八角观景楼或称音乐亭。此地砂岩林立，庄严宏伟，隧道与洞穴穿插其间。（参见580页，图97）通过厚木板或者岩石墙前布满爬行植被、绿树成荫的栅栏桥，人们可以到达这里。公园的这一部分，从风景如画的角度而言，堪称小特里阿农王后花园最典型的例子。这部分的整体风格和排列方式类似于阿波罗浴室和其他一些类似的园林作品，这些都是按照休伯特·罗伯特的想法操作的，因此人们可以认为他就是该方案的责任人。然而，公园在19世纪发生了某些变化。根据该处的版画，这个地方原本相当原始或具有荒野特色（水流在泛着泡沫的瀑布中喷薄而出，挺拔的树木分布于凹凸不平的堤岸两侧，而岸边灌木丛生、植物茂盛），如今已经修饰过度，瀑布中的水流不再迅疾，两岸开阔平坦，植被井然有序，树木已成背景，因此相比原始模样，理查德·米克的八角观景楼（参见581页，图98）也显得沉闷无趣、空洞呆板。作为一种建筑装饰，其中最为出色的是优雅至极的爱神庙。这是一个科林斯式的、由12根柱子组成的围柱式建筑，其名称起源于埃德姆·布沙东的雕像《小爱神》的复制品。（参见580页，图96）

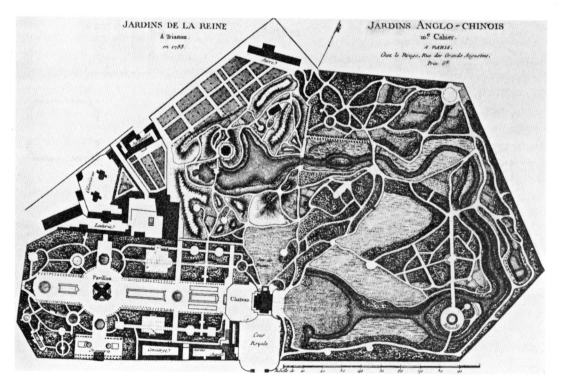

小特里阿农王后花园"英中园林"的设计图。可能由卡拉门伯爵和其他人创作，后被乔治·路易·勒鲁热制成版画

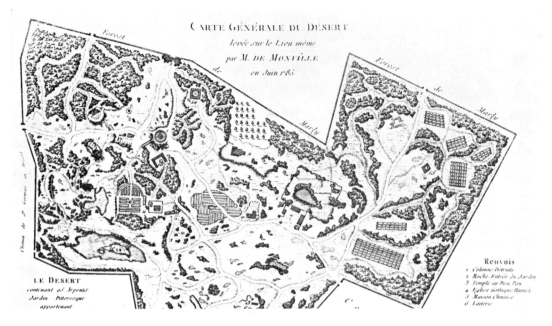

蒙维尔花园平面图。乔治·路易·勒鲁热刻制于 1785 年

　　尽管几经改造，并且这些改变远比走马观花的游客所见的多，位于小特里阿农王后花园的英式园林仍然保存完好。然而，即使在今日仍显而易见的是，它从来就不是一个严格意义上的英式园林，而更像是法式园林，只不过诺曼农场取代了中国传统园林中的亭台楼阁。因此，该园林风格包罗万象，相比美学价值，其历史意义更为突出。尽管如此，它对法国和世界其他国家依旧影响深远。

　　在所有具有休伯特·罗伯特设计风格的园林中，蒙维尔花园是最为杰出的作品之一。尽管如今已被完全毁坏，几乎废弃，无人问津，但在其鼎盛阶段直到大革命时期（1789—1794），它曾被公认为法国同类建筑中最重要的建筑之一。与园林的其他布局相比，乔治·路易·勒鲁热对该园林版画的设计最为用心（几乎整个第十三卷都是该主题）。甚至像利涅王子这种吹毛求疵的观赏家也对蒙维尔花园赞不绝口。

　　该地离巴黎不远，位于圣日耳曼莱昂与马尔利花园之间的尚布尔西边界处。现称莱兹荒漠园，而最初以其所有者的名字命名。1771年，弗朗索瓦·拉辛·德·蒙维尔接管此地后，园林建设工程启动。弗朗索瓦·拉辛·德·蒙维尔坐拥旧制度下万顷良田，是一位多才多艺的业余建筑爱好者。他在法院工作，尽管职位不高，但收入可观。此外，他不仅是众所周知的（竖琴）音乐家和法案起草人，而且是技术精湛的弓箭手。显然，艺术爱好是他生活的重要成分。而和当时巴黎其他业余爱好者一样，他深受英式园林风格影响，同时对法国古典主义风格的热忱也丝毫未减。此外，他与当时几位杰出的艺术家来往密切，其创作完全是法式风格也就不难理解了，尽管其灵感源自英式园林。对于已参观莱

兹荒漠园、感受到其现存遗迹魅力的人来说，听闻休伯特·罗伯特不仅仅是此地艺术图案（至少其绘画作品得到公认）的鉴赏家，还是该园林实际建造的参与者就不足为奇了。

乔治·路易·勒鲁热对方案进行了修订，提供了原布局图的大致思路，同时对园林道路、建筑和植被布局进行了统筹规划。自东北角的斜坡（马尔利树林）至西南部的草地（部分用作耕地，部分散布林木）一路南下，最后映入眼帘的是一个小湖。园林这片地区林木繁茂，无人看管，不易到达。树木与灌丛肆意生长，通幽曲径簇叶丛生。然而，大部分围墙完好无损，北门的大石块也是如此。（参见583页，图101）作为圣日耳曼一侧主要入口的西门却已不见踪迹，只留下一处围墙缺口。当远道而来的陌生人穿过狭窄而人迹罕至的乡间小路时，很难料到自己即将踏进一座古老的园林。而他如果不善于观察，或者不环顾四周，那么他可能就与马姆建筑擦肩而过。由此可见，这里的植被多么茂盛，这座古堡又多么隐蔽。

倘若蒙维尔花园有一栋几层楼高的普通房屋，它就不可能如此隐秘，但事实上却完全出人意料。其外形是一个破损的大圆柱，上面爬满藤蔓，有的甚至穿过窗户。此外，这里还极具睡美人的城堡那种氛围，尽管没有王子，实际上也没有任何其他居民。这是因为这栋建筑已破败不堪，窗户的玻璃早已不知去向，搭钮的门也不翼而飞。（参见584页，图105）

利涅王子在他的《伯勒伊政变》一书中写道，蒙维尔花园仿佛是巴别塔那座激怒上帝的建筑中的一部分。通过乔治·路易·勒鲁热的版画和其他当代插画，尤其是位于斯德哥尔摩国家博物馆中一幅由印度墨水绘制的画作，可见这栋建筑只有下面三层有玻璃嵌在圆柱的瓦楞上，玻璃形状不一，有长方形、正方形和椭圆形；而第四层有一个采光天窗。抬头仰望建筑顶部，可见参差不齐的天空轮廓，仿佛这里真的是一处饱经风霜、年代久远的废墟。最初在围墙顶部栽种的青草和爬行植物使得这一幻觉更为逼真。（参见584页，图106）

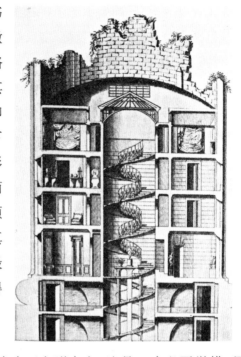

蒙维尔花园圆柱形住宅的剖面图。乔治·路易·勒鲁热刻制

近代，参差不齐的天际线消失不见了，建筑顶部抹上了灰泥。此外，顶楼安装了许多正方形窗户，这是一个必要举措，因为采光天窗已经停用。底层的办公区和厨房一侧有入口，而另一侧几乎掩埋在地下，仿佛还未完全出土。在四周长势繁茂的树林和布满高墙的灌木丛的掩映下，这栋建筑显得更为若隐若现（也让拍摄完整照片成为不可能的事）。与此同时，植被入侵，长势茂盛，若因此忽略这处建筑也便称不上粗心大意了。然而这栋建筑最终沦为废墟，这是其设计者意料之外的。

有人可能认为圆柱形设计会造成房间布局不合理以及通信障碍，事实并非如此。主要楼层的螺旋形楼梯旁有四个房间。在钢琴一侧用作画廊和客厅的两个大房间是椭圆形，而作为卧室和前厅的两个小房间是半椭圆形。曲形墙壁之间是衣柜和过道，因此没有浪费任何空间。室内风格统一，椭圆形曲线无处不在，带来一种不同寻常的迷人韵味，尤其是三楼，那里的窗户和客厅壁炉上方的大镜子也是椭圆形的。（参见585页，图107）

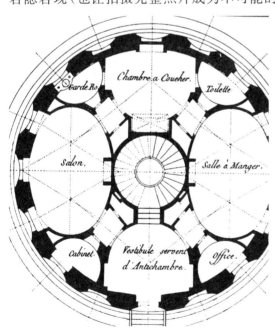

蒙维尔花园主要楼层的平面图

房子不远处有一座小山，山上的树林里有一片平地，地面赫然矗立着一座金字塔形状的建筑。这座建筑完全被常青藤和其他爬行植物覆盖，与挺拔的大树共同形成一道拱形，阳光穿过树枝在表层的石块上留下斑驳光点，棕色与绿色的背景与灼灼阳光交相辉映，呈现出的景色引人入胜，就像是由休伯特·罗伯特创作，或者多少受到他的启发。（参见583页，图103）

这座金字塔形状的建筑还具有实用功能，可用作冰库。不远处，一座哥特式小教堂的断壁残垣清晰可见。这些墙壁同样遍布攀缘植物，因此与旁边的金字塔形建筑完美交融，形成了一幅优美的田园图。（参见583页，图104）这片废墟如此具有说服力，乍看时甚至令人怀疑其实际历史，近看时才恍然得知这其实就是为变成废墟而设计的。这里的房子如此，金字塔形建筑如此，教堂也是如此，这些园林建筑如坟墓和隐居之地般销声匿迹。近似废墟的小祭坛同样是典型建筑。其为遮罩和花环装饰的锥形，顶部有一个倾斜的瓮。相比以前，如今已经破败许多，底部的石块开始滑落，但这使它与荒郊野岭的环境更为融洽。（参见583页，图102）

同样令设计者出乎意料而极具废墟特色的还有所谓的潘神庙。它位于公园西北角，在时间的助力下，屋顶崩塌、砖墙的粗糙灰泥片片脱落。这是一座圆形建筑，里面还残存着一条多利安柱廊。起初，它孤零零地矗立于山头，在远方便清晰可见，但现在已经几乎被树林掩藏。（参见586页，图108）

以前，从这个山头可看到山谷和小湖美景，湖面上倒映着整个公园的最高建筑——中式房屋。（参见587页，图109）这是莱兹荒漠园唯一一座设计不算古怪的建筑，其设计可谓细致入微。因此，目前其几乎无法复原的失修状况更加令人痛心。据说主要的破坏来自第一次世界大战结束时驻扎在那里的外国士兵。

幸运的是，中式房屋原始的建筑特征依旧清晰可见。那是一栋偏长的长方形建筑，一侧地势偏低，另一侧则较高，而越往顶端，楼层越窄。（参见587页，图110）屋檐线条柔和，两边较低的为凸面，顶端最高处为凹面，由此将屋檐延长。这给更具法式而非远东感觉的地区注入了一股中国风。此外，中国风主要体现在其装饰方面，诸如立面的精雕细琢、雕梁画栋，花瓶状的烟囱、屋角挂铃，甚至灯笼式天窗顶部的栏杆。显而易见的是，中式庄园的设计师并无真实的中式建筑模型或者其他物品可作参考，仅有的参考物为装饰图纸，例如对门板高处进行极力复制，而非在竹柱和支架上随性发挥。总而言之，该建筑的价值和意义主要在于远东的独特装饰，而非那种习以为常的自由优雅，以及与法式结构保持根本一致的方式。

在过去，室内布局具备同样优雅而充满想象力的改造痕迹，但如今内部状况却远不如室外。房子整体布置精致，有五个房间（厨房可能建在耳房），十分宜居。一楼有一个

蒙维尔花园的两座中式房屋。该法式绘画绘于 18 世纪末期。藏于瑞典皇家美术学院

客厅和两个小房间，楼上的一个大房间用作书房。家具和饰品一应为中式风格，床罩为中国丝绸制品，但书房精美的桃花心木镶板是路易十六时期的风格。中式风格与法式图案巧妙结合，优雅和谐，不会给观赏者带来任何矫揉造作之感。我初次观赏时也情不自禁地惊叹其惟妙惟肖。当时还有一些经典装饰的残存物件，如今却已支离破碎、无法修复。

在这种情况下，瑞典皇家美术学院和国家博物馆的一系列迄今为止不为人知的画作显得尤为重要，因为它们展示了这座建筑的原始状态。现存四张彩绘版画，但由于它们的编号是 II、III、IV 和 VN，很明显，还有更多版画没有展现，这些版画或许可以对莱兹荒漠园所有的建筑进行图解。这些美观的图纸没有署名，因此我们对艺术家一无所知。但是它们落到瑞典人手中这一事实（其中一些很可能属于18世纪晚期瑞典伟大的园林设计师派帕）表明这些版画是出于特定用途间接获取而来，甚至可能是订购的。还有一种假设，古斯塔夫三世想要通过它们了解哈加公园和卓宁霍姆宫的工作状况。如果是这样的话，让·路易斯·德斯普赫兹很可能是奉命行事。在这种情况下，他无法凭空创作，必须以古老的丛书为参照，以确保精准无误。

然而，无论这些画作的来源是否如此，它们在历史和美学方面都是莱兹荒漠园现存的最为宝贵的文物。这些版画展示了乔治·路易·勒鲁热的版画中遗失的细节，同时，和后来的作品一样，我们可以凭借其精妙的色调想象出中式庄园过去的模样。

利涅王子在其作品（前文提及的《伯勒伊政变》）中写道，国王可能批准设立了"中国宫"，也就是他所说的研究模型。在那里，他发现"房子底部的一大块遮罩的地方有水流汩汩流出，水流沿着两个小岛间的小溪欢快流淌，随着连续不断的平台一路向下，其设计就像法式园林的某个部分"。

　　作为审美品味转变迅速的有趣范例,亚历山大·德·拉博尔德应该记录在册。他在1808年的《法国新园林及古城堡》中对莱兹荒漠园进行描述,把中式庄园称为"这是那个时代盛行的恶劣品味的一个范例,也是这种令人厌恶的辉煌所造成巨大代价的明证"。

　　如今,利涅王子所说的溪流和平台都已不见踪迹,莲花池也杂草丛生。然而,光线适宜的时候,人们还能看到水榭波浪形的屋顶在池中的线型倒影。在夏日的空气中,古典美与和谐感得到短暂释放。

蒙维尔花园中式建筑的纵剖面图。
该法式绘画绘于18世纪末期,藏于斯德哥尔摩国家博物馆

第十四章

蒙梭公园和埃尔姆农维尔庄园

蒙维尔花园的设计理念在一些当代作家和园林建筑业余爱好者身上同样得到体现，其中尤其典型的是路易斯·卡洛吉，即众所周知的卡蒙特勒（1717—1806），以及利涅王子，关于他的趣闻我们暂时不做赘述，后文会有详解。

卡蒙特勒最为人熟知的身份是一位诙谐机智的艺术家和文采斐然的作家，但他其实还是一位著名的园林设计师。他曾为当时的沙特尔公爵（奥尔良公爵——路易·菲利普一世的父亲）设计蒙梭公园①。这一杰出的设计于第二年以版画的形式出版，卡蒙特勒亲自编辑，同时他还在序言中阐释了自己关于园林艺术的理论思想。

在前言中，他表示其目的并非提出任何理论或者规则，这样做只会贻笑大方。因为此前早已出版了众多法国建筑业余爱好者写就的园林艺术的佳作，例如托马斯·惠特利的《近代造园图解》。他只是想表达自身对于许多新式园林的反思，并且认为"我们的资源、习俗、审美、气候都和英国不同，我们的园林不应是英式园林的盲目模仿，而应该从差异点出发设计属于我们自己的园林"。

这些观点在后文会深度阐释，其中有许多论述值得引证：

如果有可能将风景如画的园林变为人工景观（幻觉）的话，人们为何不做呢？如果能以自由和艺术为指引，不与给予我们快乐的大自然相分离，这些还会是幻觉吗？自然景观随着纬度的不同而变化，那么我们也可尝试创造不同纬度的假象，这样我们可能会忘记自己生活在何地。我们可以在园林里引入歌剧中的变化场景，在现实中描绘最为熟练的画家在其画中创作的任何时区的景象。我们必须避免千篇一律，千篇一律是过于苛刻的规则导致的后果，这些规则限制了我们的想象。既然我们必须创造一切，那就应该自由发挥，以悦人耳目、愉悦身心和激发兴趣为目标。

这就是卡蒙特勒希望在蒙梭公园的建设中得以应用的观点（蒙维尔先生也在其园林早有实践），最重要的是，他希望呈现此地独有且令人喜出望外的景观，换言之，就是一种艺术财富，即虽带有戏剧色彩但得以自然呈现的多样性。

随后，他还谈到英式园林美丽的草坪，表示其设计令人钦佩，但草地旁满是鲜花，却显得如此单调乏味。依照法式园林的独特理念，这样布局缺乏残缺美和自由感。

如果我们想要模仿英式园林，那么在摆脱千篇一律的固有特点时，这种模仿就已经开始，而我们的新园林未必会失败，因为它们并非对英式园林的盲目模仿。我们喜欢快乐地自由发挥，这样才新颖有趣。毕竟，我们有自己的思想、自己的审美、自己的风俗习惯，而这些都由我们的气候所决定，因此，逼迫自己接受邻国风俗习惯是徒劳的。如果

①蒙梭公园，位于巴黎附近，属于塞伦尼斯殿下——沙特尔公爵名下。

我们要打破陈规，那就必须创造新规，这些规则只属于我们自己，不属于任何人。人们可以改变泉水的流向，但不能改变其特质。

有人说，园林可以成为一幅仅靠人工不足以创作的风景画，人们只能依据自身才华和审美对其进行装饰。正如埃尔姆农维尔庄园的主人，他拥有大局意识，懂得如何因地制宜，因此打造了一座别具一格的法式园林，供他与家人、朋友共同享受。

也有人说，园林可以简化为农场，农场也可成为园林，因为人们可以把实用性与观赏性结合起来，但是这样一个园林不太适用于我们这些有能力布置的人。农场经验无法使我们感到满足，乡村生活琐碎不符合我们的品味，这些都和我们外出玩乐或心烦意乱时放松身心的目的格格不入。

我们需要的那种园林能将自然景观以最怡人的形式呈现。人们一进入园内，便会被其魅力深深折服，同时这种魅力永不褪色并且能以一切形式持续更新。因此，人们便会拥有想要再度拜访的欲望，想要每日参观。真正的艺术在于用各种各样的事物来吸引游客，没有这些，他们就会到乡村去寻找园林所缺少的东西——一幅真正的自由画卷。

这种园林的魅力在于人们可拥有步步皆风景的体验，每一个景物都能根据光线的变化产生不同的效果。

普通园林（旧式园林）经过精心规划，人们一眼便可知晓其中景观。环顾一眼，即可省去周游的麻烦，因为园内一切经过统一修剪的篱笆、林荫路、树丛以及池塘等，人们都已了然于心。然而，在自然园林（新式园林）内，规划只是向导，绝没有一道风景会提前泄露；园内一切均无规律可言，下一个景观（图案）会是什么样子根本无法预测；尤其是枝繁叶茂时分，正是判断该园林是否为佳作的最佳时机。

从他那本再版的版画集和随笔中可以看出，卡蒙特勒对蒙梭公园的景色多样性极为包容。园内的布局包含极为多样的建筑和风格各异的装饰，这些都来自不同国家和地区。最高处屹立着一架荷兰风车，而最低处是一个椭圆形池塘，其中一部分还有雅致的柱廊（从圣德姆的一座未完工的纪念碑转移过来的）环绕。其他建筑中，值得特别关注的还有哥特式遗址、战神庙（也是遗址）、尖塔、土耳其帐篷、一座中式环岛、两座法国馆、一座大理石雕像、一座同性恋者的坟墓、意大利葡萄园和农场的一些附属建筑（那不仅是羊圈和牛棚，也是骆驼的住所）。

在文中，卡蒙特莱特别强调在风车附近必备丰富水源，那里有一个大池塘，旁边岩石陡峭，水流像瀑布一样奔流而下。从这里出发，水分流到地上和地下的不同地方，例如牛奶场、水磨坊、喷泉和果园、瀑布奇观等，最后汇入演海战剧的水池（或称环形港），随后又由一个巨大的浮筒抽到一个池塘里，而池塘就在磨坊上面的那座山上。他将地形特点与水流布局巧妙结合，为园林如画的魅力打造了现实基础。

进入园林后，卡蒙特莱写道，人们首先来到一片绿色草地，那是一片小溪环绕着的牧羊草场。繁花点点的草地尽头是一排白杨和栗树，在那里可看见主要楼阁。在园内继续前行，便来到哥特式废墟前的吊桥，连着的是一座高塔（同样是废墟），旁边是水磨的转轮。随后，人们可以跨过河面上一条三段式砖桥，这座桥已被水流冲断，而远处的另一座桥为中式风格。

然而，园内中式风格最为明显的是位于孤立小岛上的环岛（或称"指环游戏"）。这是一个由三根柱子支撑的中国大阳伞（宝塔），由此延伸出四条长臂，两条末端为龙状结构的龙椅，两条是坐垫形状的中式斜椅，这是为女士准备的，男士应该坐龙椅。这种设置要求三个中国人在中间骑行，在骑行过程中，他们必须抓住或射穿从阳伞边缘垂下来的环。因此，这个环岛上的仆人穿着中式长袍，而其他地区的仆人穿的是土耳其或波斯服装。总之，永久性的装饰品和配件的安排，或多或少就像是在歌剧舞台（卡蒙特勒是电影院的常客），这样，在某些时候，寻欢的人群可以感受到幻想和自然的杰作，因此这里可以成为令人流连忘返之地。关于这一问题的当代观点，蒂埃里的表述非常详尽清晰，在谈到蒙梭公园时，他说道："在这样一个小小的地方，于更丰富的审美之下比对自然与艺术的魅力是不可能的。"

此园后来被称为沙特尔宅邸，在全盛时期，它曾是狂欢会、化装舞会和庆典的中心。这里接待过几位皇帝，其中包括1783年在巴黎逗留的古斯塔夫三世，还接待过艺术家、演员和作家。然而，这个快乐的童话故事的结局却仓促而凄惨。大革命爆发后，沙特尔公爵加入了雅各宾派，并自称菲利普·埃加利特，甚至投票支持判处国王死刑，后来

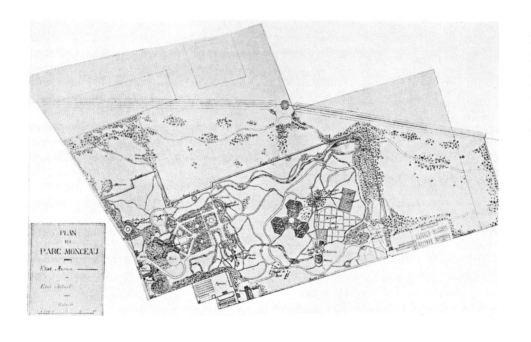

1773 年、1787 年以及 1860 年后蒙梭公园的扩建图。藏于法国国立图书馆。

蒙梭公园岩洞内景。该木版画绘制于 1870 年左右

自己也成了敌对势力，被送上了绞刑台（1793）。第二年，经国民议会决定，蒙梭公园归国家所有，并向公众开放，但由于公园地理位置偏远，鲜少有人前往游玩。拿破仑认为它并没有发挥公园的作用，1807年3月15日，他给戈丹写了一封信，希望这座园林能得到改进，使之能与杜乐丽宫和卢森堡公园相媲美，但不能成为与之同属一类的法式园林。相反，它应该成为一个名副其实的具有中国特色的美丽园林，并成为巴黎一处新地标[1]。然而，国王的愿望并没有实现，公园似乎一直停留在不温不火的改造状态，后又无人看管，最终在1814年，路易十八接管政府之际，又以相同的模样，回到奥尔良公爵的继承人手中。蒙梭公园一直为奥尔良家族所拥有，直到1852年再次被国家征用，而后在一定程度上遭受马雷戴尔伯林荫大道扩建的破坏。

最后，巴黎市政府于1860年买下整个地区，在阿尔方先生的监督下，公园又经历一次彻底改造。据说沙特尔宅邸当时已经处于衰败状态，池水早已枯竭，建筑摇摇欲坠，绿植无人打理、杂草丛生，以前园林的大部分装饰必须拆除，特别是适用于新街道建设的一片大场地，这些街道连接公园南部和东部新建的贵族住宅区。只有中部和北部原始布局作为公园用地得以保留。在这些地区，阿尔方显然已尽力复原旧式装饰，并以类似装饰作为补充。再次引入丰富水源，在老墓地附近新建的石窟上甚至有一帘飞瀑。这个

①参见罗伯特·赫纳德：《巴黎广场公园》，1911，第119—120页。

洞穴仍然保留在宽阔的道路那边，将公园一分为二，但瀑布不复存在，只有繁花似锦的绿植和浓密茂盛的灌木丛将小山包裹得严严实实。19世纪七八十年代拍摄的照片可以清楚看到石窟内部排列着的钟乳石。这个石窟与前文描述的石窟大致相同，但比潘西尔园林的大得多。

一些最为精美的纪念碑已被修复，尽管破败不堪。其中最主要的是水池的柱廊，如今的模样就是当时的成果。还有埃及金字塔被高大树木包围着，而过去的战神庙只剩下几根单柱。同时，位于蒙梭公园西北入口处古典圆形大厅也需要彻底修复。1784年，勒杜负责这项工程，使之成为与小镇城墙①其他几个建筑装饰类似的建筑。1787年，沙特尔公爵买下园林和城墙间的那片土地，这座圆形大厅便顺理成章地成为园林扩建处的一处景观。因此，尽管从不归属于沙特尔宅邸，人们后来（至少从装饰角度而言）也认为它归属于蒙梭公园。

19世纪60年代修复时，大量的附属建筑得以发现，如文艺复兴风格的纪念性拱门以及一些廊柱。这些地方具有重要的现代意义，并改造成为适宜散步的休闲公园。然而，对当时某些部分进行改造是确定无疑的，种植园和与之相连的道路也不例外——这些工程在随后几年持续进行，对整个建筑群带来一定破坏。因此，就某种程度而言，灌木和植物以牺牲古树和历史遗迹为代价侵占过多土地，而现代的大理石废墟和纪念碑则显得尤为突出。

尽管蒙梭公园的大部分古建早已流失，也经过大改，但依然是巴黎最具吸引力的景点之一。某些地区，如同性恋之墓遗址、金字塔、水面泛着雅致廊柱倒影的水池等，依旧保持着卡蒙特勒曾预想的韵味，即全世界最富想象力之地（他本人曾这样写道）。要想获得这种体验，初夏时节参观为宜，最好是在旭日初升的清晨，或在夜深人静的月夜。那时，没有嬉闹的儿童，也没有姗姗来迟的行人匆匆过。阳光轻柔，穿过灌木丛，落在池塘，散布四方，远处的景物似乎只是银色薄雾中隐没的影子。

和蒙梭公园一样，埃尔姆农维尔庄园也是其创作者以文学形式所表达的思想和观点在生活中的实际应用。埃尔姆农维尔庄园纪念性的出版物的价值，不仅归功于诙谐的介绍，还有里面的版画。吉拉丹侯爵的小册子（12开）虽没有插图，但也被广泛阅读并发行多个版本（也有英文版），第一版可追溯到1777年。其标题为《圣贤的杰作》，实际上它可能被描述为一个宣言，其中论述了从法国视角出发对英式园林景观进行改造的总则。同时，这本小册子也别有趣味，因为它还反映了作者从埃尔姆农维尔庄园建设所得

---

①装饰蒙梭公园的另一个小神庙为白色大理石神庙，现留存于庞德岛的讷伊市。奥尔良家族的路易·菲利普为得到蒙梭公园，将其送给路易十八以作交换。此后，由于增加圆顶而遭受破坏。参见《巴黎妇女回忆录》，第三卷。

的教训与启示。

　　1766年，吉拉丹侯爵继承了这片古老的庄园。此后，他便不失时机地对这座古老的中世纪城堡进行修整改造，并将其规划成一个大公园。事实表明，这项工程耗时漫长。因为首先要挖掘湖泊、开通运河、植树修路，以及"改造古城堡周围危险的沼泽"，更不用说对所有的建筑纪念碑进行改造。

　　埃尔姆农维尔庄园的改造起初似乎由造园师莫雷尔实施。根据他在《园林理论或自然艺术》的描述，他从对沼泽山谷进行排水出发，那里处处是危险的水池。接着便铺设道路，清理山坡上的树林和灌木丛。莫雷尔在书中写道，他不仅主张"一种关于建模和基础整改的总体建议"，而且还对某些细

蒙梭公园阴森的金字塔。该木版画制作于1870年左右

节的处理提出建议，"但并非指我记录和介绍的那些细节，而是一些替换的细节"。他对埃尔姆农维尔庄园工程的评论，即使称不上刻薄，但也非常犀利。从他的叙述可知，与吉拉丹侯爵的合作曾遇到严重问题，并且在莫雷尔的建议还未得实践之前，合作就已中断。但由于莫雷尔对埃尔姆农维尔庄园的描述对这一设施的发展历史有所增补，所以不妨选取其作品中的部分内容加以陈述。首先，他提到了城堡四周的旧式布局，据说这些地方被分为小片区域，每一片地区都为封闭区域，与整体并无关联，呈现出"既无情感也无个性"的状态。

　　然而，园林北侧的景观为天然塑造，杂乱植被已消失不见，这就为大自然的美丽呈现提供充足空间。没有了杂乱的树木阻碍视线，一切美景便尽收眼底，映入眼帘是空旷欢乐的山谷，而非单调乏味的平原。干涸的沼泽成为迷人的草地，危险泥泞的运河变为怡人的小溪。"这幅画以一座大山收尾，山顶有一个村庄，而村后是一座半毁的高塔"，在微泛光芒的蓝色薄雾衬托下，背景显得更为柔和。接下来描述的是南侧风景，以及周围其他部分地区，这些地区的改造或多或少体现出莫雷尔的艺术风格。他还补充了以下发现：

　　我的工程竣工时，便有了埃尔姆农维尔庄园的景观。通过这种方式，曾经那个危险且毫无魅力的地方已成为一个风景优美且物产富饶的草地。总之，一个毫无特色与优势的地方

成了一道欢快且意蕴深远的风景线。但是，尽管埃尔姆农维尔庄园风景如画，景色多样，尽管其表现力与我规划的园林景观类型完全相符，我必须补充，因为以我所说的地方为例，现代住宅更像一个酒店，而不是农舍，而且与周围的景观显得格格不入。

从这所房子看埃尔姆农维尔庄园，它们几乎毫无可取之处。但是这所房子的突然出现，无论从哪个方面来看，都以其不协调的风格破坏了整体效果。此外，它的地理位置把山谷分成两部分，损坏了总体效果。

莫雷尔曾希望将埃尔姆农维尔庄园改造成一个理想的风景园林（乡野风格），但他发现，它反而被改造成了一个相对矫揉造作的布局。那里挤满了"与周围环境毫无关联的装饰性建筑"，以及雕刻着希腊和罗马作家语录的纪念碑。吉拉丹侯爵也许是一个比莫雷尔更业余的园林设计师，更不足以称为艺术家和诗人，从而使埃尔姆农维尔庄园具有强烈和真正浪漫的表现力。因此，这个地方大体上成了他在《圣贤的杰作》一文中所表达的思想的生动解说。这些思想大体上与莫雷尔在他的书中所抨击的那些观点一致。

许多人认为对大自然的喜爱，就是在他们试图模仿大自然时，排除所有的直线，把直线改为蜿蜒过道。他们想象着，通过把不同地域的物品和不同时代的纪念碑挤进微小的空间就可以制造各种各样的东西，从而把整个世界置于四堵墙之内。但他们没有意识到，如果这些不协调的混合物各美其美，那么整体反而永远不可能拥有任何真正的自然美。

在追求极简主义过程中，人们认为只要释放自然的自由之风，并顺其自然就足够了。他们不明白，小丛树木和大量的其他物体，毫无秩序，毫无生机，也毫不相干，必然会导致一种含糊混乱的后果，正如残缺而封闭的大自然一样单调乏味。而大自然一旦容貌受损，就会变得面目狰狞。

当读到这样一番言论时，你必然会产生园林应该是一件由自然创造的艺术作品这种中式思维，也就是说，园林景观应该是大自然的鬼斧神工，而不是人工制造的。吉拉丹侯爵多次将园林作品和绘画之间的相似之处进行对比，指出园林的规划从一开始就必须完整，并且应该由一个不受任何传统观念束缚的风景画家来绘制。艺术家应该以真理和自然为指导。无论对园林景观还是对绘画而言，最重要的是整体统一和各部分的相互联系。

作为实现这一目标的向导，吉拉丹侯爵不仅向读者介绍了绘画，可能受到他的前辈瓦特雷的巧妙启发，还为读者介绍了创造距离幻觉的戏剧舞台装饰，同时提出了一个标准。此外，作者还对一个园林景观不同元素进行了详细描述。这些风景可能包含从住宅区通往特定景点的蜿蜒小径、流水淙淙的小溪、长满青苔的堤岸、装有两个恋人骨灰的骨灰瓮。此外，不远处的山谷之间黑暗的洞穴岩石处还有水流喷出，另一个景点则是绿树成荫的水源地，仿佛是仙女沐浴之地，那是个倒映着明月的小湖——一个寂静住所。一座在高大杨树掩映下的智慧纪念碑、一个在黑暗的橡树间隐约可见的小寺庙、一个在长满青苔的岩石下的隐士小屋、一个可以凝视日出的小山丘，还有其他的元素，这些都是为了激发人们的想象力，给人一种在浪漫星球漫步的感觉。简而言之，吉拉丹侯爵为我们创造了一个真正伟大的公园规划，幸运的是，他也有机会将自己的想法应用到一个重要的创作中。

在一定程度上，这个景象仍然得以保留，即使正处于衰退和被忽视的状态，且大部分建筑纪念碑也难觅踪迹。这个公园之所以有名，不仅由于其规模庞大，还因为它的规划性。更重要的原因是，这里有一种气氛，那就是卢梭，这位受人尊敬的文学传道者对自然的浪漫崇拜。他和吉拉丹侯爵在埃尔姆农维尔庄园共度晚年，正是在这里找到了他最后的避难所（1778年6月）。侯爵在这个著名的白杨树岛上为纪念他这位令人尊敬的朋友而建立的美丽纪念碑，在接下来的几十年里，是所有感性的自然崇拜者朝圣的圣地。来自欧洲不同国家的浪漫派，无论身份高低、是否加冕，都来过这里。前者包含国王约瑟夫二世（他的来访有碑文记录）、路易十六和玛丽·安托瓦内特、瑞典国王古斯塔夫三世（1783）、普罗旺斯伯爵和夫人、霍顿丝皇后。此外，还有数以百计其他地位显赫的崇拜者，包括本杰明·富兰克林、弗雷德里希·席勒和瑞典国防部官员卡尔（Carl Rabergh）。卡尔在1783年参观埃尔姆农维尔庄园时还做了笔记，这些笔记据说在他设计自己位于瑞典瓦尔纳纳斯的园林时发挥了作用。事实上，在18世纪80年代，游客的人数不断增加，因此吉拉丹侯爵怀着真正的卢梭式的慈善精神，向所有人开放公园大门，却不得不把白杨树岛封闭起来。即使在卢梭的骨灰被转移到潘斯（Pans）的万神殿（1794年）之后，埃尔姆农维尔庄园仍然保留着这位伟大的自然之父晚年时期的光辉。据说，在建造园林时，吉拉丹侯爵一手拿着铁锹，一手拿着卢梭的《新爱洛伊丝》。即使他曾采用英式方法，采用英国人才，他真正的出发点和灵感来源却是《新爱洛伊丝》中对"克拉伦斯"的描述。

要想了解埃尔姆农维尔庄园原始特色概念以及相关思想，就必须参考早期园林的描述和二次改造，而不是依据那些尚未察觉的零碎不堪或杂草丛生的遗址，即使这些可以提供一些原始设计的有趣证明。在更久远的描述中，记录最详细、信息最丰富的是《埃尔姆农维尔庄园漫步》这本指南。这本书于1788年匿名出版。——参观埃尔姆农维尔庄园首先要从古堡出发，古堡有一部分是由吉拉丹侯爵扩建的，为南北走向。南侧视野开阔，树木和两级瀑布（现已几乎被树和桥掩盖）边界分明，具有古典的平衡美与和谐感，让人想起克劳德·洛兰。此地风景也被一位水彩画家迈耶（收藏于法国国家博物馆）（参见590页，图114）精心记录。这些画作可用作吉拉丹侯爵文章内某些论述的插图，例如"景观无法由建筑师或园林设计师创作，只有诗人和画家可以，如果他们是为了获得眼球和大脑的满足的话"。此外，他又补充道："只有通过巧妙的创作和有品位的选择，我们才能达到探索的真正目的，也就是让风景达到赏心悦目的效果。"

这句话同样意味深长："大地就像画家的画布，如果有不对或者不好的地方，必须抹去或隐藏；如果什么都没有，必须添上好东西；但如果这样的美好已经存在，就应该保留，最终与他人共同完成。"也就是说，以著名的古典山水画方法为依据。因此，园林设计师应该向画家学习，与此同时，切记他们比绘画大师更受现有生活方式的束缚，"对自然主动给予的心怀满足，对自然不愿给予的寻求自救。不要不知满足，因为大自然无论何时都在给予"。

吉拉丹侯爵尽其所能将自己的理论观点应用于埃尔姆农维尔庄园变化多端的风景之中，部分场景仍有待观察。

在将真正的城堡庭院与公园隔开的大门之间，有一根石柱，上面刻有两首诗，其中一首鲜明地表达出了主人浪漫的人文主义思想：

园林、礼仪和习俗，分为英式、法式和中式。
河流、草地和树林，以及大自然和风景，同属一个时空。
因此，这片荒野的每一个人，都是彼此的朋友，所有的语言都同样受欢迎。

沿着湖岸小径东行，很快就来到了被称为石窟瀑布的地方。此处，来自堰塞湖①的水流在岩洞口以瀑布的形式一涌而下（参见591页，图118），汇入运河，随后在地底下继续涌动，直到城堡附近映入眼帘，又以较小瀑布的形式继续向前，汇入城堡对面的大湖。这个石窟瀑布如今已所剩无几（可能是因为上游湖泊的筑坝已不再有效），但能看见瀑布的石窟仍有一部分可以进入。然而，视野仅局限于一片杂草丛生的水域，再也看不见泛着泡沫的瀑布。

从与洞顶齐平的平面处，可看到以白杨树岛为背景的小湖的全貌。湖畔两岸是林木繁茂的山脊。树木植被长势旺盛，有些地方延伸到湖岸。在圣栎树和梧桐树宽大的枝丫下，可看到水面泛起神奇的光芒，仿佛卢梭在寂静的夏夜于此处漫步，寻觅着他心之所向的平静。大自然并未因任其野蛮生长而丧失任何魅力或浪漫的氛围。（参见591页，图119）

一条较窄的小路沿着西坡蜿蜒而上，通往公园更深处。起初是沿着纵深的峡谷状的河床，毫无疑问，曾经的水量比现在大得多。然而，仍有小瀑布在高高的常春藤覆盖

①堰塞湖，火山、地震堵截河谷或河床后贮水形成的湖泊。——译者注

着的堤岸间熠熠闪光，而石桥下的苔藓处荫翳幽深，仅有零星的光线反射在黑暗的河床上。

在山坡较高处，一片梯田般的高原映入眼帘。如今，肆意生长的乔木和灌木将它层层包围，湖面美丽的景色便难以看见。这片区域的一侧被一个长满青苔的长椅所包围（参见591页，图121），椅子延伸开来，前面就像一个巨大的露天舞台，似乎专用于节日欢庆或戏剧表演。根据旅游指南，这片场地为意大利风格，但其特性本质上完全是自然的产物，尤其是目前的状态。

离这里不远处，是另一个露台，那里有一个更为质朴的主题，刻在由大石块建造的深洞内。（参见591页，图120）这实际上给人一个地下通道的印象，而不是一个洞穴，因为人无法站着进入，然而，传说这里是狄多[①]洞。最令人吃惊的是，如此巨大的石块居然可以运到这里，并在园林之中搭建成形。要做到这一点，只有把石块劈开，然后再次把它们拼在一起。砖块上的裂缝已被苔藓掩盖，但现在由于地面崎岖又重新依稀可见。

运河（或小溪）旁的道路通向一座木桥，桥如今已经不见踪迹。几步之遥便是一片阴凉的空地，其间摆放着一个圆形祭坛，用以供奉自然。正是在这片空地上，卢梭常常坐在石凳上，"倾听溪水悠扬的低吟，感受森林迷人的寂静"，沉浸在忧郁的梦境中，如此梦境带给他生活中无法得到的幸福。身处此情此景，他拿起笔，在祭坛上写下了《漫步遐想录》——至今仍脍炙人口的铭文，但并非卢梭的手稿，而是刻在石头上。

埃尔姆农维尔庄园的隐士住处和桥。梅里高刻制（1788）

埃尔姆农维尔庄园的白杨树岛。梅里高刻制（1788）

①狄多，腓尼基（地中海东岸）公主。——译者注

小溪上方稍远处，树林边缘的斜坡上，矗立着一座隐士住所，现已荡然无存。小山坡上有一间茅草屋，人们可步行来到此处，这里通向大路和那座用柱子架在小溪上的原始木桥。小屋和木桥共同形成了一个主题，在几个园林中，这一主题随着当地的变化而循环往复。似乎这些隐士和他们的桥梁都被赋予了象征意义，就如同贝利萨留[1]纪念碑和其他一些传统主题一样。

从隐士住处出发，沿路前行可来到位于湖岸的"母亲的座位"（Mother's Seat），在这里人们依旧可以坐下来观赏湖面及白杨树岛的风光。尽管白杨树岛已经失去其主要魅力，这是因为巨大的古树已被砍倒，而取而代之的新种的树木还只是树苗。因此，卢梭纪念碑矗立于略显空旷或者说裸露的环境中，这无疑使人们更难领悟它曾经给游客留下的深刻印象和引起的情感联想。《孤独的漫步者》中就是如此描述的。

在白杨林间看见卢梭的陵墓时，人们的敬佩之情油然而生。这座纪念碑赋予整片风景一种壮丽感。

每每想起这样一个人，他的作品带给我们那么多美好时光，有谁能不流下眼泪呢？那些像我一样有幸认识卢梭的人，对他更是感激不尽。他是如此善良，如此忠诚，如此温存。如果你想感受一下这个地方的全部魅力，你应该在万籁俱寂的夜晚到这里来，看月亮如何在森林的圆形剧场升起，皎洁的银白月光洒落在纪念碑上，倒映在波澜不惊的透明清澈的水面。这缕可爱的亮光与整个场景的宁静相互映衬，极易引发冥想。我要对我的朋友卢梭，说些秘密的话，因为只有独自一人时，才能完全理解这个画面的动人魅力。在这样一个无人打扰的地方，我们敬爱的人就在这里，就在我们面前。让我们的眼泪尽情流淌，从来没有人因为比这更好的理由而流泪，也从来没有人因为比这更多的喜悦而流泪。

与描述相比，像这样的情感流露更有助于我们领略这个园林鼓舞人心的气氛，这对大多数游客来说比任何装饰性布置都重要得多。它体现在众多的碑刻、座刻、柱刻中，形成了对艺术思想的诠释，这些艺术思想在建筑和景观布局中或多或少有所表现。人们可以用古典和当代作家的这些段落填满一整卷书，就像埃尔姆农维尔园里的纪念碑所题写的那样。可以补充的是，浪漫情怀不仅可以通过诗歌诠释，而且可以在园林定期举行的音乐会中得到诠释。赫希菲尔德曾这样写道：

在景色宜人的园内散步获得的不仅是视觉享受，还有听觉盛宴。吉拉丹侯爵聘请众多技艺精湛的音乐家汇聚于此，他们不仅在古堡内演奏，还在树林、湖边或者在水面演奏，有时是独奏，有时是合奏。除了这里，再也没有地方能像吉拉丹侯爵的园林这样，人们可以在

---

①贝利萨留（约505—565），又名贝利萨留斯，拜占庭帝国统帅、军事家。——译者注

言谈中感受自然，在礼节、风俗、衣着和习惯方面获得自由。固执的哲学家在这里可以忘记他对世俗的蔑视；在这里，他不仅能从大自然的美中重获心灵的平静和满足，而且能通过与这些高尚的人交谈获得与人道的和解。

这位哲学家的大理石石棺是厄斯塔什·勒·叙厄尔[1]按照休伯特·罗伯特的草图绘制而成的，至今仍作为墓志铭保存在这座略显荒芜的岛屿上。上面装饰着一个浮雕，画着几个女人将祭品放在供奉大自然的祭坛上。此外，还有一个女人正坐在棕榈树下给孩子喂奶，手中拿着卢梭的《爱弥尔》（卢梭在此书中宣称哺育孩子是母亲的责任）。浮雕两侧的壁柱上刻着代表爱情和雄辩的寓言人物，前面有这样的题词："我安息于自然与真理之中。"

在埃尔姆农维尔庄园漫步，可以穿过树林。林中的小径从一个圆点伸向四周，越过多少带点乡村特色的田野。这些地方的建筑、庙宇和茅屋也别具一格，比如阿卡迪安之屋、乡村神庙、瑞士之家、巴洛克战车、巴洛克渔民、克拉伦斯塔、加布里埃尔塔、爱丽舍宫、荒原等等。这些建筑现都已被摧毁，而且大多数都不再有特殊吸引力或原始特色。然而，可能还值得一提的是我们路过有茅草屋顶的乡村庙宇，它由粗凿的横梁和未去树皮的树干搭建而成，因为好几个浪漫的园林中都有这个典型的建筑，比如英国的德罗普莫尔园和瑞典福斯马克园林。

旁边矗立着所谓的"奥贝斯克牧歌"。这是一座金字塔形的砖砌建筑，每一边各有一块碑文，其中两块碑文是献给自然浪漫主义的特殊使徒所罗门·格斯纳和詹姆斯·汤姆逊的，而另一块碑文则是古典作家语录。在方尖碑旁边的一块石头上刻着一首向威廉·申斯通致敬的长诗，这也是对浪漫主义诗歌世界的一种介绍。

虽然这些纪念碑如今已不复存在，但哲人堂仍然矗立在山头，尽管从那里看到的景色不如原来广阔。（参见592页，图122）乍一看，它似乎是一处废墟，特别是由于草丛和灌木已经扎根在高高的石柱之间，上部的碎片也已经掉下来了。但事实上，这座建筑从

埃尔姆农维尔庄园白杨树岛上的卢梭墓

①厄斯塔什·勒·叙厄尔（1616—1655），17世纪法国最重要的神话和宗教画画家之一。——译者注

来没有屋顶，柱廊的十二根（？）柱子中只有六根半是连同柱顶一起完成的。这种形式旨在象征性地表明这个哲学的精神圣殿尚未完成。这一点在几处铭文中得到了明确的体现，我们可以引用以下的文字："尚未完成的哲人堂是献给米歇尔·德·蒙田[1]的，他已经说明一切。"在离入口最近的断柱上写着"谁来完成？"而在底座写着："虚伪无法持久。"每一根完工的石柱都刻着杰出思想家的名字，象征其为人类福祉做出的贡献——牛顿（光）、笛卡尔（自然的一切都有意义）、伏尔泰（荒谬）、威廉·佩恩（人道）、孟德斯鸠（正义）、卢梭（自然）。

埃尔姆农维尔庄园的乡村神庙。梅里高刻于 1788 年

　　散布在神殿周围地面上的圆柱、柱头和柱顶盘碎片进一步强调了未完成的哲人堂的象征意义。然而，其目的与其说是为了加深人们对废墟的印象，不如说是为了将人们的思想引导到仍有待完成的任务上。这些散落的建筑材料正躺在那里，等待着那些天选之子把它们放在适当的位置上，而完成这些需要"千载难逢，为祖国无私奉献，为同胞带来光明的天选之子。有时可能好几个世纪才出现一位这样的人才"。因为"在研究院谋取一席之位要比在埃尔姆农维尔庄园得到一根石柱容易得多。"我们很可能会问，这些浪漫的哲学家若被派遣到我们的时代是否足以为哲学殿堂添加石柱？如今看来，它似乎比以往任何时候都更破败，更不完整。

　　埃尔姆农维尔庄园的庙宇和祭坛、乡村小屋和隐士住所、石窟和小瀑布，这些无疑是对卢梭赋予生命的理念和梦想的充分而壮丽的解说，而他长眠此地使得这些理念和梦想更为坚定。

[1]米歇尔·德·蒙田，文艺复兴时期法国思想家、作家、怀疑论者。——译者注

第十五章

巴黎卡桑园的中式宝塔

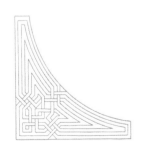

乔治·路易·勒鲁热的版画中，有几处法式园林景观包含小桥、凉亭、壁龛等中式装饰，如博内勒、圣列伊·德·塔韦尼、阿蒂基和朗布依埃等园林的这些景观现已几乎不见踪迹，只有尚特鲁庄严的塔楼（乔治·路易·勒鲁热还仿造了一座）仍然保存完好，见证了人们对中式建筑的浓厚兴趣。这座塔楼是中式宝塔的典型代表，尽管严格地说，除了总体轮廓和高度外，它在结构或建筑方面与这种类型的建筑毫无关联。

尚特鲁位于卢瓦尔河谷，离昂布瓦斯几英里远，1760年之后属于都兰省长、路易十五重臣舒瓦瑟尔公爵。在建筑师勒加缪·德·梅齐埃的监理下，他对古堡进行了扩建和重建，并大规模地改造周边环境。按照传统，他的理想是创作出可与凡尔赛宫相媲美的宏伟建筑。离城堡最近的地方是一个小园，里面有一座带有花坛和池塘的经典法式园林，而城堡外面是一个大园，那是一片广袤的林区，道路从中心向四处辐射。在路易十五执政的最后四年（1770—1774），舒瓦瑟尔公爵曾居住于此。他周围有一群有影响力的朋友，形成对凡尔赛宫廷的制衡。他的愿望似乎是建立一座纪念碑，用以纪念他在这些年的逆境中感受到的诚挚友谊。他希望建立一座更现代的中英混合式园林，以宝塔的形式实现，宝塔主层的大理石石碑上刻着300位朋友的名字。

这座庄严而非凡的建筑建于1775—1778年，由勒加缪·德·梅齐埃设计，很明显，建筑师把它设想为一个更大的水流和森林聚集地。在塔楼所在的平面下方，挖出了一个半圆形大池塘，由一条运河供水。据说，这片池塘占地约700英亩，用来呈现塔的倒影。这条运河从约7英里外的一个湖泊引水，现已不再通水，池塘已经变得杂草丛生，广阔的聚集地上最精美的部分便已消失不见。但是人们仍然可以从塔顶看到昔日池塘的轮廓，看到它是如何形成一个巨大的圆形剧场的舞台，其观众席由弯曲成半圆形的树林覆盖的斜坡构成，并与辐射的道路相交。

这座宝塔的建筑特征与中国原型没有任何共同点，因此不能与20年前在邱园建造的宝塔相比。对于这位法国建筑师是否见过钱伯斯的创作，是否见过真正的中国宝塔，人们感到十分好奇。（参见593页，图123）无论如何，他没有使用他们的建造系统，而是以自己的方式解决了这个问题。他只是借用了中国的框架，即用突出的飞檐和栏杆来标记塔楼身层级，并以锻铁装饰。此外，在一楼的窗户下放置了一些恣意模仿汉字于其上的大理石石板。

从构造角度分析[1]，这个131英尺的宝塔共七层，造型由基座向上逐渐收缩。承重的大梁是由与水平梁相连的结实柱子组成，宽阔的石砌板肋由此向上形成略尖的蜂窝形。（参见595页，图125）塔周身的16根多利安柱形成了宽敞的柱廊。底层窗户下的装饰

---

[1]参见爱德华·安德烈的《未发表的尚特鲁历史故事》。摘自《法国历史协会公告》，1935，第36—38页。

有壁柱和一条宽阔、蜿蜒的中楣。

随着层级的升高，壁柱逐渐消失了，但其他装饰元素，如月桂花环和松果被雕刻在高高的门上的浮雕上，飞檐则刻着叶形装饰。所有装饰都经过精雕细琢，保持着路易十六时期优雅的硬砂岩风格，并随着时间的流逝呈现出美丽的金色斑纹。

多亏了大约30年前的修复，这座建筑保存得相对完好。内部具有许多有趣的装饰和构造细节，然而，这些都与中国毫无联系。尤为令人钦佩的是楼梯，在低层用装饰性的铁栏杆进行点缀，整体构造非常巧妙，给人一种几乎悬空的感觉。楼梯共有七层，可通往顶楼，在那里可以一览周围数英里的乡村风貌。

一个不那么造作而更为标准的中国建筑复制品是过去卡桑园的一座楼阁，最近被用作浴室。它位于阿达梅岛附近，1945年的一场空袭几乎将园林夷为平地，但这座建筑得以幸存。18世纪末期，这片地以及附近其他私人住宅归属于贝热雷家族。税务员皮埃尔·雅克·贝热雷就是其中一员，他赎回这片空地，并命名为尚特鲁，在这里建了房子和园林，即人们所知的卡桑园。他不仅从父亲那里继承了一份收入颇丰的工作，而且还对艺术产生了浓厚的兴趣。这种兴趣是在他父亲和画家让·奥诺雷·弗拉戈纳尔[1]、格兰库尔的陪同下前往意大利的一次长途旅行（1773）中形成的。

卡桑园的新式布局大约始于18世纪70年代末期，皮埃尔·雅克·贝热雷聘请了建筑师莫雷尔——当时法国园林艺术的领军人物之一。如前文所述，莫雷尔积极参与了埃尔姆农维尔庄园的规划。据他自己说，此外，他还参与过吉斯卡尔和洛奈两个园林的建造，不过这两个园林都没有保存下来。由于卡桑园也遭到了破坏，因此，仅根据直接观察，很难对莫雷尔作为园林建筑师的能力进行评价。然而，他的理论和基本观点十分清晰，在他的两卷本《园林理论或自然式园林艺术》中有详细说明。首卷出版于1776年，第二卷则于1803年出版。这本著作无疑是法国同类作品中的佳作，对风景园林新艺术的目标和总体原则进行了完整而详尽的阐述，其基础是作者自己的经验以及对英国最优秀的业余学者论著的评论。

该书对贺瑞斯·沃波尔和钱伯斯的观点也进行了详细评述，并描述了一些著名的英式园林，如斯陀园和布伦海姆宫。作者严厉批评了英国人缺乏审美情趣和艺术悟性，但同时也强调了他们对发展园林新艺术的决定性意义。以下论述出自他的长篇序言结尾：[2]

在我看来，英国的园林文化得到高度重视，且那里的大多数人致力于这门艺术，他们享受着教育优势和自在生活的魅力，因此应该为我们提供这类新式园林最好的模型。我们应心

---

①让·奥诺雷·弗拉戈纳尔（1732—1806），法国洛可可风格画家，曾获罗马大奖。——译者注
②参见利昂·福特：《贾布里基》与《蓬图瓦兹社会历史景观回忆录之阿达梅岛》，托姆XLIX，1941。

怀感激，感谢这个国家恢复了大自然的神圣权利和艺术的真正原则。

从这本专著中可以清楚地看出，莫雷尔是英式园林艺术的狂热崇拜者。因此，我们有理由认为，卡桑园的布局参照的是最好的英式风格，尽管除了中式楼阁之外（从他对此类附属品的批评来看），建筑纪念碑相对较少。人们对这个园林的特色所知甚少，只知道从距离1.5英里多的一条小溪中取水，以扩大中式楼阁旁的一个微不足道的小湖，据说这些工程耗费了大量时间和金钱。①

从风格上看，这个最为非比寻常的建筑由两部分组成，而这两部分几乎毫无共同之处：一部分是坚固的石灰岩基座，一部分是重叠宽敞的中式木质凉亭，只不过两者都是八角形平面。（参见596页，图127）基座有两条长长的坡道，分别从南北两侧通往平台。东西两侧有三座宽阔的拱桥，西侧的拱桥建在水上，由坡道下的走廊进入拱桥中央的内室。房间是圆形的，直径8英尺，高12英尺。周身为八根坚固的石柱，石柱之间有壁龛。在地面的中央有一个圆形的盆地，比湖面略低一些，所以很容易灌满水。这是一个托斯卡纳柱（无底座）的环，支撑着盆地上的拱顶。整个建筑是在砂岩上精心完成的，这一点参照的是最好的法式传统，令人叹为观止。

在这个古典主义的底层结构上，红黄相间的楼阁高度大约为33英尺。这个八角形的房间四周柱廊环绕，柱廊上的八根柱子支撑着突出的屋顶的上弯角。屋顶上原来挂着大木钟，现在都不复存在，以前挂在屋檐上的卵状装饰物也已消失不见。中间部分一直到顶层，都盖着相同形式的小屋顶，而小屋顶上则有一个装饰性的尖顶，尖顶上有一套金属环，让人想起日本佛塔的冠冕部分。（参见596页，图128）中式原型不仅体现在装饰细节上，也体现在一些建筑特征上，但与此同时，显而易见的是，底部结构是按照当时最好的法式建造方法建造的。

谈到卡桑园的楼阁，除了中式建筑，人们可能会想起波斯和土耳其的浴场，这在18世纪末期的法国是非常受欢迎的。当时在巴黎至少有两个浴场，一个在圣路易斯岛的海角（附属于游泳学校），另一个则在米绍迪耶尔路和意大利大道的转角处。②尤其是后者，非常受登徒浪子欢迎，正如我们从19世纪初期的描述可知。其中，我们读到"土耳其人、中国人和波斯人的建筑是勒努瓦先生的，他被称为罗马人"。稍晚一些的描述（1822年）补充说，这处建筑当时被称为"中国咖啡馆"。客人由穿着中式长袍的美女招待，"她们风情万种，呈现出世间一切美好"。楼梯脚下站着一个纹丝不动、手握长戟的中国人。

---

① "我要花4000万才能把所有的东西都送出去。" [他花了400万法郎，才把他收集到的这些景点（图画）再现出来。]——利昂·福特。
②参见亨利·科迪尔：《法国的中式建筑》，巴黎，1910，第86—88页。

从保存在卡纳瓦雷博物馆的一幅19世纪初期的水彩画来看，中式浴室环绕着一个矩形的开放庭院。位于院子另一端的主体部分颇像一座塔楼（共三层），末端是一个亭子，耸立在建筑物的侧翼之上。庭院的前面是敞开的。两个长翼的末端呈方形，由一种桥梁连接，并配有装饰栏杆和大阳伞。入口的两侧是空心的假山或石窟，上面摆放着打着阳伞的中国人雕像。中央塔楼附近还有一座假山，网格形栏杆和喜气的灯笼进一步突出了中式风格，尽管这种风格并未贯穿整个园林，但却如此明显，足以让人仿佛身处中国广州或其他的南方城市。

然而，巴黎另一个中式娱乐场存在的时间很短，那就是圣罗兰的"仿中国艺术风格之园"，于1781年6月25日首次开放，1783年和1784年国王的生日庆典曾在此举行。它类似中式庭院，三面被一排排用柱子支撑的曲状屋顶的建筑物包围，里面有高高的秋千、旋转木马、地下咖啡馆，还有舞厅。林雪平博物馆（瑞典）的一幅由拉芙莲森创作的水粉画生动阐释了相对简单的、临时建造的建筑风格，也刻画出秋千和旋转木马（都由身穿中式服装的人管理），以及庭院中的假山。由于瑞典国王古斯塔夫三世曾到此游历（1784），"仿中国艺术风格之园"便得以被一群优雅人士参观。

巴黎卡纳瓦雷博物馆的水彩画《中式浴室》。18世纪末期

总之，在18世纪末期的公共园林和私人园林中，中式楼阁远称不上非比寻常。但它们正被拆毁以建造新的街道和公寓，尽管有些正在被复制（如巴黎的马雷查尔·拜伦园林），有些只是模型（如当今的蒙马特林荫大道上的蒙莫朗西·查狄伦园林中雅致的楼阁）。[1]蒂埃里在《巴黎指南》中提到过这座建筑，他告诉我们它是由建筑师卢梭建造的，并把它的内部描述为"令人称心如意的沙龙"，八扇长长的窗户被中式网格划分，光线很好。外面装饰着无数的铃铛。这铃铛不仅挂在八角形屋顶向上弯曲的檐角，还连在高高耸立在大楼上空的尖顶周围的环上，其形式与卡桑园的中式楼阁相差无几。

考塔林的贡特·拜伦伯爵的模型（由纸板和金属丝制成）中可以观察到这些典型元素。这个模型为一个高大而优雅的建筑，屋顶上面有一个高高的尖塔，使它看起来像一座宝塔。模型放置在由堆积的岩石形成的显眼之地，如今已被夷平，并围着栏杆。阳台上摆放着穿着各式服装的中国娃娃，这增添的与其说是整体的自然感，不如说是风景如画的印象。通过类似途径，建筑师可能已经观赏过一些真正的中式建筑模型。粗糙岩石上的凉亭组合具有典型性，与这类园林楼阁的几个复制品的细微变化形成互补。我们可以在巴加特勒和圣詹姆斯那里找到类似楼阁，读者在乔治·路易·勒鲁热关于博内勒、朗布依埃和罗曼维尔园林的同类版画中也许会发现更多的精彩！

巴黎蒙莫朗西·查狄伦酒店园林内的中式楼阁模型。贡特·拜伦伯爵收藏

①参阅欧内斯特·德·加内伯爵在1934年的《古代与现代艺术评论》上的文章《世纪初的花园》。加内伯爵乐意给我提供这个模型的彩色幻灯片。

第 十 六 章

利 涅 王 子 和 贝 朗 格 的

巴 加 特 勒 花 园 、 圣 詹 姆 士 宅 邸

18世纪后30年，致力于园林艺术以及其他特殊任务的法国建筑师中，最著名的是弗朗索瓦·约瑟夫·贝朗格（1744—1818）。诚然，他作为室内装潢师和"休闲建筑师"已经名声在外，尽管如此，作为中英混合式园林风格建筑师的代表，他也在这个领域做出了相当大的贡献。1767年，他被委以重任，负责许多宫廷装饰作品的艺术创作——庆典和仪式的装饰，还有雅致的家具、饰品、珠宝，最重要的是许多新建或重建的皇室住宅的装饰。在这几年，他在这些领域的作品尤为广泛，尽管他也抽出时间规划了不少独立又重要的建筑，而这些园林是按照新式的、如画的模式布置的。

他对这一模式的兴趣和了解始于职业生涯早期。1766年，也就是他被任命为御用画家的前一年，他就应谢尔本勋爵（后来的兰斯多恩侯爵）的邀请前往英国，这位勋爵希望在房屋重新装饰和博伍德园林重新规划的问题上请教法国艺术家。在这次逗留期间，年轻的贝朗格趁机参观了英格兰南部几个最著名的乡村庄园，从他的一些笔记中可以清楚地看出，他对这些新式园林特别关注。因此，他对英式风景园林获得了直接了解，并亲自参观了几个英式园林的代表作品。

尽管这次与英式园林新风尚的初步接触对贝朗格在这一领域的后期活动意义重大，但值得强调的是，他从未成为英式园林的盲目崇拜者，而仍然是一个法国品味的典型代表。这一点与利涅王子这位最杰出的园林建筑业余爱好者不谋而合。在此期间，利涅王子曾记录自己的想法，他还是贝朗格热情的朋友和崇拜者。正是通过利涅王子，他得到了第一份园林建筑的委托，并在此后为此奋斗20多年，尽管其间有一段很长的间隔。

这次合作的序幕对于利涅王子和贝朗格都可谓具有典型性意义。1769年，王子开始在巴黎寻找建筑师，以负责其位于伯勒伊（布鲁塞尔附近）的土地规划和新式园林设计。贝朗格是由朋友索菲·阿诺德介绍给王子的。那位迷人的歌唱家当时在上流社会很有影响，且之后又取代了其有力的对手，夺取了年轻建筑师的芳心。她尽其所能把他引入上层圈子，为他的职业生涯铺平道路。这对一场冗长而重要的戏剧而言是充满希望的序幕，这场戏一直在索菲·阿诺德于1802年去世才宣告落幕。而在这场戏中，艺术抱负、爱情历险和个人热情发生激烈冲突。但在最后，一股牺牲的暗流将两位主人公紧紧地绑在了一起，即使政治革命剥夺了他们的世俗光彩，使一个人锒铛入狱，另一个人陷入极度贫困。

利涅王子并没有直接加入这场戏剧，尽管他同时获得了两位主人公的信任。他经常因为伯勒伊和博杜尔花园的艺术布局寻求贝朗格的服务，尽管事实上他发现他本人大部分时间都处于经济困难之中。他写过："正如我一直说的，人根本不需要钱。我所有的庙宇和服饰都可以赊账"。对他而言这不是一句空话，这一原则（也许部分归功于他的社会声望）他的确能够实际运用并取得成功。在这一点上，贝朗格是忠实的支持者，他是被王子个人魅力彻底征服的人之一。18世纪70年代，城堡重建，以及随后几年建造英式园林时，他曾数次前往伯勒伊。直到1788年，那里的工程仍在继续。但在1794年，王子逃走了，园林被国家征用，直到1806年才收回。与此同时，它住在维也纳附近的前主人，在他的隐居地利奥波德的避难所，正忙于创作园林相关论著。他收集的完整版作品始于1795年，但直到1811年仍未完成。总共包含三十四卷，但其中只有《伯勒伊政变》对于现代读者有收藏价值。这本书分卷出版，初版是1781年，第二版是1786年[①]（有大量增补），而后在1827年、1860年和1909年再版。

这几个版本足以证明，这部作品很受欢迎。事实上，这一时期，除了这本书之外，再没有任何关于园林艺术的作品能被不同国家的园林业余爱好者欣然接受和广泛阅读。然而，它绝不是一部系统性专著，而是一部著名作品集，其中一部分内容反映了作者对不同地方的印象，也体现了他对于新式园林作品的观点。

显然，我们不可能在这里对这本杂乱无章、极具娱乐性的书进行全面的回顾，因此我们必须重点关注与他自己的作品相关的各种数据，关于园林新艺术来源的某些理论声明及其在不同国家的应用。在某种程度上，这本著作也可视为对贝朗格作品进行研究的入门书籍，尽管只提到一小部分他的作品，因为这本书是根据王子在他的笔记中所列大纲而撰写的。伯勒伊的新式园林规划得尤为谨慎，建筑师也乐此不疲，但所提计划和装饰是否真正得以实施却无法确定。在其他建筑物之间，这里曾拟建一座白漆木的印度寺庙，这座庙被精心装饰且两层楼都环绕着小台柱；此外还有一座可能用作鸟舍的中式庙宇，而如今的冰窖当初则拟建为一座清真寺。

一条来自不远处河流的水流过两条运河从园林横穿而过，两条运河的水流轰隆一声钻入地下，然后从地窖静静地流出，慢慢流向远方。一条运河穿过土星神殿这一座庄严的大理石建筑，另一条则经过太阳神庙。此外，还将有一座位于哲学花园神秘区域的维纳斯神殿。这是最令人愉快的一件事。"我在这里提到的一切，"作者补充道，"对于盎格鲁家族的人而言，也许都是虚构主义或浪漫主义，他们的过分行为让我感到厌烦。"

除此之外，在那片神圣的小树林里还将有一座戴安娜神殿、一座阿多尼斯陵墓、一座摩耳甫斯神殿、一片罂粟花丛中的一座摩耳甫斯神庙，还有一些古代和现代作家和哲学家的半身像。"如果感觉这种布局显得过于密集，我可以告诉你，这主要是因为参观者们的时间太短。"不过，最精美的建筑装饰是半圆形的柱廊，这是一个献给缪斯的开放式画廊。对于所有装饰的布置，以及像橘园、植物温室等建筑的布局规划，贝朗格可能都需要准备平面图，但它们是否真的建成就不得而知了。

[①]这本书（1786年版）重印于1922年，收在《欧内斯特·德·加内伯爵主要作品集》中，标题是《欧洲园林的大聚会》。

在博杜尔花园里，还有一个鸟舍和两座中式宝塔（所谓的观景楼）、一座花坛、一座隐居之所、一座覆盖着贝壳和苔藓的狩猎小屋，以及里面排列着反光镜和雕刻的树木。这是一座"野蛮城堡"，从那里看到的景色非常美妙，不禁让人同时想起贝格赫姆、克劳德·洛兰和萨尔瓦多·罗萨的画作。最重要的是，你可以在这个伟大的园林里感受满满的自然魅力、潺潺的小溪和奔腾的瀑布、草地和林木葱郁的树林、如镜的池塘和风景如画的假山，以及无数的使森林芬芳四溢的野花。虽然这是一个受到王子高度重视的野生园林，但它是经过精心规划的，包含许多实用性设置，这一点正如他自己所说：

我试图利用整个大自然来满足实用性与品味性、多样性与娱乐性的要求。精神可以悦纳所有的快乐，不鄙弃任何大自然的给予，同时也不奢求任何未得到的，人们在这里可以实现忘我而获得爱和友谊，可以各司其职，可以创作美丽的戏剧，领悟生而为人的幸福和诗歌的魅力。

在别处，他更简洁地表达了对野生自然魅力的欣赏，至少是在这些魅力移植到花园中去的时候，"我爱森林中花园的芬芳，花园里森林的气息，这是我一直追求的作品"。

同样的思想在不同的环境中反复出现。因此，他写道："我对马尔利花园荒野区域的喜爱是精心规划而阴沉的凡尔赛宫的100倍。但是，即使是最伟大和美丽国家的国王，也不可能有一个人住在这样的房子里。"

然而，他还是觉得规模如此宏大的园林单调乏味：

如果不是出于旧习惯、好奇心或虚荣心的话，有什么必要去杜伊勒里宫呢？我敢断言，那里（杜伊勒里宫）是很可怕的。冒着被守旧的法国人诅咒和排斥的风险，我也必须说，杜伊勒里宫在我看来就像卢里的歌剧一样乏味，这几乎是一回事。人们有必要具备欣赏一件无聊物品的能力吗？

也许对传统法式园林的反对从未如此尖锐过，对其缺乏自然魅力、表现力和氛围的强调也极为罕见，但这并不意味着王子对英式园林的赞赏毫无底线。他坚持认为法国是园林文化的故乡，且认为新型园林应该在这里探索理想形式：

在每一类（园林艺术）中，法国人都是佼佼者。让我们从此地此时开始，研究艺术，回归自然吧。我敢打赌，蒙田的花园和他本人一样自然。神奇的土地啊，是你把一切结合在一起。迷人的土地啊，你生来就是为了让快乐的世外桃源重现你的花园。

我们并不能通过模仿英式园林来实现这个目标，而是应该到更远的地方——中国寻找模型，无论英国人如何宣称，中国都是这个新式园林艺术的发源地。利涅王子显然是一个中国爱好者，至少是一位中式园林艺术的业余爱好者，尽管他在这一领域的知识仅限于从钱伯斯和其他一些到过中国的旅行者那里所学的。他写道：

在法国，人们正以"中英"或"英中"的名义设计园林，因为人们无法区分这两种元素。要不是法国的传教士过于遵循良知和商业原则的话，法国人应该在英国人之前就已经有了这样的园林。他们忽略了更多有趣的东西，给巴黎带来的只有墙纸、屏幕和人物漫画，这些曾被用在各类楼阁的建造和滑稽的芭蕾舞剧中。英国人则掠夺一切，甚至包括家具，简约、精致、纯洁——这是一种价值不菲的征服。

虽然王子愿意承认英国是园林艺术的领导者，但这并不意味着法国一定比英国逊色。他只是承认法国忽略了对与中国的联系这一共同优势的充分利用。在最后的分析中，新式园林的起源问题仍需探索。这一点毋庸置疑：

在我使用"英式园林"这个表达时，请记住这只是一个约定俗成的短语。因为准确地说，这是中式园林。但由于很少人明白，其实是中国人在园林建筑方面卓有成就，就像在许多领域一样，因此最好还是坚持自己所接受的观念。然而，可以肯定的是，英国人的名声要归功于中国人。最先引入为人熟知的瀑布、恰当的裂缝、充满魅力的恐怖、洞穴、朗姆酒和中国人。

显然，利涅王子认为这些新式园林起源于中国，正如认为贺瑞斯·沃波尔或威廉·梅森最初出现在英国一样。他也毫不犹豫地批评英国人在建筑和园林方面缺乏平衡与和谐意识：

他们通过一种本身就导致某种单调的方式摆脱规则的束缚。他们的随意性是众所周知的，他们的不法行为是可以预见的，因而这些传统特征和蜿蜒的线条就像皇宫的林荫大道一样沉闷。

尽管如此，他还是想向英国人学习，特别是在美丽的草坪和枝繁叶茂的树林这方面。但这些设计不能千篇一律地重复，而应保留一种无拘无束的大自然不断变化的感觉。

正如前文所示，利涅王子的笔记既包罗万象又生动活泼。尽管具有警句的特点，但内容与园林专著不相上下。此外，这本书还有一个优点，即以个人的口吻写作，反映出他的亲身经历或所见所闻。写下这些笔记时，他几乎已经游遍欧洲，参观过几乎所有的著名园林。他不仅去过法国、英国、荷兰，还去过德国和奥地利、意大利、匈牙利、波兰和俄国。他四处对园林新艺术进行对比，同时也对其社会意义和美学意义进行反思。因此，对于园林艺术的目标和未来发展，他有了表达自己的看法，这些观点都是基于亲身体验，因而毫无疑问为其他园林爱好者珍藏。在这段快乐的时期，他们真的相信梦想的天堂可以被移植到地球上。他就是这样写的：

在我看来，这一天似乎终于来临，所有迄今为止只用于消遣的艺术，都将智慧之光洒向四方，将我们的生活境界提升。我预见园林的每一根柱子都将为此做出贡献。我明白绘画、诗歌和雕塑艺术如何在哲学的指导下觉醒。

人们的美学渴望和对园林艺术使命的信念，可能从未像这段狂热的岁月里那样高涨过，那时革命的乌云已经开始聚集在地平线上。

在19世纪初期由克拉夫特出版的以现代园林及其建筑元素为主题的伟大插图作品[①]中，最显眼的位置以及大部分插图都是贝朗格的作品。在这位当时备受推崇的建筑师的作品中，特别值得一提的是他在苏特恩的田园花园，以及纳伊的巴加特勒花园和圣詹姆士宅邸。贝朗格自己在苏特恩的园林是在18世纪80年代建造的，现在已经没有什么遗迹了。从复制品来看，这个园林主要由耕地、果园、葡萄园和菜园组成，只有一片区域被设计成英式园林。唯一专门从这个园林里复制出来的建筑是水源旁边的中式凉亭。这是一个位于平台上的长方形小建筑，周围有栏杆环绕，显然是某个中式模型的仿制品，可能是某个高贵的宫殿大门。从建筑和装饰的角度来看，这座建筑和卡桑园一样具有权威性。

为贝朗格赢得生前身后名的另一项更为重要的作品是布洛涅森林边缘那座带花园的小住宅，即巴加特勒花园。尽管自本世纪初被巴黎市政府收购并随后成为公园以来，整个园林已经发生巨大变化，在周围优美环境的掩映下，这座园林依然值得一看。

这处房产于1775年由国王路易十六的兄弟阿尔图瓦伯爵购买。阿尔图瓦伯爵对装饰性建筑、花园和园林以及与之相关的一切都很感兴趣。在成为巴加特勒花园的主人两年后，他决定将这个老房子改建为一座更现代的建筑，他还以这个决定与王后打赌，伯爵许诺两个月内在这个新的城堡里接待他的嫂子。据《秘密回忆录》记载："他跟王后打了10万法郎的赌注，承诺在她去枫丹白露旅行期间将这座宫殿建造完工，以便在她回来时为她接风洗尘。参与这项工程的有800名工人，殿下的建筑师希望让他成为赌注的赢家。"

伯爵赢得了赌注，这得益于贝朗格的统筹，也多亏工人近乎残忍的忍耐、没有上限的拨款，甚至将私人建筑材料运送到首都。别墅在64天内就宣布竣工，王后的喜庆招待会本可以在约定的时间举行，但由于身体不适，不得不在最后关头延迟。

---

① 普兰斯、安格特瑞和阿勒玛捏的美丽园林平面图（巴黎，1809），《民用建筑概论》《城堡立面图》《乡村住宅》《英国花园》《庙宇》《亭子》等（巴黎，1812）。

根据建筑外观的各种平面图、剖面图和图纸，以及贝朗格（国家图书馆和私人收藏）的装饰草图，人们可较好地了解原始建筑。原始建筑和现有建筑有几处关键位置存在不同。外部的差异主要是增加了夹层、平屋顶、分开的壁柱，还在顶层设置了更大的窗户。因此，原有的高贵简朴和精致的比例遭到了破坏。许多装饰性细节也被改变，但在此对这些原始装饰和现在被毁坏的室内装饰（以前包含休伯特·罗伯特的六幅大型油画）进行详细描述是不可能的。我们的兴趣仅限于园林，在建筑竣工后不久，这些园林的建造就开始了。

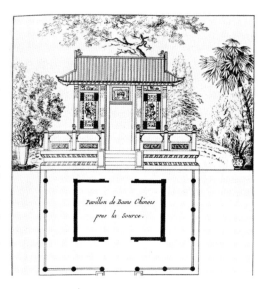

贝朗格园林水源旁边的中式凉亭。克拉夫特刻制

为此，苏格兰园林专家托马斯·布莱其受到召唤。他在这里工作了几年，由一些法国园艺师和五六十名工人协助。托马斯·布莱其在园艺方面可能相当自由，他不仅引入了英式园林中的开阔草坪和团簇或独立的林木，还引进了外国的稀有植物。然而，整体规划是由贝朗格制定的，他对整个工程进行监督，并负责部分由水流和石头，部分由桥梁、亭子、帐篷和墓碑组成的装饰的设计。这一点在国家图书馆的设计图以及乔治·路易·勒鲁热和克拉夫特所刻的设计图上得到明显体现。乔治·路易·勒鲁热雕刻于1784年，并附有如下信息说明："这所房子及这个花园由贝朗格规划建造，他是阿尔图瓦伯爵聘请的第一个建筑师。"

巴加特勒花园的附属花园原本只是城堡东边的一小块土地，占地不过500英亩。但在1779年和1782年，国王把布洛涅森林附近的部分区域割让给阿图瓦伯爵时，园林得以扩大。因此，该场地扩张到现在的阿卡西亚大道，占地近1700英亩。在19世纪50年代初，园林得到进一步扩张，当时赫特福特侯爵成功地获得临近纳伊的一片相当大的土地，这片土地当时为建筑用地。于是，巴加特勒花园又扩张了一长段在18世纪本不属于它的区域并得以继续向北延伸。

鉴于这个园林的后期历史众所周知，并已有几位学者进行讲述，[1]我们在此只谈几个要点。1789年，当阿图瓦伯爵遭到放逐时，巴加特勒花园以及其他的一切财产都收归国家。巴加特勒花园因此被世人遗忘多年，惨遭废弃。1793年，国民议会决定，巴加特勒

---

[1]关于巴加特勒花园历史最详细的描述是由杜谢恩撰写的《巴加特勒古堡》（巴黎，1909）。弗赖斯节的手册《巴加特勒花园》中有一段精彩的摘录（巴黎，1910）。

花园和其他一些园林本应为皇室成员使用，用于"供人民享用，并为农业和艺术的发展建立有益的设施"。巴加特勒花园被租给了一些想把这个花园改造成娱乐场所并在那里组织庆祝活动的个人，但他们的改造都未取得成功。它离巴黎中心城区太远，与其说是一个利润来源，不如说是一个经济负担。当阿图瓦伯爵在拿破仑时期来到布洛涅森林狩猎探险时，他多次访问了这个园林，试图让国王购买这块土地，不过都没成功。但在1806年，国王发布指令，林业部门应该买下这个园林以免被毁。这项指令立即见效，随后几年这里秩序井然，皇家将其充分利用，尤其是罗马王子出生之后的1812—1814年间，国王经常住在这里。

1815年波旁王朝复辟，这片地产再次归阿图瓦伯爵所有，他便把巴加特勒花园转给了他的儿子贝里公爵。1820年，贝里公爵被人谋杀，但几个月后，他的儿子波尔多公爵（后来称为尚博尔伯爵）出生。这个孩子大部分时间都在巴加特勒花园里度过。在他10岁（1830）时，巴黎一场新的起义使他陷入了水深火热之中，王室受到威胁，他不得不追随祖父查尔斯十世（前阿图瓦伯爵）流亡海外。于是，巴加特勒花园又一次失去主人，收归国有。1832年，整个园林被租给了一个俱乐部或马戏团。然而，这项安排很快被证明获利微薄，于是政府决定（1835）将园林作为遗产公开拍卖，最后一个英国人出价31.31万法郎成交。新主人理查德·西摩是赫特福特侯爵的儿子，在巴黎居住了20年。但直到1848年，他才搬到巴加特勒花园，那时这座被人遗忘的房屋至少已部分修复。

巴加特勒花园的中式浴室。
藏于法国国家图书馆

修复工作委托给了建筑师赛文娜，而林学家瓦雷（当时作为建筑师埃尔夫克的合作伙伴）在重新规划布洛涅森林，负责场地的工作。起初，他分配到的任务大概极为有限，仅限于负责当时已经属于阿图瓦宅邸的风景园林的建造和修复，但考虑前文所提的北部扩建部分（19世纪50年代初期），这项任务得到增补：他不仅需要对旧有部分进行修复，而且还需要对扩建部分进行规划，最后，整个园林形成一个和谐统一体。这是一项相当精细和苛刻的任务，特别是对于一个19世纪中叶的园林建筑师来说。因为这时他们与英中风景园林已经失去联系，但必须承认，瓦雷凭借其精湛技巧和对如画景观效果的敏锐感知解决了这个问题，尽管他在重新规划旧区域时有些冷酷无情。

园林这一时期的外观一直留存到今天，我们发现这只是与阿图瓦宅邸的特色风景和装饰性建筑略有对应。

因此，是瓦雷建造了城堡东部和北部宽阔起伏的草坪，如今这里已成为园林最主要的风景。草坪四周环绕着郁郁葱葱的树木，林中放置着装饰性的花瓶。然而，这些花瓶就像巴黎的中式浴室一样，未被保存下来。由于供水减少，以及蜿蜒的湖泊和运河被填充，园林老区域的根本改造十分必要。其中还包括对石窟和岩石进行特定简化，这些石窟和岩石构成了原始布局的突出元素。

1860年，阿卡西亚大道新建了一个入口。原来的小屋"荷兰之家"不见踪迹，取而代之的是一座更大的路易十五展示馆，旁边竖立着同样风格的庄严铁门。最后，大约一年以后，侯爵犹豫许久，决定增加一个阁楼，以扩大这所房子略显狭窄的空间，这样就改变了建筑的比例。塞纳河边被称为"红房子"、曾为三代园林的河道供水的旧泵站也不复存在，取而代之的是一个更为现代的泵——位于雅致的路易十五展示馆旁边，由建筑师希托夫规划建造。

1870年赫特福特侯爵去世后，依照遗嘱，巴加特勒花园交由他忠实的朋友兼护卫理查德·华莱士爵士，他是当时著名的艺术收藏家之一。根据赫特福特侯爵在世时制定的计划，他完成了建筑和园林的重新设计和修复。这也导致城堡对面雅致建筑（1872）的消亡。这座建筑毗邻南面的庭院，被称为页亭（Paviliondes Pages）。取而代之的是一座长长的露台，边上留有新厨房和其他建筑物的空间，这一改变也扰乱了原有建筑的和谐。最后，理查德·华莱士爵士在宫廷的东侧为他的儿子建了一座亭子。这通常被称为特里亚农庄园，因为它与玛丽·安托瓦内特的城堡相似，但由于年轻的华莱士去世，这座楼阁从未被使用。园林的建造在瓦雷精炼的管理下继续进行。

理查德·华莱士爵士于1890年去世，在他管理的时期，巴加特勒花园处于最后一段鼎盛期。其法国妻子随后成为城堡新主人，但她只在那里住了几年，便将园林交给其秘书和公认继承人——亨利·默里·司各特爵士。经过多年谈判，1904年7月，亨利·默里·司各特爵士最终以650万法郎的价格将整处房产卖给了巴黎市政府。根据市政委员会决议，该园林应得到细心照管，以保持其雅致面貌，而花园则尽可能用于培养罕见观赏植物，这和伦敦皇家植物园的管理方式类似，但这座建筑本可适用于当地小型艺术展览。总的来说，这一决议得以顺利实施，巴加特勒花园由此成为巴黎上流社会中最受欢迎的度假胜地之一。

要想了解贝朗格为阿图瓦伯爵建造的园林，必须参考当代的园林规划作品，尤其是乔治·路易·勒鲁热和克拉夫特的版画中的那些，以及收藏于法国国家博物馆的那些模糊不清的画作（归属于贝朗格）。蒂埃里在他那本著名的旅行指南中对当时的情况作了

最详细的描述，我们在此引用一段：[1]

巴加特勒花园的正门是半月形的。大门右侧是一个荷兰风格的小屋。手持门票、一心想要参观此园的人们，走在王子曾经走过的小路上，头顶是布满爬行植物的藤墙。若沿着第一条林荫道往右前行数步，便可见一座类似于印第安人为躲避野兽而建的住所。爬上两段阶梯，站到楼前，皮托村庄的美景尽收眼底。路旁矗立着一个汉白玉花瓶，底座为烛台状。继续向右前行，可来到一处岩石旁，岩石中有源头活水汩汩流出。岩石环绕着一个小湖，湖畔杨柳依依，垂下的枝丫覆于水面。湖面一座小桥连着中心一座小岛，岛上丛林密布，其间屹立着一块中空的岩石，岛上还矗立着一座名为哲人堂的哥特式建筑。通过宝塔下的开放式螺旋形楼梯就能登上这座建筑楼顶。而从这栋小建筑外围的阳台可以尽览优美怡人之景。灌木丛生的小花园内，稀有而珍贵的植物数不胜数。入口处矗立着一尊年代久远的戴安娜雕像。离开矮林继续向右前行，会发现道路左侧有一个埃及风格的方尖碑。碑上刻满象形文字，底座四角均为乌龟状。沿着这条路继续前行，是一处隐士住处或树根小屋。进去需要通过一个旋转门，门的四面各有一个柳条交织而成的座椅，坐在椅子上才能进入室内。沿着一条狭窄小径，可通往一个覆盖着草皮的长凳。长凳正对着小溪，溪中水流形成一道瀑布，从小屋底部穿过。沿着蜿蜒小径直行，就来到了树根小屋。小屋由紧密相挨的树木组成，树间满是圆形小石块，紧紧嵌入地面。小屋有一道网格门，门上盖着芦苇。楼梯由交叉的树枝组成，墙壁外侧布满青苔。顺着楼梯来到上层，可看见一个茅草席，席子平铺于一处土堆上，也许这就是隐士在这个宜人之地的就寝床位。上层是一个类似回廊的地方，也被青苔覆盖着。这里有一个平台，可通向一座也是由树木构成的圆形建筑。这座圆形建筑有八扇拱窗，

巴加特勒花园内中式桥梁。克拉夫特刻制

①在这些描述的基础上，罗伯特·赫纳德在1907年5月《伟大评论》（由杜谢恩复制，第133~135页）的一篇文章中对原始花园进行了描述。福雷斯蒂尔在第60~64页完全引用了蒂埃里的话。

其中一扇是门。这座建筑同样覆盖着芦苇，四周有阳台，整个建筑由树桩支撑，同时也有楼梯。离开这令人愉快的地方，可见一座由交织的树根组成的小桥。桥旁是一条小溪，小溪由近向远逐渐变宽，形成长长的湖泊。小溪一侧有小瀑布从岩石之间喷涌而出，对面则是一片视野开阔的草地，由一条通往城堡的小路环绕着。

进入庭院，参观者便可看到两边都是美观的矮灌木丛。正如我们所见，这些灌木现已被长露台和特里亚农庄园凉亭取代。城堡北面有一个小花坛，南面庭院和英式园林之间由篱笆隔开。游客可以从东南门出去继续散步。从这里到爱神桥只有几步之遥。

这座桥由石头和瓷砖建成，与三条道路相连，其中一条穿过一块空心岩通往中式桥。如果继续沿着这条路前行，就会经过几个装饰华丽的大理石花瓶，来到帕拉第奥式廊桥。穿过这座桥就可以到达冰窖。冰窖上方的土丘有一条"圣骑士之路"，在土丘下方将建一座坟墓岛。

作者补充道，在他参观期间，水道只能延伸到帕拉第奥式廊桥，而坟墓岛还没有建成。然而，这个建筑按照克拉夫特的雕刻平面图在短时间内便已竣工。

这段对巴加特勒花园的描述，简短又不完整（通过对比以前的设计图可明显看出），但已是能找到的资料中描述最详细的了。在另一篇更短的描述中，蒂埃里强调"在巴加特勒花园，乡村的简朴是最重要的，这种简朴是一种已具迷人形式的低调艺术"。他称赞整个园林为"一个迷人的花园，装饰着祭坛、众神和伟人的半身像，让人回想起远古的奇迹"。

蒂埃里没有提及乔治·路易·勒鲁热或克拉夫特都曾提起的装饰，可能有潘神庙、巨大的中国帐篷、中国秋千、中国小桥，以及许多布满苔藓的石凳、半身像和花瓶，最后还有法老的坟墓——这是坟墓岛上一处部分挖掘的陵墓。按照惯例，这应该是出于创造蒙维尔花园废墟风格的想法，这种独特的布局以如此迷人的方式呈现出短暂的浪漫情调。但这只是巴加特勒花园的一个附属区域，除此之外，巴加特勒花园生机勃勃、流水潺潺且怪石林立。这一特征在当代的一些复制品中明显可见，比如爱丽丝·索格雷恩（1785）雕刻的莫罗的水粉画，即使每一个细节都不是真

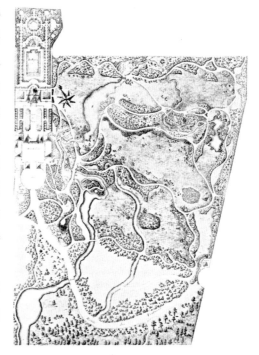

巴加特勒花园平面图（1784）。乔治·路易·勒鲁热刻制

实的，但仍然具有相当大的历史意义和艺术价值，因为这些细节反映出银光笼罩在镜面般的水面上的朦胧气氛，以及枝叶繁茂的树木之间的透明阴影。毫无疑问，这些阴影曾使这个地方成为"世界上最美的小玩意儿"——用利涅王子的话来说。（参见597页，图130和图131）

巴加特勒花园的原型已所剩无几。福雷斯蒂尔以现代的平面图为参照还原旧平面图，力图准确地说明原址和现址之间的关系。显而易见，水道系统已被完全重塑，地面轮廓已经改变，水道大大减少。部分古老的石窟和岩石得以保留，如由质地粗糙的凝灰岩组成的溪流水源地的岩石和大瀑布。（参见597页，图132）但如今，水已断流，没有了泡沫的冲刷，这里看起来便光秃秃的，没有生机。从装饰的角度来看，更典型的是洞穴和隧道密布的岩层，现在上面有一个小铁架亭子，让人误以为是鸟笼而不是哲学家的住所。（参见598页，图134）幸运的是，在克拉夫特的一幅版画中，原始哲人堂的优美外观得以展现。它是一个细长的八角形建筑，在帐篷状的屋顶下高高的哥特式彩色玻璃窗户。四周有一个阳台，阳台上有装饰性的栏杆，人们可以通过一个独立的螺旋楼梯上到阳台。还有一个非常细长的建筑结构，中心处有一根高高的桅杆，支撑着一把用龙装饰的阳伞。

这种哥特式和中式元素的典型结合，如中式桥梁、中式秋千和其他一些建筑和装饰物品，已消失殆尽，这个园林曾经典型的远东气质自然也消失不见。换句话说，喜庆的装饰已不见踪迹，泡沫瀑布和雕像林立的矮林也不复存在，取而代之的是宽阔的视野、起伏的草地和镜面般的池塘，在池塘里各种睡莲组成五彩缤纷的地毯。（参见598页，图135—138）对植物感兴趣的人可以在这里找到许多稀有的灌木和乔木，在花季的玫瑰花园里享受美丽的盛宴。通过这些以及后期更实用和科学的需要所带来的其他变化，阿图瓦伯爵的宅邸已被改造得像植物园，而不是浪漫的童话作品。

对18世纪发展停滞的法国社会来说，这座富丽堂皇的城堡和它周围的园林具有一种特殊的魅力。它的出现就像魔法，确切地说，它专门用来激发家财万贯的业余爱好者

巴加特勒花园的哲人堂。克拉夫特刻制

们的嫉妒心和野心。由于创作这种耗资巨大的讽刺作品，贝朗格很快便声名鹊起。克拉夫特20年后的话语也可证实："贝朗格天赋异禀，同时他也有很多机会发挥天赋，因为他为富人工作，这些富人让他改变、发展和增加作品成为可能。"

　　克拉夫特一边回想，一边写着巴加特勒花园布局描述的序言。巴加特勒花园竣工后不久，贝朗格受到一个富商的工作邀请。这个人就是圣詹姆士·克劳德·保达，他继承了父亲收入可观的职位——财务大臣。他个人的兴衰和不择手段敛财的行为并不是我们关注的重点，不过正是他的社会野心和对金钱的痴迷让他渴望拥有一座超越阿图瓦宅邸的建筑。几年前，他在纳伊买了一处地产，距离巴加特勒花园非常近。那块地产竣工后，贝朗格就奉命为圣詹姆士先生建造另外一处地产，那片地产更为昂贵。事实上，建筑师受到全权委托，要求做到"做他想要做的，只要足够珍贵"。他的雇主毫不掩饰，扬言要超越阿图瓦伯爵。当时有传言说，这激怒了阿图瓦伯爵，伯爵向他的哥哥——国王请求道："陛下，希望您能给我一个财务大臣的职位，这样我才能与我的邻居抗衡。"除了这段俏皮话，之后还有一些解释性言论，以及平民对愚蠢的皇室名流的嘲笑。[1]如果人们还记得这座建筑的主人所提的特定请求——应极尽奢华，那么如今看到现存建筑的简朴难免会大吃一惊。这是一座矩形建筑，屋檐很低，屋顶为鞍形。两面外墙各有五个窗口，突出的中截面为三角墙。中截面的庭院一侧有四根爱奥尼亚柱（和一段较低的台阶），花园一侧有一个阶梯式露台，露台建在凉廊下，凉廊有三个由细长柱子支撑的拱门。在拱门的拱肩上，似乎有灰泥浮雕的长翅膀的女性人像；在花园一侧的山墙上，有一个躺在休息的狮群之间的美杜莎头像；在上层玻璃下面，有一幅棕榈浮雕。（参见599页，图139）在贝朗格的画中，侧窗之间也有圆团花饰，但这些在建筑上却已无迹可寻。室内墙壁很光滑，只有高而窄的窗洞连接。室内装饰也很温和，很有品位。只有一个房间配备了镶板和装饰华丽的天花板，其他房间只是简单地装饰了彩绘的叶饰、狮鹫等等。门厅里，以错视画风格刻制的雕像和水缸代替了三维艺术作品。的确，装饰得最华丽、最奢侈的不是这座建筑，而是其附属园林。（参见599页，图140；600页，图141；601页，图142）

　　这座园林现只留存着一小片杂草丛生、无人问津的断壁残垣。自1945年以来，园林和建筑都没再得到维护。然而，通过原始平面图和克拉夫特在其《民用建筑汇编》（1812）所呈现的复制品，我们得以对该建筑的某些主要部分有一定了解。这些建筑用蒂埃里的话来说："既非中式也非英式，而是精心设计，让我们知道如何在不使用英式这个词的情况下，以一种独特的方式来建造这样一个园林"。

---

[1]引自珍妮·斯特恩：《贝朗格》，第135页（摘自《秘事回忆录》，第三十五章，1787）。

另一方面，克拉夫特明确表示，这座园林是按照英式风格布置的。它位于从纳伊到巴加特勒花园的道路两旁，在这条道路下，已经开通了两条隧道。他进一步写道：

这个大园林分为草地、树丛、果园、葡萄园、蔬菜园、外来植物苗圃、藤架、花坛、灌木丛、草坪、田地等。所有区域都因性质和使用方式的差异而有所不同，由此带来了不同的视觉享受，如山脉和山谷、丘陵和平原的交替视图。整个园林纵横交错，道路通往四面八方，小径蜿蜒崎岖，这些道路与小径有时交叉重叠，有时相互包围环绕，因此，行人极易迷失方向，难以找到出口。

接着谈谈运河和蒸汽泵。蒸汽泵将塞纳河的水引入园林的湖泊和瀑布。

湖泊巨大，水源由瀑布提供。小溪蜿蜒，时而宽阔，时而狭窄，如双臂紧紧包围着一个供奉爱神的小岛。水道随后消失在地下，而后又出现在某块岩石顶部，瀑布一冲而下，猛烈地散开后，再次聚集在一个池塘里。最后，它们不再炫耀自己的魅力，而开始服务于房子的不同需求；最后，它们又不声不响地离开房屋，回到源头。

正如克拉夫特所说，和巴加特勒花园一样，这座园林的中心主题是灵活的水道。水道的一部分是一道长湖，另一部分是环绕着"爱神岛"和"木兰花群"的两个水环。湖心是一座由支柱撑着的仿竹网格中式凉亭，其优雅风格与四面的月亮门相得益彰。同时，以旗子装饰的屋顶、栏杆、插着旗子的桅杆、龙、灯笼是更出色的设计。

湖岸不远处，有一座小山，山上有一个岩洞和一个冰窖，上面还有一座中式凉亭。这座建筑是八角形的，高高的窗户上有装饰性的格子，窗户的侧面有一些随意模仿的汉字。屋顶是普通弧形，四角挂着铃铛，屋顶有一个灯笼似的小亭子，亭子上有一根画着龙的桅杆。（参见602页，图145）通过所有贝朗格所建中式装饰可以发现，园林的整体特点是优雅而脆弱的。这座山的附近有一个更小的八角形亭子，是一条长隧道的入口。隧道在一些地方会扩大成洞穴状的房间，通向湖岸的另一处假山。过道的石墙上长满了青苔，这里的空气总是凉爽宜人。在出口处，人们可听到泉水"在岩石上欢呼雀跃"。

法国这些风景如画的园林和英式园林一样大多数都有石窟。但在法式园林中，这座园林可能是最好的典范，因此在某种程度上可与潘西尔公园和斯托海德庄园内更大的石窟相媲美。这些中式装饰如今已不见踪迹。建筑物消失了，水道也干涸了，被填埋了。此外，这片区域已不再归属园林，北部和西部大片地区在17世纪末期成了建筑用地，其他地区则或多或少被随意地重新规划。据说，就连现在这些地区也面临被分割成建筑用地的威胁。

保存最完好的是园林南界的巨大石窟，尽管石窟的池塘杂草丛生，水流干涸。从地理方位来看，这个石窟令人印象深刻。整个石窟的高度据说有141英尺，由巨大的石块建造而成，包含一个巨大的壁龛，壁龛内巨大的多利安神庙门廊几乎将其填满。这个门廊是立面，水曾经从这里流出。水流也可从神庙柱廊两边的两个圆形开口流出，所有水流最后都汇入到石窟前的池塘。从贝朗格的画作（收藏于法国国家图书馆，参见601页，图143）来看，其初衷是让水从拱顶现存的拱门中喷涌而出，倾泻在神庙的门廊前，这种布局给整体环境注入一种旷远而浪漫的氛围。斜坡由拱顶的两侧向上弯曲，一直上升到拱顶，在拱顶的灌木丛中隐藏着一个巨大的金属水箱。（参见602页，图144）以前，水从水箱抽出，随后飞流直下。在这座山的另一边，有一个光滑的壁画立面和一个巨大的门道，通向一个长方形的房间，这个房间最初配有浴缸，用作浴室。穿过狭窄的通道，这个房间可通往几个较小的房间。通道两侧，有两个狭窄的走廊，沿着封闭的走道可通往户外。（参见602页，图146）

　　这种庙洞、瀑布和浴室的特殊结合足以使圣詹姆士宅邸因别具一格而令人称赞有加。除此之外，许多其他的装饰和娱乐设施，也使这个园林名声大噪。其中有些部分是克拉夫特雕版作品的完美复制品。例如维纳斯亭（女神坐在蚌壳上）、土耳其神庙、哥特式纪念碑、丘比特与普赛克的雕像、爱神岛喷泉处的花瓶、有雕像壁龛的树墙、旋转木马、孔雀秋千及所谓的"埃及游戏"（用作弓箭射靶）。

　　然而，从建筑的角度来看，更引人注目的是处处可见的桥梁。这些小桥横亘于蜿蜒的小溪上方，与园林变幻莫测的风景相映成趣，带来一种连贯、神秘而别致的美。据克拉夫特所述，园内共有10~12座桥。这些桥形态各异、造法不同，但他只复制了6座。他提到石桥、瓦桥、木桥、摇桥、中式桥、英式桥、土耳其桥，各类小桥汇聚一堂，但他没有具体描述这些小桥的外形。

　　在这些古桥中，唯一还能在园林里看到的是所谓的"皮埃尔·德·塔耶大桥"（小石子大桥）。这是一座精心建造的石桥，装饰着锻铁栏杆。桥下小溪依旧流水淙淙。显然，由于溪流干涸，河床杂草丛生，其他古桥早就显得冗余。贝朗格尤为赞赏将桥用作元素，从而使园林风景如画。他的这一观点在另一个方面仍有佐证，对他来说，桥梁不仅是水道的基本配件，而且是非常重要的装饰设备。为了更好地展示蜿蜒的溪流景观，贝朗格引入了中式渡船或小游艇。

　　实际上，圣詹姆士宅邸所包含的建筑纪念碑和装饰性建筑比前面所提到的要多得多，因为该园林的建造目的就在于标新立异，比阿图瓦伯爵的巴加特勒花园更令人眼花缭乱。因此，建筑师尤为强调提供丰富的纪念碑和装饰，这几乎是不可避免的。利涅王子以他一贯的风趣说道："园林内的景物如果少一点，也许会更美（如此美的花园，怎么形容都不过分）。圣詹姆士先生少花费40万法郎，园林也许会更为成功。虽然园内建筑和景物布置过于拥挤，但还是可以原谅的，因为尽管如此，他的品味还是相当不错的。"

正如这位犀利的评论家对大多数园林的评价一样，这个判断的确合乎实际，但我们仍然由衷遗憾，这些丰富的装饰在建成之后便转瞬即逝。许多建筑可能在大革命期间或之后不久就被毁了。对此，克拉夫特惊呼道：

如果我们只是哲学家，而不是建筑师，我们也许只会大喊：啊，虚荣至极！这一切不过是虚荣心，因为所有奢华的纪念碑都已被时间摧毁，像它们的主人一样销声匿迹。但是，作为建筑师，我们不允许自己有这样的想法。[1]从克拉夫特的专业视角看，他对这个杰出园林持赞赏态度，他不仅赞赏技术精湛的建筑师，也对园林挥霍无度的主人表示赞赏，他感叹道："如果说贝朗格不同寻常，那圣詹姆士更是非比寻常。"

我们难以用更简洁的语言来概括对于圣詹姆士宅邸的总体观点。毕竟，它是巴黎古代政权最后一段忙乱期里建造的最昂贵的、挥霍无度而又具有艺术风格的私人园林。其主要建筑师可自由发挥，尽其所能地塑造景观，他还结合山和水打造了中式园林特色，同时与路易十六精致的古典主义风格和谐统一。

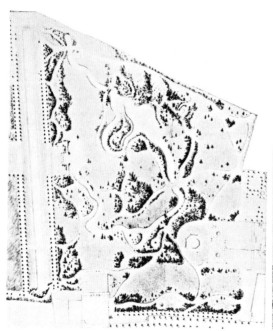

圣詹姆士宅邸的设计图。藏于法国国家图书馆

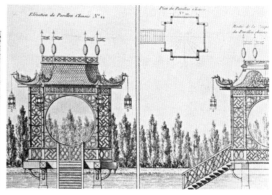

位于圣詹姆士宅邸湖畔的中式凉亭。克拉夫特刻制

[1]圣詹姆士先生早在1787年就破产了。随后，他被判处数月监禁，财产被国家拍卖，被苏瓦瑟尔·普拉兰公爵以20万法郎（仅为其价值的一小部分）购买。这对这个破产的建筑商来说是一次重大打击，几周后他就去世了。国王听说这些后，不禁喊道："啊，那就是拿石头的人！"几年前，国王在通往枫丹白露森林的路上遇到了为圣詹姆士教堂准备的一车又一车的巨大石块，这似乎给国王留下了深刻的印象。参见斯特恩：《贝朗格》，第140—147页。

第 十 七 章

麦 莱 维 勒 园 林 和 朗 布 依 埃 园 林

毫无疑问，麦莱维勒园林曾是法国最好的风景园林之一，是法国对自然的成熟诠释。按照这种解释，即使是风景如画的作品也需要维持一定程度的古典平衡。与巴加特勒花园或圣詹姆士宅邸相比，这座园林的装饰处理和建筑元素地位较低。在这里，大自然力量强大而丰富多彩，以至于难以与艺术手段维持平衡或接受艺术的剪裁。随着时间流逝，这种状态愈为明显，因为由地下渠道灌溉的茂盛植物一直在肆无忌惮地生长。

该园林位于距埃坦佩斯10英里的肥沃山谷中，占地约9000英亩。1784年，让·约瑟夫·德·拉博尔德买下这处地产，他也因此获得侯爵的头衔。尽管自1889年以来，园林曾多次转手，但在此后的100年里，它一直为该家族所有。然而，根据当地信息记录，园林在20世纪30年代末期以前一直保持良好，但随后便荒草丛生。

极其富有的拉博尔德一接管这个地方，就对园林进行大规模改造。[1]这幢古老的哥特式房屋在花园一侧设有低矮厢房，而在厢房前面有一个两层的露台，园内景观已被改造成英式风格。贝朗格负责建筑运营，由装潢师鲁里耶协助，而园林本身可能主要按照休伯特·罗伯特的想法设计。因此，无论如何，园林还是具有旧传统色彩，但在关于拉博尔德家族的纪录片公开问世以前，休伯特·罗伯特在该园林建造中的参与度几乎是无从衡量的。

然而，广义上说，贝朗格和休伯特·罗伯特其实存在合作关系，前者纯粹负责建筑，后者负责园林装饰。无论如何，从休伯特·罗伯特以园林为主题创作的几幅重要画作可以看出，他与拉博尔德的关系以及他对麦莱维勒园林的特殊意义是显而易见的。其中，最大的四幅最初挂在麦莱维勒园林的墙上，最近仍为拉博尔德家族所有，而较小的几幅则为私人收藏或政府收藏（例如芝加哥艺术协会、瑞典国家博物馆等）。

因此，麦莱维勒园林的艺术监督工作就交给了优秀的人来完成，而且由于不吝惜费用，显然，最终成果的各个方面都非同寻常。据说，拉博尔德侯爵至少花了1000万利佛尔[2]用于园林建设，有三四百名工人在园内长期工作。根据当时的记录——巴舒蒙特的《秘密回忆录》（第三十一卷）记载，仅仅是对土地的重塑就占用了大量土地，两个山脊之间的原始草皮和沼泽必须经过相应处理，变得坚固肥沃，从而为种植园打好基础。[3]

对于最终成果——宏伟园林来说，最重要的是来自瑞讷河的丰富水源。水源的开发

①关于麦莱维勒园林及其土地的更详细的历史资料，读者可以参考斯特恩的《贝朗格》（第二十章，巴黎，1930）和亚历山大·德·拉博尔德的《法国新园林及古堡》（巴黎，1808）。
②利佛尔为1795年前的法国货币，1英镑=24利佛尔。——译者注
③当代学者对这种情况很感兴趣：最初，为了加固这片松散而泥泞的土地，必须花费几百万美元；需要雇佣三四百名工人来挖一座小山，在第一层泥浆被清除后，利用这些材料来填满沼泽地。然后，这片沼泽地的泥巴转移到山上，因此，两种不同的土壤混合在一起，形成非常肥沃的土壤，非常适合未来的种植园。

极具技术性和实用性。据巴舒蒙特所说[1]，拉博尔德先生让河流从天然河床改道，使其从园林蜿蜒流过，转动磨坊的轮子，如瀑布般倾泻而下，汇入大湖，最后再次出现，环绕着几个小岛。另一条支流被引到一条2英里长的地下引水渠中，然后从一个岩洞强行穿过，洒落在白色大理石床上。在洞穴出口处，这条河再次消失，进入地下，随后来到一条纵深的裂缝，形成13英尺多的瀑布，一泻而下。溪水继续流过一座由崎岖石块砌成的拱桥。凹凸不平而粗糙凌乱的岩石突兀而出，给人一种废墟之感，几乎摇摇欲坠，这恐怕是最为奇形怪状的桥了。据说桥身另外一半已被强劲的水流摧毁。

在我们提过的《秘密回忆录》中，有相同的描述：

更高处和侧面是地下洞穴，里面是布满苔藓的座位和床，这里的一切都让人想要休息。一进去，就想躺下，伸开四肢躺在粗糙的卧榻上。另外一侧则有瀑布高悬眼帘，滔滔水声不绝于耳。如果你此时走进邻近的岩洞，只能听到可爱的瀑布传来的潺潺柔和之音，而在第三个岩洞则什么也听不见。因此，人们对这里的印象各有不同。

从另一个角度看，岩石似乎摇摇欲坠，通过洞口，人们可以看到巨大的拱桥上突出的木块。这里的一切似乎都岌岌可危，而在另一边有巨大的瀑布，在那里能听到激流咆哮声。

这段描述或许有助于人们了解园林的特殊景观，特别是水流和石窟的开发方式，明白水流与石窟形成风景如画的园林景观以及浪漫氛围的过程。土地的管理、堆砌的大岩石、石窟、长长的湖泊、简易小桥横跨的运河、弯弯曲曲的小路，最重要的是大量的古树，这些景观如今依然存在。但水源明显减少，尽管部分供水装置得以保存。无论如何，曾有水流冲刷而过的石窟与如今长满青苔的石块，这些精美的建筑元素都已杳无踪迹或所剩无几。

在所谓的乳品场里，仅作为正门基石的大理石柱得以保存，而后面的岩洞和池塘，除了一尊立于浴池的黛安娜大理石雕像外，均保存完好。（参见603页，图148）从岩洞壁龛背面冲出的水流汇入矩形水池，随后沿着铺着大理石的房间墙壁内的通道缓缓流出。地板、墙壁较低处的水道连同壁龛和壁柱现在仍保存完好。但1899年麦莱维勒园林被卖给日尔雷的迪弗雷纳·圣莱昂先生时，那块带有爱奥尼亚式圆柱的半圆屋顶已被转去别地。在园林原始阶段，奶牛场的内景不说庄重，也一定给人极其高雅的印象，而源源不断的清泉，即使在暖季里，也能营造出一种怡人气氛。按照亚历山大·德·拉伯尔德的话来说，它能让人想起"阿拉伯作家的描述和古老的东方童话"。

前面已经说过，在这座建筑物前，水再次流入地底，继续往前流淌一小段，随后从岩壁喷出，以瀑布的形式倾泻而下。这个所谓的大瀑布，（在双重意义上）标志着麦莱维

[1] 参见斯特恩：《贝朗格》，第161—162页。

勒园林的高潮，它并没有使人经年念念不忘的魅力，但这块如今布满厚厚苔藓或爬行植物的不朽石制建筑，依然留存可见。直至今天，人们还会发现这样一种说法是有道理的："除了瀑布，几乎没有哪种艺术能以更完美、更宏伟的方式模仿自然。"一条大河从岩壁上奔涌而出，岩壁上树木挺拔（如今还在），花草在长满苔藓的巨石缝隙中生根萌芽。即使水源被切断，这些风景仍然保留着狂野和浪漫的气氛（也许有些含蓄）。参观过此地的人无不认同，这里看起来更像是大自然和时间的作品，而不是人类的杰作。（参见603页，图147）正如园林的前主人所说：

这片瀑布的景观，以及远远就能听见的水声，具有某种魅力，引人遐想。那些煞费苦心前来参观的旅客本想一睹非比寻常的自然美景，而在一番赞叹之后，通常会悻悻而归，感慨欢乐如此短暂。如画园林的优点在于，它让人们不费力气就能欣赏到最美的自然风光。

这些观点使人想起在中国文学家和哲学家的作品中经常出现的观点。他们也认为，园林是野外自然风光的替代品，只是更加便于欣赏，否则只有艰苦跋涉到偏远山区，才能有此视觉享受。艺术不应该是对自然元素的人工处理，而应该是展示和增强自然之美的一种手段。但园林也应该包含一些纪念碑，使人们的感觉与愉快的梦境相协调，从而激发人们对大事或名人的思考。麦莱维勒园林在这方面考虑得十分周全。除其他景物外，人们发现湖中一个偏远的小岛上矗立着一座纪念著名旅行家库克船长的多利安式纪念碑。这位船长在于1779年在夏威夷群岛被杀害。此外，还有一个喙状圆柱，即蓝色大理石支柱，有四个突出船首（青铜所铸），上面有一个地球仪。这是为了纪念拉博尔德先生的两个儿子，他们曾效仿库克船长，1786年7月随"拉普鲁斯"号一起沉没。比这两座纪念碑更有气势的是凯旋门，耸立于城堡对面的山上，高98英尺。这是一个宏伟的地标，地理位置优越，爬上99级台阶到达柱顶，附近乡村风光一览无余。（参见603页，图150）

麦莱维勒园林的纪念碑如今都不知所踪，除了于1899年转运到日尔雷的爱神殿以及同时运走的乳品场大门。起初雅致石柱、碑上的字母和飞檐都已在巴黎打造完成，而后这座爱神殿于1786年在娜塔莉岛竣工。那是一个河流环绕着的小岛，以拉博尔德先生女儿的名字命名，她是一个名声在外的美人，而且是夏多布里昂的密友之一。作为这座爱神殿装饰的她的雕像由雅克·奥古斯丁·帕如雕刻。

然而，几年后，这座雕像被转移到一个更重要的地点，那个显眼的地方有一座吊桥，正如我们通过休伯特·罗伯特的一些油画和其他当代评论所知。（参见604页，图152）。这座建筑是由鲁伊尔根据蒂沃利公园女巫神庙的模型设计的，是一个围柱式建筑，外面有18根科林斯圆柱，每根高20英尺。浮雕刻着用花环装饰的牛头，宽敞的地下室上方是一个圆顶，有灯笼照明。这座精美的纪念碑最初是为家族中的一位成员而建的，因此它的意义超越了纯粹的装饰之美。

　　石窟、桥梁与这些建筑纪念碑同样重要，其中大部分保存至今。在讨论地下运河时，前文已经提到部分石窟。最大的石窟位于大瀑布上方。从岩石上凿出的台阶下到岩洞，在阴暗的地下室，可以看到长满青苔的岩壁，这里曾有大量泡沫飞溅的水花冲刷而过。这个石窟和园林内其他洞穴，还有隧道和台阶，构造都是如此巧妙，给人一种身处自然的感觉，特别是现在全都覆盖着厚厚的苔藓和爬行植物。麦莱维勒园林这些粗糙砂岩石窟和其他法式园林并不相同，结构也不同于潘西尔公园和斯托海德庄园这类的英式园林，也就是说，在与中国园林的联系方面，这里的建造更趋近于本地传统和就地取材。（参见605页，图156）的确，就像英中石窟一样，这里的石窟也具有打造风景园林景观的功能，只是方式更纯粹，是园林艺术家们创造性想象力的产物。

　　麦莱维勒园林的巨大石桥也是如此，其质朴的特点前文已简要说明。这座石桥如今已破败不堪，因为许多石头已被树根和灌木松动，而另一些石块则被植被覆盖。因此，它们极大地加深了整个景观的独特印象。（参见605页，图157）此外，还有几座用较轻巧材料制成的桥，由木头和金属制成，完全仿照异国情调的模型设计。其中最重要的是通往寺庙耸立山丘的"死亡桥"，另一座木桥的结构非常轻盈，连接公路和山，山上巨大瀑布倾泻而出。在这里，瀑布的上方坐落着一个简易观景楼，如今已成废墟。建筑材料为纤细的树苗，让人想起竹子，从而创造出一种东方世界的效果。（参见604页，图153）这个观景楼看起来像一个巨大的鸟笼，高高耸立在参差不齐的岩石上，周围是稀疏的针叶树。

原来麦莱维勒园林乳品场的大门搬到了艾特尔的日尔雷酒庄

再来谈谈贝朗格的桥，金珠桥值得一提。（参见603页，图151）这座桥为金属结构，造型优雅，风格喜人，通往娜塔莉岛。这座桥迷人的结构可能会让人发现它与中式桥梁的联系，尽管贝朗格将中式风格进行弱化，转换成了路易十六时期的古典风格。

除了在麦莱维勒园林和其他几个地方的作品，贝朗格对桥梁的浓厚兴趣在他自己的记录中也有体现。下面这封写给乔利夫人的信就是有力证明：[①]

我觉得我应该向您指出，既然园林是山水画的放大模型，我们就不应该抛弃那些可以美化风景的东西，尤其是那些有品位的东西。

毋庸置疑，发明桥是为了跨越小溪或河流，但在阿尔卑斯山脉和比利牛斯山脉，我们发现成百上千的桥是为了让人们跨越峡谷或简单的岩屑而建。

中国人是我们风景园林的艺术教师，他们经常使用精心装饰的小桥，这些建于寻常道路上方的桥，可通向亭台楼阁，有的甚至镀金，有的由最珍贵的木材搭建而成。

在对人间天堂的精彩描述中，弥尔顿提到了一座通向桃园的高桥，鸟儿在那里婉转高歌，微风裹挟着来自山谷和树丛的花香。这座桥连接两座小山，一座山长满茂密的灌木，另一座山种满珍稀的树木，风景宜人。

园林的布局不能没有诗意，甚至不能有太多建筑物。我们不应该把园林变成一张地图，园林应该是一幅以天空为背景的轮廓凸出（如浮雕一般）的画。

夫人，这就是为什么当我奉命为您这样一位有品位的女士设计一个园林时，我不想只随便画几条蜿蜒曲折的小路，而是尽力描绘出一幅图画，这样就解释了如果我现在的建议付诸实施，将会带来的成果。这是我平面图上的风景画。

夫人，请原谅，我把您的注意力吸引到园内这么小的建筑（一座小桥）上。尽管如此小，却确实值得关注，而且，对于那些认为桥下只能有一条河或一条小溪的观点，您千万不要理会。

以道路或花丛称呼这座桥，试想一下，透过客厅的窗户，看着您的孩子走在桥上，而其他的孩子则在下面的山谷中奔跑。这样生动的画面是多么迷人，多么有趣！同时不需要任何费用，也与自然毫无违和，您的园林便得到进一步美化。我能听到人们说："夫人，您桥下的小溪在哪里？"有人可能会回答："山谷不需要小溪，也不需要河流；这不是跨越河流的桥，而是跨越峡谷的桥，那里没有水，只有一朵云。"

在园林景观中建造桥梁并非贝朗格的个人喜好，这显然是一种普遍的现象。例如，在克拉夫特的各种出版物中也有迹可循。桥梁不仅仅是溪流的补充，它们也是具有独立

[①]参见斯特恩:《贝朗格》,第29—30页。

功能的元素，可以用来增强园林景观的如画美感。然而，正如贝朗格所说，桥梁在这方面的特殊意义源自中国人，即"我们风景园林的艺术教师"。这是法国那些知识最为渊博的艺术家在桥梁方面的总体态度，并且他们将此铭记于心。在他看来，中国人最先获得建造风景园林的灵感，风景园林不像一张地图，而像一幅画，在地平线的衬托下轮廓分明。

显然，贝朗格在巴黎博马舍设计的园林是他桥梁建造能力的典型例证。我们现在只能从建筑师的水彩画中理解这种布局，但很明显，桥是园林的中心主题。桥梁横跨两个村子之间的一条洼地道路。其与中式桥梁的联系体现在装饰上，在其他方面并不引人注目，但中式风格在拱门的线性节奏和桥上的亭子上变得更加明显。我们以乔治·路易·勒鲁热在博内勒园林建造的所谓"哲人堂"的复制品为例，在那里，细长的桥梁连接雅致的凉亭。传统元素水、石、亭、桥相互交融，让人想起中国神话的插图，或者至少让人想起这种戏剧舞台布景。

朗布依埃是一座宏伟的城堡，也是一个广阔的园林，是巴黎附近令人印象最为深刻的历史古迹之一。这座建筑留存至今，里面宽阔的运河和密集的大街依旧可见。它是仿中世纪平面图中的一个建筑群，历经从1375年（最初由让·贝尔尼埃负责建造）到1806年（拿破仑进行某些重建）的六个时期。[①]然而，最好的艺术造诣不在第一个时期也不在最后一个时期，而是在1706—1736年。这段时期园林所有者是图卢兹伯爵，他是路易十四一位性情浮夸的儿子。在他接管的这段时期，朗布依埃园林是极尽繁华之地和极受皇室欢迎的度假胜地。室内装饰着最精致的洛可可雕刻，还有为庆祝活动和音乐晚会预留的合适场所。占地890万英亩的公园是一个富丽堂皇的狩猎场，有一条长长的笔直的大道。最靠近城堡的南侧和西侧，从18世纪初期开始就布置着规则的花坛。这些花圃按

---

①最完整的历史记载是穆蒂的《历史上的酒庄和朗布依埃酒庄》（1850）。最方便的旅行指南是朗农的《朗布依埃酒庄》（巴黎，无日期）。

图卢兹伯爵时代的传统风格加以打理和装饰。然而,我们最感兴趣的并非这些花圃,而是随后扩建的部分。

图卢兹伯爵于1737年去世,随后他年轻的儿子彭提维里公爵继承这座园林,他和他的妻子一样极为拥护路易十五。他曾多次改进园林,以便为国王提供一个更舒适的住所。而路易十五也经常待在那里,一住就是几个星期。人们认为这个园林有其可取之处,它符合当时流行的园艺新风格,按照英式园林进行布置,同时与正式的园林、笔直的运河以及小树林距离适中。

在园林选址方面,西北有一个山谷。山谷的溪流为大运河的水流提供了一个出口。通过挖掘和筑坝,这些水流在新园林内变成了核心主题,随之而来的是树木、桥梁、道路、石窟,以及或多或少带来风景如画效果的建筑元素。这些景物在地势低平的草地和高处树木繁茂的山坡随处可见。这些平面图绘制于18世纪70年代末期。彭提维里公爵起初是否曾咨询休伯特·罗伯特尚不可知,但在接下来的十年中,休伯特·罗伯特对园林的设计的确具有决定性影响。1772年,他创作出其最美丽的园林画,画作呈现一个大运河景观,当年曾在画廊展出。我们唯一确定的是朗布依埃园林的建造工作曾委托给让·巴蒂斯特·潘德贝尔德——一位英式园林建筑师。他可能执行主管工作,也许遵循休伯特·罗伯特或约瑟夫·古比的指示,也许按照公爵的要求。潘德贝尔德负责的这一地区还留有两幢建筑——贝壳别墅和隐士住处。(参见605页,图158)

据说,这座别墅是公爵为其儿媳朗巴勒公主修建。公主与公爵的儿子婚后不久就成为寡妇(1768)。这座别墅精致的室内装饰与简单的外部结构对比鲜明,因此别具一格。外形为用灰浆粉刷的普通墙壁(至少现在是这样),窗户紧闭,屋顶用茅草覆盖。而那些以为墙壁里面也是如此简朴的人,一进去就会大吃一惊。经过一个小门,游客发现自己来到了一个圆形的房间,墙壁由四组爱奥尼亚柱分成几部分。墙上还有八个壁龛,其中四个更深的壁龛装着高窗(门),而较浅的壁龛则以花篮与水果篮、奖章与其他图案装饰。壁龛上方是弯曲的拱顶,壁柱支撑着高高的装饰中楣和平圆屋顶下的飞檐。所有这些建筑的特色在于丰富的蚌壳、贝壳、大理石碎石和鹅卵石。这些石头形状各异、五彩缤纷且大小不同,都镶嵌在马赛克图案中。(参见606页,图159)这片色彩丰富的马赛克闪烁着柔和的光辉,给整个建筑增添了一种不同寻常的如画魅力。若参观者知道如何打开这扇隐蔽的门,他还可以进入一个小房间,房间的墙上挂着庞贝的画作,室内还有一面大镜子。镜子的两边是大橱柜,它们本来是机械玩具,只要按一下按钮,橱门就会自动打开,两名黑人侍从从橱里走出,把香水给碰巧在镜子前的那个人。

伴着绕岬蜿蜒的流水、桥梁和郁郁葱葱的树木,这座贝壳别墅依然具有田园牧歌的氛围。但是从乔治·路易·勒鲁热的版画来看,18世纪末期,其田园气息更为明显。(参见608页，图167）当时的水域更宽，桥更高，高处由一个简单的栅栏包围。

　　乔治·路易·勒鲁热还复制了他所称的"隐士住处"，即一座有钟楼的小教堂。小教堂位于山上的大树下。图片极为简单，可能只是基于道听途说而非实际考察。因为隐士住处位于这座英式园林的高处，地势偏远，时代可能与贝壳别墅大致相同，所以它应该是一处各方面都比图片所示更有吸引力的遗址。如今仍然可见的是，这座建筑由隐士的小平房和附属建筑构成。附属建筑是一座带有塔的圆形小教堂。近年来，建筑显然已复原，教堂前面的附属建筑也已翻新，但整体仍保留着古代，甚至是中世纪的印记。建筑以碎石为材料，加上笼罩在周围树林里深沉的孤独氛围，使得古代气息更加突出。（参见607页，图161）

　　除了这些图片，乔治·路易·勒鲁热在他的第十一本（1784）出版物中，还刻画了簇拥亭台喷泉涌流的假山（参见608页，图162），以及一些雅致的秋千和小桥。除了再无水流涌出的空心假山之外，这些元素如今都无影无踪（参见608页，图164），富丽堂皇的中式凉亭不知去向，取而代之的是小型大理石雕像，这尊雕像与整个环境中显得格格不入。然而，这幅题写着自然规律的版画确实代表了在当时堪称典型的中式风格。

　　乔治·路易·勒鲁热出版的插图于1784年绘制，但这些版画可能参照了大约一年前的画作。当时朗布依埃园林仍属于彭提维里伯爵。然而，国王路易十六自即位以来，就一直希望能拥有这座宏伟的庄园，因为这里有绝佳的狩猎场。1783年9月，国王动用私人金库，以1600万利弗尔买下朗布依埃园林，终于得偿所愿。彭提维里伯爵并没有任何强烈的失落感，因为路易十四的第三和第四代其他继承人已经去世，他成了这个国家最大的地主，奥马尔、吉索尔、阿内、德勒、索镇、昂布瓦兹、尚特鲁、阿曼维利埃等大庄园的主人。唯一对国王购买朗布依埃园林以及把它变成皇室度假胜地不满意的人是王后，她觉得这座城堡太过时，太哥特式了。根据她的说法，整个地方就是一个"癞蛤蟆窝"，她不愿和这个地方有任何瓜葛。为了改变王后对这里不好的印象，让她接受朗布依埃，国王制定了重建城堡的计划，并根据实际情况建造新建筑。后者中有一些将建在英式园林里。

　　新工程的一个重要内容就是在庄园内建立一个示范农场。国王很清楚王后特别喜欢这样的设计，建造计划随即全面实施。在城堡附近和偏远的西部，建造了新的示范农场和附属建筑。这项工作的艺术监督由建筑师戴维南负责，1786—1787年间，他曾在这里建造了一些建筑，尽管这些建筑大部分是为了满足乡村需要，如马厩、棚屋和牧羊人的小屋。这些建筑经过简单修缮，以此从建筑角度来看更具吸引力。不过，这个地方称不上是伟大的农场或羊圈，周边建筑也不是，因为这里早已不再畜养著名的美利奴羊（1786年从西班牙进口）。但是，对18世纪晚期实用文化感兴趣的人绝不应忽视朗布依埃园林保存相对完好的农场建筑。

对于戴维南建于斜坡脚下最重要的建筑，我们不能吝惜笔墨，那里可通往农场、羊圈、乳品场。这座建筑整体呈三角形，入口位于三角形的顶点处。两边是两个带塔的圆形建筑，后面沿着三角形的两边排列着较低的建筑。左边建筑有一个王室大厅，由酒吧间和会客厅组成，装饰着约瑟夫·索瓦奇的纯灰色画作，而另一座建筑则是乳制品女管理员的住所，现在居住着一个园林管理员。两侧建筑的中间区域是郁郁葱葱的乔木和灌木，道路两侧有两个狮身人面像，这条路可通往这座遗址正门，仿佛属于某个宝库或古罗马兵营。（参见608页，图163）入口处有一个大门，由两根托斯卡纳圆柱组成，它支撑着一个拱形的山墙，墙上嵌着一幅小小的浮雕：一头母牛正在给它的小牛喂奶。这个装饰是这座建筑功能的唯一外部标志。

一进门，参观者就会发现自己置身于一个巨大的圆形房间里，漂亮的方格圆屋顶上亮着一盏灯笼。部分墙壁嵌着大理石，房间四周有长凳或栏杆，上面放着盛满鲜奶的罐子。房间中央摆着一张巨大的大理石桌子，那是拿破仑在革命期间毁坏原来的家具后放在这里的。[1]这个客厅后面是一个稍微狭窄的矩形房间，有格子大理石地板和格子拱顶，后墙为一个大洞穴，水花在水池中飞溅。（参见608页，图165）整个房间是白色的，给人冷酷和纯粹之感。在洞穴中央的水源上方，曾经有一个著名的雕塑群，由皮埃尔·朱利安创作，象征阿玛耳忒亚正让她的山羊在源头饮水，但这个雕塑在1797年被移除，后来（1814）被博瓦莱的一个极为低级的雕像所取代，那个雕像代表沐浴中的苏珊娜。阿玛耳忒亚雕像群（原型收藏于卢浮宫）现在被放到岩洞一侧，是装饰性的大理石浮雕在被拿破仑运到梅尔梅森之前，一直装饰着这个房间，但现在已完全不知所踪。显然，拿破仑本人也对朗布依埃园林感兴趣，不幸的是，他那个时代负责园林装饰作品的艺术家能力不足。[2]在英式园林里，他似乎对那座隐修院兴趣尤浓，那里有壁画，但现在已不知所踪。

休伯特·罗伯特的项目显然从未完全实施，在1788年，蒂埃里写道：

皇室画家罗伯特先生，至今还未完成他亲自制定也经由国王批准的园林装饰计划。这座由彭提维里公爵先生动工建造的英式园林，需要一套全新的装饰装置和一个更大的规划。被委托执行这项详细计划的技术娴熟的艺术家已经在开阔的草坪上种植了许多不同种

①根据1925年12月3日欧内斯特·加奈伯爵在《艺术的费加罗》上发表的一篇文章，朗布依埃奶牛场的家具是雅各布制作的，来自1787年休伯特·罗伯特的画作。有4把扶手椅、10把椅子、6把折叠椅和1张大圆桌，都由大块的桃花心木制成，且为伊特鲁里亚风格的装饰和雕刻，加上一些室内装饰，共计12675利弗尔，价格不菲。
②关于在特普雷萨特和法明监督下朗布依埃工程进度的记述可参见朗农的《朗布依埃酒庄》，第89~99页。

类的果树，以及开花和结果灌木。这些灌木丛因开花植物显得更加生机勃勃。这个果园没有笔直的小路，而是以简单自然的方式曲折呈现[①]。

大革命使这片皇室领地的一切工程被迫停工，朗布依埃园林无疑还有许多工程有待完成。后来在园林发生的事我们不得而知，破坏肯定比复原更多。然而，这座宏伟的园林仍有大量别致的原始装饰，因此这座园林依旧值得关注。

正如前文简要提到的，除了朗布依埃园林之外，彭提维里公爵还拥有其他几处重要的庄园，这些庄园疆域广阔，其中就包括阿曼维利埃庄园。这个巨大的庄园比朗布依埃离巴黎更近。尽管位于巴黎的东北面，因为拥有宏伟的狩猎园，这座庄园仍然小有名气，但建筑和园林的装饰已完全改变。原始建筑作品现已不见踪迹，但是从克拉夫特的《民用建筑汇编》的一系列复制品来看，其中有些建筑是典型范例，这些建筑的异国情调对当时的法式园林建筑具有一定影响。

其中有一个土耳其凉亭，它是一座富丽堂皇的清真寺，两边都有尖塔。还有一个位于喷泉上方的装饰华丽的哥特式塔，原本想用作带淋浴的浴室。这两个建筑都以建筑师勒纳尔的图纸为参照。此外，还有两个中式凉亭，但这两座凉亭的建筑师都无从得知。（参见608页，图166）根据总体风格、栏杆和窗户上朴素的格子装饰，以及屋顶形状，这两座凉亭可与贝朗格和莫雷尔设计的中式园林凉亭归为一类。一个是方形，另一个是八角形，但两者的封闭房间外部都有柱廊围绕，并且在凉亭中间部位还有较小的上层建筑。

尽管这些凉亭并不引人注目，但人们可能会把它们作为18世纪末期雅致的中式凉亭在法国发展的例证。这些建筑后来传到了德国、荷兰、丹麦和瑞典等邻国。由于某些具有特色的装饰保留着中式风味，经过这样的改造，这些建筑可以与古典寺庙、哥特式教堂和土耳其清真寺平起平坐，且不会造成任何不和谐或者混乱的印象。建筑结构的不同风格或民族形式等特征不再是首要考虑的问题。它们都有助于实现抽象的新古典主义兼收并蓄的效果，与浪漫园林的理想世界相呼应。

①《巴黎附近园林的业余爱好者指南》，1788。

第十八章

瑞典人对中国的兴趣

早在17世纪末期，瑞典人就对中国（无论古代中国还是当代中国）具有浓厚兴趣。因为在瑞典，和其他国家一样，特别是学术界，人们对儒学著作的拉丁文和法文译本非常着迷，这些著作起初由传教士和哲学家出版。[1]然而，直到18世纪中期，这种兴趣才日渐广泛或具有实际意义。

1731年是瑞典对中国认识的一个重要时期。这一年瑞典东印度公司成立，此后一直到19世纪初期，这个公司不仅提供了坚实的物质基础，而且构筑了瑞典和远东文化桥梁。[2]在这一时期，瑞典船只每年在哥德堡和广东之间航行几次，不仅给这个"天涯海角"带来了各种中国艺术品、香料和美食（包括茶叶），而且还带来了非常有价值的信息——基于直接观察获得的对这个遥远国度的自然风貌及其民族的描述。这些描述激发了商界和科学界的兴趣，为此，林奈的几个学生以船上外科医生或牧师身份前往远东。回国后，他们不仅带来了收集物和笔记形式的科学成果（这些成果随后由当时成立不久的科学院出版），还带来了许多其他领域有关远东情况的资料。即使没有涉及艺术和哲学问题，瑞典18世纪中期以来关于中国的文献依旧日益重要。对这些资料过于详细解释会让我们跑题，因此，我们仅限于引用卡尔·艾克伯格的《中国农事纪要》一书中关于中式园林的描述。该书写于1753—1754年，随后与钱伯斯第一本关于中国宫和中式园林的著作同年（1757）出版。

前言的意思大致是"让人发现最美的国度是中国"，而他在后文继续解释道"这个国家的繁荣很大程度上归功于良好的秩序和勤劳的居民"，与此同时，他尤其强调中国多种多样的园林，包括香料园、温室、观赏园，并对观赏园林进行如下描述：

中国人和其他民族在风俗、服饰和其他方面的品味存在巨大差异，在园林和其他消遣方式上也截然不同。他们不注重花饰、树篱、荫蔽小径和对称性，而更喜欢天然景观。如果非要装饰的话，他们喜欢用色彩缤纷大小不一的石头，镶嵌成龙或花朵的图案，而不是用漂亮的图案装饰，空间内通常处处是植物或草。他们的步道也不是完全开放的，通常用墙围起来，墙的两侧种着藤蔓和其他攀缘植物，这些植物沿着竿子从一堵墙爬到另一堵墙，这样就形成了一个荫蔽的走道。这些人行道上的长凳并非沿墙排列，由于石头的构造特殊，长凳上会有几个洞，用来放置装有不同花朵的花盆。小路上有许多弯道，行人时而走过一小块铺着石头的平坦路面，来到一个开放的凉亭，那里摆着花盆；时而穿过细竹弯曲而成的拱形小径，但并非规则的拱形，有茂密的常青树盘绕其间，像一堵绿色的墙。此外，还有许多别样的风景，有灌木覆盖的小山，山下有几条小溪，周围绿树成荫；还有三四层高的建筑物，通常是开窗的；还有塔、

---

[1]了解更多早期翻译的相关信息，可参考第一章"文化背景"。
[2]利赫诺斯的《18世纪瑞典的中国印象》（1949）描述了瑞典和中国联系的增加。

粗糙的石窟、小桥、池塘、种豆的地方；浓密的野生灌木或小灌木丛，以及其他种类的灌木构成了美丽的景观。行人时而经过大树，坐在树荫处低矮石头座位上，在那里他们就可对乡村风貌形成一定了解。

尽管他们的园林已经很大，但园内小径蜿蜒曲折，凹凸不一，园林因此显得更大。根据他们的趣味，园林似乎没有一个地方是相似的。他们在一些园林里挖沟，绕着沟有一条小路，沿着水沟就可以到达上述所有的地方。水沟旁边有许多凉亭，这些凉亭结构各异，通常有一边靠近池塘，这样他们就可以透过栏杆捉池里的鱼。在凉亭里，他们可以观赏到小池塘里金色和银色的鱼，除此之外，还能观赏鸟、兽、花、龙等图案，以及其他许多更赏心悦目的景物。

卡尔·艾克伯格的描述相当简洁，因此足以吸引科学家和园艺爱好者。其中一个可能对这本书尤为满意的是王储的家庭教师舍费尔。他在此后逐渐崭露头角，成为致力于促进瑞典与远东交流的最有影响力的代表人物。卡尔·艾克伯格后期出版《给瑞典皇家科学院秘书的信中描述的1770—1771年的东印度之旅》，舍费尔功不可没，他表示"很高兴自己能参与这项大事"，换句话说，很荣幸自己担任了东印度公司董事总经理职务。

舍费尔在倡导中国文化在瑞典的影响方面的贡献，不亚于其在政治领域的活动。[1]由于他在瑞典政治领域处于核心地位，此外，在古斯塔夫三世上位前后几年，便与古斯塔夫三世关系亲密，因此，他的倡导极为重要，他的想法和影响不仅渗透在知识和艺术领域，也渗透在政治领域。考虑到篇幅，关于他的这部分活动不再进行更详细的描述，关于我对他这些活动的看法，读者可到别处寻找[2]，但一些历史条件的简要说明是有意义的，正是由于这些历史条件，舍费尔才成为研究中国在瑞典的影响力的领军人物。

自从在巴黎担任大使（结束于1752年）以来，舍费尔似乎就被一种特殊的思想流派所吸引，这种思想流派在法国被称为重农主义。他怀着浓厚兴趣研究了该学派著作，随后在瑞典出版了某些重农主义作品的简短解释性评论。因此，基于米拉波侯爵《人民之友》这一著作，他在1759年出版了《关于习俗对国人影响的思考》。十年后，他写了《就紧急问题给议员的一封信》。在信中，他对"与人类幸福相关的政治因素"的重农主义基本思想进行了简要概述。实际上，这些文章本身毫无意义或毫无创意，但却清楚地表明了米拉波侯爵是重农学派政治和经济思想坚定而热情的拥护者。通过他的第二部出

①舍费尔，生于1715年，求学于乌普萨拉，于1741年担任宫廷大臣，1743—1752年为瑞典驻巴黎公使，1751年、1761年和1769年为枢密院大臣，1753年为科学院院士，1756年担任皇储和王室王子的家庭教师。他是古斯塔夫三世的密友和顾问，1770—1771年曾陪同其前往巴黎。自1773年起担任东印度公司的董事，1786年为瑞典学院18位院士之一，但他在就职前一年去世。
②参见林奈，1949。

版物、他与米拉波侯爵的通信，以及他于1772年10月28日在科学院发表的《关于宪法性质与国家幸福之间的联系的引人注目的演讲》，他完全意识到重农主义者所阐述并希望应用的政治和社会理论的真正灵感来源是儒家的政治哲学。因此，像他的法语老师魁奈和米拉波侯爵一样，舍费尔近年来对中国古代哲学智慧愈发崇拜。这种哲学智慧构筑了真正的精神和物质文化基础，并且已绵延持续两千多年，如今仍然是和平、繁荣和个人自由的依据。这种哲学以传统形式潜移默化，并扎根于人们的意识当中，在重农主义者看来，这是自然秩序的一种表达。它一方面使农业成为国家物质繁荣的真正基础，另一方面构筑了牢固的等级社会秩序的基础（包括"五常"），体现了君主作为人民之父的主权地位，官员的责任逐渐扩大，家庭的道德一致性，以及每个公民自由发言和享有免受一切侵略的保护的权利。舍费尔对中国政治和社会组织的钦佩在他的科学院演讲中得到了最好的表达：

君主并不是国家和公民的最高统治者，但是在中国，公民对其君主的尊敬、崇拜和服从度高于世界上任何国家（中国政府与其他国家政府的不同之处）。原因在于，中国的统治所依据的法律，与宗教教义、道德教义和政府或政治教义密不可分。对造物主、邻居和国家，人人有责，且密切相关、不可分割，将这些责任分离是无法理解的。[①]

此次演讲是在政变成功两个月后，在国王的见证下发表的，因此具有更大的历史意义。舍费尔对中国专制制度优越性的描述不仅仅是一种历史论述，它显然是为了给瑞典新近引入的新式政府增添一点安慰。这一点在他的结束语得到证实，因为他将中国古代的政府形式与瑞典的新政府形式进行了比较。"凭着果敢的决定，凭着无人伤亡的英雄壮举"，年轻的国王奇迹般地，就这样引入了一种中国古代所具有的繁荣稳定的国家形式，"一个财产神圣不可侵犯的社会，一个人们可以安居乐业、拥有人权保障的社会"。

总而言之，瑞典的政治环境已经发生了翻天覆地的变化，足以与远东的理想国家相媲美。而历史证明，这些变化与人尽皆知的舍费尔对古斯塔夫三世在重农主义方向上的影响密不可分。如果年轻的国王没有受到中国政府哲学基本原则的指导和激励，这些改变绝无可能发生。舍费尔也许比任何人都了解他的学生，如果他不确定中国的政府形式足以取悦国王，他肯定不会以此为标准。

[①]证明中国是重农主义社会和政治改革的理想模型，除了舍费尔发表的作品和演讲外，还有米拉波侯爵写给舍费尔的内容丰富的信件，这些书信和后期的书信收集在一起，现收藏于瑞典国家档案馆。虽然舍费尔的回信没有保存下来，但这些书信依然意义重大，它们不仅有助于人们了解重农主义思想和改革计划，而且有助于人们了解古斯塔夫三世在位第一年进行的改革、最初的政变和新型政府，以及后续颁布的有关出版自由、粮食自由贸易的法令，还有其他朝着同一方向的努力，所有这些或多或少都得到受中国理论影响的重农主义者的启发，国王通过直接学习和与舍费尔的对话吸收了这些理论。作者1949年在列奇诺斯发表的文章中提到了许多涉及中国情况的信件。

与法国重农学派的联系主要由舍费尔维持，尽管也有其他人对这些问题感兴趣，因此加深了某些知识分子圈对中国的兴趣。但除此之外，中国的影响还通过其他渠道传播到北方国家，刺激了各个领域的活动。人们已经注意到东印度公司所维持的商业联系，以及科学探索之旅，这让重农学派的传播成为可能。与对中国兴趣的传播同样重要的是瑞典的艺术活动，就像在其他欧洲国家一样，他们进口中国艺术品，如瓷器、丝绸、屏风、家具、景泰蓝瓷器、漆器和金属、木头、象牙制品等。无论在首都还是在瑞典南部和中部的许多新建的庄园，这一切都有助于在古斯塔夫时期的住宅中营造一种中式氛围。

关于舍费尔私人财产中特别提到的一些中国物品，我们只一带而过，如一个六分屏、一个底部镶嵌着珠宝的青铜底座的箱子和一个黑底金纹的漆器、一个支撑着橱柜的漆器、一个黑色的桌子、上面有青铜装饰的黑色和金色相间的橱柜、以及一些更小的漆器。当然，还有以东印度陶器为代表的陶瓷。但也有更珍贵的物品，如大酒杯和一对有国王肖像的花瓶，还有一个象牙篮子和中国娃娃。前往托雷索园林的访客还可以看到，舍费尔伯爵采购了一些具有实用功能的彩绘墙纸以及刺绣和丝绸。[①]没有什么比把从远东新获得的智慧知识和艺术应用于园艺产生的影响更自然的了。从英国和法国的发展趋势来看，总的来说，瑞典也遵循了类似的发展路线，尽管这个过程稍微慢一些。在不仅与远东保持直接联系，而且也受到欧洲国家影响的情况下，新式园林风格已在潜移默化中被同化。在这方面，英国是最为重要的范例，对此感兴趣的瑞典人早已充分认识到这一点。在钱伯斯的叙述和派帕对英式园林的研究中已有所说明。

这两位建筑师都是舍费尔的朋友。钱伯斯与瑞典议员的通信以及瑞典议员对这位英国建筑师的艺术价值的热情赞赏已简要提到，钱伯斯对派帕的兴趣以及他希望派帕成为瑞典新型园艺冠军的愿望后文将有解说。

舍费尔的文化兴趣非常广泛，如果说这些兴趣是他从远东汲取的营养，很明显，那要归功于他广泛的外交关系和对知识的渴求。舍费尔总能与时俱进，因此在诸多领域都是领军人物。见多识广的乔威尔不无道理地在1773年11月2日的一封信中提到"卡尔伯爵，我们伟大的改革者"。他在信中讲述了舍费尔在《爱国会》中如何提出一种特殊民族服装的建议，然后进一步说道，"在所有新奇建筑中，值得一提的是乌尔里克谷园林。这座园林本将被夷为平地，四面扩建，然后按照中式风格，或者像钱伯斯最近出版的书中所描述的中式园林的方式重建"。[②]这一观察不仅证实了国王和舍费尔对当时的新园

①参见1933年北欧博物馆出版的《大篷车》，科特·安特尔、舍费尔给出了1779年和1794年的存货清单。
②参见西尔万：《给琼梅尔斯的斯德哥尔摩便条》，第67页。乌尔里克谷园林的重建计划似乎在1773年初就已经讨论过，但当国王发现多花点功夫在哈加公园和在卓宁霍姆宫的英式园林更有价值时，这个园林的重修计划就被搁置了。

林风格的兴趣，也证实了一个事实。众所周知，而且新闻界也承认，钱伯斯是瑞典研究新型英中园林的权威人物。但是，这种对钱伯斯重要性的赞赏并不意味着对其他国家的园林权威的忽视，尤其是舍费尔在法国有许多朋友。

乔治·路易·勒鲁热的大型版画丛书的第十五卷中也可以找到证据。版画第一卷和随后两卷阐释的是"中国皇帝的御花园"，为此，舍费尔按照乔治·路易·勒鲁热的版画放置一组从圆明园皇家园林带来的40幅中国木版画，正如下面的铭文所示：

> 当比安库赫侯爵在瑞典时，尊敬的舍费尔阁下，以及斯德哥尔摩的参议员和最高指挥官已将这些具有北京风格的园林建造委托给他，允许他在巴黎进行这类创作，以便促进园林发展，此后人人都认为英式园林只不过是中式园林的仿制品而已。①

这篇铭文具有特殊意义，因为它是舍费尔对中式园林充满兴趣的证明，同时，正如前一章提及的，它也是法国人对新式园林起源于中国这一观点的表达，这个观点毫无疑问是舍费尔和他朋友们的共识。

值得一提的是，这些中国木版画中有10幅是由派帕用印度墨水在黄色描图纸上复制的，它们甚至比原作更为生动传神。②由此可见，派帕对中式园林兴趣十足，他也希望把握一切机会增加对中式园林的了解。模仿中式园林作品是他的部分活动，他因此成了新式园林代表人物，这种风格显然是按照瑞典国王的意愿发展起来的。由此可见，舍费尔的影响力有迹可循。舍费尔对园林的兴趣，以及他对国王在哈加公园和卓宁霍姆宫英式园林布置愿望的了解，都构成了派帕致力于新园林艺术研究的重要原因。

1772年秋，当26岁的派帕动身前往英格兰时，他也许带着一封给钱伯斯的推荐信。从他的草图和后来的笔记中可以看出，他对钱伯斯的作品有特别的兴趣，他最早收藏的伦敦建筑图纸是"1773年由钱伯斯在皮卡迪利大街建造的梅尔伯恩勋爵的房子，这座建筑于1773年7月在伦敦测量和绘制"。这座美观的建筑因为奥尔巴尼（Albany）而出名，但在一场空袭中被摧毁。当时，派帕是聚集在钱伯斯位于伯纳斯大街的美丽家中的瑞典艺术家圈子中的一员。在瑞典，人们显然对派帕的研究寄予厚望，尤其是在新式园林艺术领域。此外，这一希望可在阿德克朗兹学院院长那里得到证实。1774年，"在国外学习的派帕对园林建筑别有洞见，他可能是我国园林建筑的'及时雨'，因为迄今为止没有人能在这一领域做出成绩"。③

---

①我对比安库赫侯爵的调查，包括询问他在法国的后裔，都没有得到任何重要的历史资料。舍费尔那些来自圆明园的40幅中国木版画在瑞典已无迹可寻，但我在中国和巴黎看到过同样的木版画。
②一些复制品收藏于瑞典皇家美术学院的派帕作品集。
③这句话摘自福克·霍茨伯格在1934年发表于《欲望花园》的文章《派帕的单调工作》，但并未提及出自何处。

派帕尽其所能地完成这些期待,他在英国各地游访,参观了一些以新式风格布局的顶级园林。为此,他还从托马斯·惠特利最近出版的《近代造园图解》一书中得到了最好的指导,阅读时他做了大量的旁注。旅行期间,他在不同的地方停留足够时间,仔细地测量和绘制布局或部分场地的草图。用于阐释英式园林那一章内容的斯托海德庄园、斯陀园、潘西尔园林和邱园的绘画便是充分的证据。

　　然而,值得一提的是,派帕的研究并不局限于英国。1776年底,他离开英国前往意大利,像所有新古典主义流派的年轻建筑师一样,在意大利停留了两年,主要是在罗马。但他主要研究的依然是园林,比如弗拉斯卡蒂花园的阿尔多布兰迪姆别墅,罗马的多纳潘菲别墅、维泰沃的兰特别墅等。从意大利回英国的途中,他又在法国待了几个月,专门学习圣克劳德花园、马尔利花园和凡尔赛宫这些地区著名喷泉的机械和水力布局。即使这些已不符当代园林艺术的要求,但从技术角度来看,这些设置是如此卓越,以至于园林建筑师无法忽视。在他的一生中,派帕还钦佩"安德烈·勒诺特夸张的传统品味,一种在皇宫及其周围的建筑上尤为适用的更具乐趣的品味"。同时他指出,由于在一定程度上追求对自然的英式园林的模仿,这些宏大的供水系统耗费大量时间和金钱,甚至在法国也存在这种浪费现象。在这些地方,一个简易水坝、一个水车和一个普通抽水发动机对于或高或低的池塘、较小的天然瀑布和涓涓小溪等都是必需品。每一个理智的人都对大自然的浪漫有着敏锐的爱,人们在大自然的野蛮而又迷人的场景中获得的满足感要高于观看圣克劳德花园、马尔利花园的喷泉后所获得的短暂惊喜。[①]

　　这一声明具有双重意义,一是具有重要的历史意义,二是阐明了派帕对一些园林核心问题的个人态度。对于景观特色的敏锐感知和对自然风光的妩媚野性的浪漫赞赏,当然是这位园林设计师创作灵感的来源,然而,和法国和德国的理论家如莫雷尔和赫希菲尔德一样,他也愿意接受稍作修正的规则式园林的原则,这些原则最适用于大宫殿和乡村住宅。他以改良的法式风格的实例来说明这一点,但这些不是为了增加我们对派帕作为一个园林建筑师的技能的赞赏,而是为了证明他对规则式园林的相关问题缺乏真正的兴趣。

　　在派帕的园林研究中,他在法国和意大利所获得的启发,远不及他在英国的收获具有决定性意义。大约1778年,他又回到英国多待了两年。吸收了越来越多的英国人的观点,认为园林不仅是野生景观,而且还有被称为风景园林的整洁的自然景观。正是作为

[①]引自派帕的《英国观赏园林思想和总体规划描述》一文。作者已在手稿中说明,派帕本人将该书描述为"关于目前尚未以瑞典语发表的详细专著的梗概"。

这种园林的代表，他回国后变得最为重要。与此同时，通过私人关系（得到舍费尔和约翰·亚伯拉罕·格力尔等人的支持）他获得了创作中式园林的机会。

第十九章

卓宁霍姆宫的中国宫：宝塔和楼阁

卓宁霍姆宫的中国宫至今仍是18世纪中叶欧洲的中式风格保存最好的典范之一，但它并非完全仿照中国模型，而是雅致的洛可可建筑，因此或多或少参照了欧洲大陆本土风格，位于莱茵斯堡和波茨坦的楼阁（为弗雷德里克大帝而建）可能是最重要的证明。这座中国宫最初是送给王后露易莎·乌尔利卡的生日礼物。王后早期曾居住在柏林梦碧幽的中国宫。后来，她的哥哥普鲁士国王在部分避暑地又营造了中式氛围，因此，她对中国宫有着浓厚的感情。她对中式新时尚的兴趣，在卓宁霍姆宫图书馆里现存的一些关于远东的有价值的作品中可找到很好的证明。

因此，显而易见的是这座中国宫（按照传统风格）的建造需进展迅速且严格保密，这样最终作品才能在女王7月的生日成为一个惊喜，[1]这个计划事先早已讨论并准备齐全。这些准备工作包括试图确定欧洲大陆上存在的中国风格建筑的细节。这一点在1753年5月4日小奥洛夫·塞尔苏斯写给卡塞尔（当时的图书管理员）和法官约翰·阿肯霍兹的一封信中得到了证实，信中提到，最近已任命总负责人克朗斯提在乌尔里克谷皇宫建造一座中式房屋以取悦王后，因此，克朗斯提希望能在卡斯尔（即威廉斯塔尔）设计这座中式园林规划图。[2]这个请求结果如何我们无从知晓，但值得注意的是，克朗斯提的图纸集（现收藏于瑞典国家博物馆）包括两幅铅笔素描的中国宫的某些部分，可能对应了小奥洛夫·塞尔苏斯信中所

关于卓宁霍姆宫第一座中国宫的两幅画作。上图现存于瑞典国家博物馆，下图现存于乌普萨拉大学图书馆

①这座中国宫的历史可参考西尔弗斯托尔佩1932年的新作品集《瑞典城堡总汇》。更详细的内容可参考冯·施韦林的《中国城堡及其风格》（隆德，1933）。在这座建筑为王后进行的庆祝活动，可参考阿德勒·费尔特上尉的描述、德拉加迪档案馆（维塞尔格伦，1842）和博吉伦斯夫的文章《卓宁霍姆宫的中国人》（斯德哥尔摩，1947）。
②参见《德拉加迪档案馆》第17期，什未林，第36页。

述请求。其中一幅画中有一个中式屋顶的八角形凉亭，整体装饰着洛可可风格的中式图案，如棕榈树壁柱和浓密的叶子，类似于波茨坦的日本房屋的柱头。根据铭文可知，这是中式楼阁的一部分，有三个主要部分。另一幅描绘了一扇华丽的大窗户及其上方的部分屋檐，是立面的一部分，所有的装饰都是镀金的。因此，这两幅图描绘了同一栋建筑的特色图案，是具有丰富的中国风格装饰的德国建筑。但它究竟是在莱茵斯堡，还是在卡斯尔附近，还是别的什么地方，很难确定，因为所有这些中式楼阁都已不见踪迹。由于这些草图是克朗斯提收藏的一部分，可以推测它们是应他的要求从德国寄来的，作为在瑞典建造一座中式房屋的指南，尽管不是如小奥洛夫·塞尔苏斯信中所述在乌尔里克谷皇宫，而是在卓宁霍姆宫。

　　根据上述证据判断，克朗斯提曾受委托为卓宁霍姆宫的一所中式房屋绘制拉雷恩休息室。但根据一些当代学者的说法，国王本人才是发起者。然而，他不是建筑师，他参与的工作也一定会受到总体规划或草图的限制。卓宁霍姆宫的第一个中式房屋的彩绘由一位训练有素的绘图员完成，当然不是像国王这样的业余绘图员，但很难确定这些画是由克朗斯提本人还是他的年轻助手阿德克朗兹完成的。当时他作为瑞典皇室的首席建筑指导，刚刚开始辉煌的职业生涯。

　　这份图纸画着低矮的建筑，由矩形的中间部分和两侧突出的横向末端部分组成，因此平面形式类似于一个矮胖的字母H（彩绘版画）。这两座建筑中间部分的相对长度和外观以及装饰细节有所不同，但总体上，这两幅草图都符合当代官方文件对原始中国住宅的描述。根据这一说法，墙壁穿着红色编织外套（图画或许可看到）。周围的田野是淡绿色的，角落标着以绿色和黄色颜料绘制的棕榈树。屋顶覆盖着黄色的帆布，上面点缀着蓝色的装饰物和大流苏，这一布置旨在产生光影起伏的印象。顶楼的地球仪和彩带，以及（在一个例子中）中央楼阁上的大香炉和鸟，更不用说屋檐下的龙和在风中叮当作响的玻璃铃铛，更加突出这种欢快的装饰效果。

阿德克朗兹为卓宁霍姆宫后期的中式房屋以及毗邻的楼阁绘制的图纸。藏于斯德哥尔摩公共建筑委员会档案馆

室内的设计更为紧凑和完整，由一个大的中央房间（前厅、卧室）和两侧两个较小的房间（黄色房间和绿色房间）组成，用几套陶瓷、漆器和其他东西精致地装饰着，如中国丝绸和描画塔夫绸。用女王在给她母亲的信里的话来说，这是"装饰最好的印度风格"，"最美的瓷器、宝塔、花瓶和小鸟"，她的书信充满喜悦便不足为奇了。建筑前有一个庭院，两边各有一座独立凉亭，而庭院本身则由两根高高的桅杆装饰着，上面挂着许多三角形的玻璃铃铛，和屋檐下的铃铛一样，在微风中叮当作响。

然而，像许多中国宫一样，第一个中式房屋的存在相当短暂，由于没有壁炉，因此只适宜在夏季居住。根据现代证据，这座建筑不久便被摧毁。而由于王后需要更宽敞的娱乐场所，"1763年，国王和王后决定用石头对其进行改建"。①换句话说，之前的小木屋被一座更大的砖砌凉亭所取代，它的地基更高一些。1763年5月奠基，据一位同时代的学者说，主楼以"令人难以置信的速度"完成，但实际上在1769年②还未竣工。由阿德克朗兹设计的新中式住宅完全参照公共工程委员会档案中保存的设计图

中国宫黄色房间的墙壁装饰草图。让·埃瑞克·雷恩创作，来自瑞典巴林奇

新中国宫设计图。阿德克朗兹绘制，藏于乌普萨拉大学图书馆

中式凉亭的正面。18世纪中期的铅笔画，疑为德国艺术家的作品。藏于瑞典国家博物馆

①摘自冯·豪斯沃立夫斯诺特斯关于阿德勒·费尔特对中国宫落成典礼的描述，载于《德拉加迪档案馆》第17期，什未林，第29页。
②参见《银币》，第459页（参考财政部档案中的叙述）。

（彩绘版画）①，这些设计图绘制手法极为优雅，笔触坚定，具有技艺精湛的艺术家的典型特点。如果阿德克朗兹是主要建筑师，众所周知的主要室内装饰由让·埃里克·雷恩完成。阿德克朗兹的一幅画和设计清单证实了这一点，这幅画现仍保存完好，上面写着"中式（房屋）的装饰占据整栋建筑整整一层"。②

至少就实际建筑而言，这第二所中国宫仍然完好无损。另一方面，内部结构经过一定程度的修复，已经改变了原始特征。这所房子主要由一个两层的中心馆（上层是一个阁楼）组成，从低处往高处呈弯曲状，最终形成一个矩形单层楼阁。在这些建筑不远处，每一侧都有一个较小的相同类型的楼阁，组合成半圆形。（参见609页，图168和图169）在更远处的道路两边，有两个像塔一样的亭子矗立在高高的平台上，就像是前哨岗，分别叫"信心亭"（The Confidence）和"国王工作室"（参见610页，图172和图173）。再往东走几步就是鸟舍。所有的建筑风格都有相同之处，显然都由阿德克朗兹设计，与此同时，从成型的建筑可以看出，图纸的设计采用的标准并不完全一样。中间有侧臂的凉亭和末端凉亭之间的比例被改变了，后者往外延伸并加大了。中间部分的顶楼被调高了一些，上面的屋顶也稍微平坦了一些。窗户上的装饰性浮雕和下层飞檐下的龙形托架也是如此。图纸上的装饰性细节明显比实际结构上的更生动优雅。

在设计新中国宫时，阿德克朗兹充分发挥天赋，独立创作。他充分利用当代中国风专题出版物中的装饰图案，如带有铃铛的帐篷状绿色屋顶、刻着龙纹的支架、角落放置棕榈树干等，但他把它们用于建筑上，归根究底是他自己的创意。

与第一座相比，这座新中国宫的中式特征并不明显，而是洛可可式建筑。设计图分为一系列独立的单元，半圆形的组合和曲线的连续韵律形成了构造上的联系。这个构图可以说是反映了中式园林建筑的轻快和趣味，这种效果通过一些装饰元素得以强化，即使这些装饰元素并不比建筑本身更具东方色彩。

对中国的热情无疑是这座建筑的主要灵感来源，但在诸如此类的尝试中，都存在必要知识不足的问题。因此，创造性的想象不得不取代实际的模型。这座建筑独特的东方特色因其独立的艺术价值而黯然失色。

①其他系列属于柏林国家图书馆的画作，我没有见过（《德拉加迪档案馆》第17期，什未林），但我猜想那是女王送给她哥哥的古皮书。在乌普萨拉大学的图书馆里，有三本精心制作的当代科普书，是阿德克朗兹为后来的中国宫所作的规划。（参见610页，图170）这些是卓宁霍姆宫的中式住宅平面图，最后两幅由红、黄、绿、紫绘制。正如我刚才说过的，乌普萨拉大学的图书馆里还有一幅第一座中式房屋以及四幅后期设计：两幅是整个建筑群的平面图（1788），两幅是哥特式风格的立面和屋顶重新设计方案。富勒罗的藏品，现收藏于瑞典国家博物馆，除了上面提到的第一个中式房屋的草图，还有两个独立楼阁的平面图，这似乎是阿德克朗兹原始设计的复制品，甚至主楼的轮廓草图也是阿德克朗兹原始设计的复制品。

②参见1925年出版的《圣埃里克斯阿斯博克》一书中《让·埃里克·雷恩绘图》等文章。

室内装饰不仅是中式模型，还有真正的进口艺术产品，如家具、丝绸和纸制墙壁挂饰、绘画等。事实上，这些进口的装饰艺术品比任何东西都更有助于在瑞典传播中国的品味，并在斯德哥尔摩和各地都营造了众多异国情调。在中国宫里，主要房间都是按照让·埃瑞克·雷恩的素描来装饰的，而较小的房间则挂着进口的中国画或类似的东西。让·埃瑞克·雷恩的墙壁装饰草图中，至少有一幅被保留了下来，这是钱伯斯在《中国建筑、家具、服装和器物的设计》中对室内设计的自由转换。黄色柜子的部分设计遵循了这幅素描，这显示了中式墙壁嵌板相对权威的划分，但在红色柜子的设计上，让·埃瑞克·雷恩引入了钱伯斯设计的图案。[①]楼上的房间装饰着中国丝绸帷幔和绘画作品，收藏着丰富的大小不一的瓷俑和花瓶、蜡头娃娃、漆器家具和其他各种进口装饰物，营造出一种繁荣昌盛的中式气氛。

　　在中国宫附近将要建造的建筑中，值得一提的是那些宝塔，尽管宝塔形式至少出现在四个不同项目精心绘制的图纸上，但却一直没有完工。在这里值得一提的是，即使这些建筑出现时期较晚，显然它们也是为了营造一种更浓的中式气氛。

　　最早的两座建筑都是中式风格，与中国宫附属凉亭的建筑特点高度吻合，尤其是位于高高露台上的细长的三层塔楼。其风格与阿德克朗兹的绘画相一致，这可能是他的作品。(彩绘版画)中式特点体现在三个曲形屋顶和装饰的龙纹和铃铛中，还有一楼高窗上的中国人物画。

　　大约在同一日期，或可能是几年后，还有另一幅画也描绘了一座三层八角形宝塔，不过不如前一幅画细长和紧实，这幅画的装饰更有洛可可式的中国风格。(参见610页，图171)它给人一种有点浅薄的印象，很可能是受到哈夫潘尼兄弟或一些当代类似出版物的插图的启发，可能由克朗斯绘制。

　　当古斯塔夫三世接管卓宁霍姆宫(1777)后，宝塔再次开始动工建造。这一次，作为工程主管的派帕被委托提交一个取代原先计划的宝塔建造方案。其中一张有画家本人署名，日期是1781年。(参见611页，图176)这是一个八角形建筑，上部构造为塔状，但给人一种普通古塔印象，而非中式宝塔，尽管屋顶向内弯曲，屋顶向上突出的檐角装饰着龙状雕刻和铃铛。在另一幅图中，派帕将宝塔变成了一个开放式凉亭，而这个凉亭有中式栏杆和曲形屋顶，在其他方面(尤其是其古典风格的柱子)与前面一幅图

①除了让·埃瑞克·雷恩的中国宫的室内装饰草图，值得一提的是他还在建筑背后搭建了一个临时舞台，以便喜庆日子进行戏剧表演。在他自己的清单中，他提到"中国(房子)"，还用印度墨水画了一幅速写，题字：1770年8月，亨利王子在中国宫举行了一场盛大的宴会。"这次演出的是法瓦特的歌剧《中国》，为此，舞台中央布置了一座中式房子，侧面布置了带有高大棕榈树的类似中国花园的景观。从房子的南侧入口露台或窗户都能观察到。

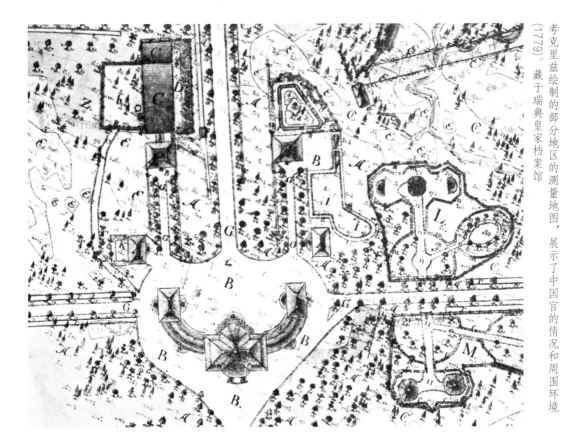

考克里兹绘制的部分地区的测量地图，展示了中国宫的情况和周围环境（1779）。藏于瑞典皇家档案馆

中建筑同属一个风格。没有什么比派帕冷静的绘画更符合洛可可或中式风格了。这两个项目都没有得以实施，这并不令人感到惊讶或遗憾。

　　七年后，国王把同样的任务委托给了让·路易斯·德斯普赫兹，当时德斯普赫兹备受皇室的青睐。他绘制了两幅署名的图纸，其中一幅有国王的题名："批准，哈加公园，1788年6月19日，古斯塔夫"。（参见611页，图177）德斯普赫兹显然更赞同阿德克朗兹的建议，而不是派帕的建议。他画了一个只有一层高的细长的八角形塔，旁边有两座更高的方形塔。这座塔有延伸的中式屋顶，屋顶顶角很长，向上弯曲，看起来像船头。屋顶悬挂着铃铛，而顶楼保留着装饰栏杆。然而，门和窗的柱子和光滑的墙壁表面更加凸显了其基本的古典主义特征，尽管德斯普赫兹努力增加室内的中式氛围，还在祭坛壁龛中放置佛像。

　　尽管这些绘画作品没有什么重大的艺术价值，但整体而言，具有充分的历史意义。这个系列的绘画作品清晰明了地说明了从洛可可风格到新古典主义风格的转变，尽管事实上，有关艺术家已经尽力将中国元素嫁接到各种西方风格的特色形式上。这些提案都没有得以实施，但鸟舍已经建成了，即使现在只是用作柴棚，却仍然可以看出它很接近中国宫。（参见610页，图174）

卓宁霍姆宫中国宫附近的一座宝塔。可能由阿德克朗兹绘制，藏于瑞典国家博物馆

鸟舍在房子东面的花园里，分布于通往弗洛拉山的小径两侧。从当时的地图中可以获得这个花园的大致概念，比如考克里兹在1779年绘制得极为详细的平面图，其中提供了所有建筑和种植园布局的描述性列表。

从平面图和文本中可以看出，该花园被分割成几个较小的、相对独立的部分，由修剪过的树篱围绕着，其中一些似乎早在18世纪70年代就已荒废。显然，人们从来没有想过将这些小花园打造为中式风格。这些花园都是传统设计风格，有修剪整齐的树篱、笔直的小径、花坛，但未形成一个和谐统一的系统。

在整个瑞典，没有任何建筑可以与卓宁霍姆宫的中国宫相媲美，在其他任何国家，也可能如此。但在这方面，还有一些小型建筑值得一提，比如斯德哥尔摩郊外大海湾前花园中的小八角形凉亭。这座建筑物上的风标显示的日期是1750年。这个凉亭的特别之处在于钟形屋顶下的灯笼般的上层楼阁，有宽阔的底层结构，阳台有栏杆环绕。要不是屋顶的凹形轮廓，人们很难发现这座楼阁受到了中国的影响。然而，屋檐的铃铛和阳台的栏杆可能曾强调过这一点。（参见610页，图175）

在建筑上更引人注目的是位于林雪平附近斯图勒福什英式园林内一座小山上的方形凉亭。高高的金字塔形屋顶向下弯曲倾斜，突出的角落上细长的涡状结构进一步凸显其独特趋势，屋顶还悬挂着铃铛。同样的装饰图案在拱门的框架中反复出现，和屋顶的奇特形式一样，让人想起哈夫潘尼兄弟的书中的某些插图。（参见612页，图179）建筑师可能从这些或一些类似的出版物中获得了灵感，避免了所有极端的装饰，并努力将作品打造为同类标志建筑。关于建筑师的确切信息无从得知，但由于让·埃瑞克·雷恩在18世纪70年代前期活跃在斯图勒福什园林，因此这个凉亭的画作也可能出自他手。

位于梅拉伦湖的格隆索有一个保存完好但风格不同的凉亭，偏中式风格。这座建筑的布局引人注目，在很大程度上是由于它位于水中的石头平台上，因此水天相映。向内弯曲的双层屋顶、装饰屋顶顶角的铃铛、鱼形状的风标、墙壁的线型纹饰都体现了中式风格特征，旨在产生一种晶格构造印象。（参见612页，图180）而更具历史意义的是以灰色云母为背景的用贻贝、蜗牛和各种矿物产品装饰的内部结构。壁柱和中楣都是用这些材料建造的，方格圆顶也用传统的花朵装饰。角落被掏空，形成了洞穴一样的壁龛，而门上嵌板的汉字被复制在装饰性框架内，尽管其含义无法理解。给人的整体印象也许更为复杂多样，而非真实可信，但的确提供了一些典型的证据，证明了当时瑞典对中国的兴趣。这样的内部结构与朗布依埃园林的贝壳别墅相同。

我们还可以谈谈牧歌式岛屿上的游乐屋，它位于芬兰西南部法格维克庄园的附属园林内。尽管因修复而显得有些破旧和隐秘，但在北欧环境中有着独特的魅力。凉亭建造日期无法明确，但根据历史推测是在18世纪70年代末期。它是八角形建筑，屋顶向内弯曲，屋檐向外凸起，有两层，上面是一个尖尖的圆锥体，其上有一个球，旋转着龙形风向标。更引人注目的是木刻的龙，龙鳞竖起，双翼绯红，在屋顶顶角处呈咄咄逼人之势。墙壁的网格图案可能是原始的，但经上次的修缮，显然已经变色，从风标来看上次修缮应该是在1888年。（参见613页，图182）

　　然而，斯堪的纳维亚半岛中式园林更引人注目的例子，是曾经矗立在丹麦霍斯霍尔姆皇家园林的凉亭，但后来被移到了哥本哈根附近的卡拉姆堡的私人花园。该凉亭为六角形（边长为8英尺）。结实的角柱支撑着突出的屋顶，高窄墙面板的上部布满装饰性的晶格，而下部形成连续的装饰墙裙，内侧涂漆上色而外部为肋状结构。（参见613页，图183）

　　建筑框架和装饰方式在中国的类似建筑中是众所周知的，但在欧洲却完全不为人知，这表明凉亭是在中国拆卸后进口，随后在丹麦重组搭建成型。这一点也可通过一个陈述证实，据说内部的各种大梁和面板上都有汉字，用于指导建筑的搭建。而进一步的证据表明，这个建筑还有高大的港口柱，这似乎表明该建筑曾经矗立于沼泽地面，或可能在某一个池塘，中国的凉亭经常如此。作为北欧环境下中式园林建筑的代表标本，这个凉亭因为它的真实性，在同类建筑中独树一帜，并且由于建筑材料优质、做工精细，它比大多数欧洲的同类建筑更能经受时间的考验。

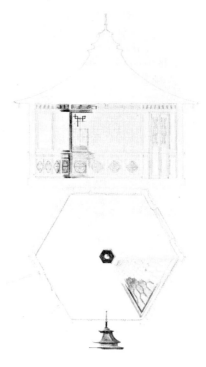

霍斯霍尔姆皇家园林的中式楼阁平面图和剖面图，现位于哥本哈根附近的卡拉姆堡。
埃瑞克·阿林和安妮·贝亚特·尼罗普绘制（1943）

第二十章

派帕早期作品：

贝里斯哈姆拉、维林格、戈德加德、福什马克园林

当派帕于1780年8月回到瑞典时，他已是位小有名气的风景园艺师。他为伦敦重要展览设计建筑和园林，当然，这些无疑受到其赞助人舍费尔和阿德克朗兹的支持。他们对派帕在园林领域研究的兴趣前文已做简要陈述，而正如我们所知，舍费尔在18世纪70年代计划将其位于蒂勒瑟的地产进行改造和扩建。为此，他曾采纳派帕的建议便合情合理。

如今在园内已经找不到与派帕相关的作品，所以难以确定他对托雷索园林的布局和装饰工作持续了多久。而在他的纸质作品中，保存至今的只有两个装饰花瓶的图纸，上面题词为"花瓶由瑞典的派帕创作"。（参见613页，图184）从现在可在蒂勒瑟看到的碎片来判断，这些花瓶是放在树林间的小山上的。只要相关文件还未找到，派帕是否曾设计其他的装饰建筑就仍然是一个悬而未决的问题。

考虑到园林修建时派帕还在国外，他参与实际建设似乎不太可能，因此也有可能是舍费尔本人亲自谋划，而派帕只参与了部分装饰建筑的建设，比如上文所说的花瓶、连接小运河的桥梁、花园座椅、小楼阁，或者类似英国随处可见的阳伞。

这个美丽且小巧的园林的独特之处，并非任何精心的艺术安排，而在于其独特的地理位置，众多海湾与小岛将一片破碎的土地环抱起来。这里的风景略显壮丽，同时又具有田园诗般的魅力。通过挖掘和填筑，地面起伏更加明显，有助于突显弯曲路径的曲形线条。但自舍费尔时代以来，这里发生了翻天覆地的变化，比如当时的谷仓就在老房子底下。不过，一平如镜的海湾景色一如既往地令人愉快，一些古老的橡树呈现出只有岁月才能赋予的不朽之美。[1]（参见614页，图187）。沿着蜿蜒的运河和绿草如茵的林荫道，人们还能看到园林遗迹，给人亲切而又独特之感，但由于运河已经干涸，高大的枫树和椴树的枝叶形成拱顶，将小径密封起来，这个地方显得更为凄清寂寥，如今已鲜有看点。

回到瑞典仅几周，派帕就被任命为宫廷行政官，专门负责建造符合国王需求的哈加公园和卓宁霍姆宫的风景园林。然而，与此同时，他也受聘设计私人园林。在我们将注意力转向皇室娱乐园林之前，我们可能会简要地提到一些私人园林。在大多数情况下，确切的数据是很难获得的，因为正如派帕自己后来指出的那样：

制定一个固定的极为严格的总体规划是不可能的，因为在过程中可能会出现新想法，制定的计划仍然需要修改，尤其是在不同的季节，甚至一天的不同时间，为了达到某种风景效果布局，可能也会进行相应调整。关于这一点，一个开明的园林主人应该最有能力做出

---

[1]由于蒂勒瑟的房子和花园按照拉格尔格伦侯爵（1930）的遗嘱，由诺蒂斯卡·马斯科特接任，园林进行了一些改进，在夏季也向公众开放。斯滕·卡林对这个公园的详细描述收录在《北欧博物馆》（蒂勒瑟卷，1933）中。

可靠的判断，因为他一年当中绝大多数时间都在园里。

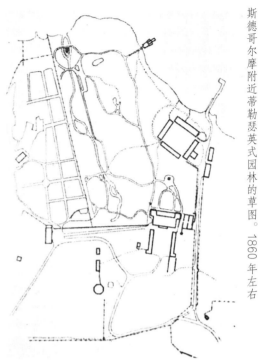

这一陈述反映了派帕是多么渴望解决每一个与精神场所有关的问题。他作为一名园林设计师的使命感与他对瑞典风景的感受紧密相连，用他自己的话来说，"通过仔细观察每个不同的地点可能会给人带来不同的启发"，但他尽可能地遵循当地的风景特征。

这一原则是众所周知的，虽说不上在所有国家的自然园林布局中都不可避免，但其价值很大程度上取决于应用方式。与英格兰南部郁郁葱葱的草地或法国郁郁葱葱的植被相比，北部多石的丘陵景观对艺术家的创造力和判断力提出了截然不同的要求。总而言之，在瑞典设计自然园林时，仅仅遵循著名的外国模式是不可能的，每个问题都必须单独解决，而且最重要的是，园林的某些景物在给定的环境中不会带来格格不入的印象。派帕曾在多篇文章表明，他试图尽可能将园林（或畜牧场）和周围的风景密切联系到一起，而要实现这一目标，积极和消极手段都可能派上用场，例如开挖壕沟或搭建堡垒取代原先的栅栏，在边缘处适当布置灌木和乔木、蜿蜒曲折的运动步道，尤其是，通过凸显在林荫大道和树林空地、树顶、田野和海湾即可一眼望穿的风景，根据点的位置会呈现出不同的景色。派帕非常重视这些远景或前景。他这些观点在设计图中得到清晰体现，不禁让人想起电报线，他在描述中也经常提到以某些观点作为作品的基本特征。在介绍他的一些设计时，他作了如下经典陈述：

在我们的国家园林内，不乏从几个地方就可看到各种各样的绝佳景色。最近，以品位而闻名的各大业主们，体会到了各种各样新布局的好处，如令人愉快的散步场所和休息场所。这方面的例子不少，但我只列举几个。

派帕给出的例子是贝里斯哈姆拉、维林格和戈德加德的园林。前两个位于斯德哥尔摩附近，而第三个位于奥斯特格特兰北部。

1785年，贝里斯哈姆拉园林的主人、著名诗人和政治家克雷伊茨去世。在他去世的时候，这座园林似乎还没有完工。近年来这个老庄园已变成瑞典国家种子创新研究所，但布伦斯维肯海岸仍有一些古建筑，其中一些建筑可追溯到18世纪末期，而在海湾另一边的地面有一个小山丘。沿着岸边蜿蜒的小路，两旁是枝叶繁茂的桤木，这条小路通向德国著名音乐家约瑟夫·马汀·克劳斯的纪念碑，也许他的音乐和田园诗灵感就是源于此处浪漫的环境，因为他在这里找到了安息之地（1792年）。在朝向布伦斯维肯开放水域的突出一侧，有两个长长的相连的露台，部分是种植园，一些地方也有建筑。这些岩石地面陡然上升形成一片壮丽的视野，倒映在海湾如镜的水面，朝向哈加公园和首都。相对幽静的环境和天际线的景观为浪漫的自然园林提供了绝佳的条件。根据他对贝里斯哈姆拉园林的描述，人们能较好地理解派帕对自然优势的热情。

无论在哪个园林，总有一个观点最为适用。从顶部的隆起处，人们可以一览布伦斯维肯海岸全貌。站在隆起处，人们可感受左右两侧的滔滔涌流，就像在剧院的侧翼和圣凯瑟琳教堂的尖顶。让这个地方尤为风景如画和迷人的是针叶林，这些针叶树木往下延伸到水边，而实际上，除非登上山顶，这壮观的场景绝非一览无余（沿着一侧的林间小道）。（参见614页，图186）

派帕的描述展现了他如何愉快地探索壮丽的自然景色。这种情况在他看来，园林确实成了一种艺术，因为园林的尽善尽美尤为依赖对美丽大自然的忠实模仿。除了在一个特定的地方实现一幅美丽的图画之外，还有什么构成了山水画的优点呢？

这就是派帕在贝里斯哈姆拉园林取得的非凡成就。可以说，这个地方的公园构成了一幅壮丽的风景画，这幅画只受到远处城市天际线的束缚。

同样，第二个维林格园林，首先是位置本身，或景观的整体效果，便足以引起兴趣。在这里，人们仍然可以发现一些原始布局的遗迹，尽管在过去几个世纪，花园和园林都日渐衰落。古老的中央建筑（大概是18世纪中期的建筑）坐落在两个高地之间的洼地里，这里曾经是伯恩湖与梅拉伦湖的交汇点。如今，这座建筑被用于各种公共用途，并在某种程度上得到了维护，但它两侧的地面已经变成了菜园与棚屋。这个园林恰巧就在那座陡峭的小山上，小山就在房子所在的山谷旁边。尽管斜坡上的小径和台阶已经长满了杂草，树木也无人打理，但人们仍然可找到原始设计的某些路线，这有助于在尝试重建时发挥想象力。

这个园林和贝里斯哈姆拉园林一样，主要是诠释或发展自然本身的特征。（参见615页，图190）他在山脚因地制宜布置道路，小径沿着山坡延展，在合适位置设置了长椅和亭子。这在他对维林格园林的描述中也有所体现：

园林主人（已故的格罗恩夫人）已把大部分水域环绕的荒野改造成便捷而怡人的散步去处，小路沿着海岸，时而通往高处，路边有各种精心美化的休息场所。

除此之外，参观者还能登上树木繁茂的高地，关于梅拉伦湖的景观他曾有过这样的描述:"鸟瞰湖光山色,郁郁葱葱的小岛,甚至距离瑞典几英里远的水平线处的风景。"这里的小山拔地而起,高高的平台上有树根缠绕的护墙围绕着一小片地方,上面有一个小屋,芦苇屋顶下从里到外都铺着方形编织席。小路曲折,陡峭的地方有座位和优雅的栏杆,穿过树林,一直通向这个小屋,在这里可享受一览无余而又意想不到的景色。

如上所述,小路的痕迹如今依稀可见,而派帕提到的座位、栏杆和栅栏已完全不知去向。但陡崖上面向湖泊的亭子或小屋仍然可见,虽然已颓圮不堪。小屋的外形让人想起"编织席组成的正方形"或某种回纹装饰(参见615页,图189),现在只在派帕的画作可以看到,而内部墙上同样图案的画作部分已被保存下来,最近被重新修复。在芦苇屋顶的原始状态下,这个不同寻常的亭子几乎让人觉得这是一个大篮子。(参见615页,图191)

派帕提到的第三个私人园林是奥斯特格特兰的戈德加德园林。这个园林大部分仍保存较好。近年来却无人看管,因此许多原始设计已无人关注或隐蔽难见,但借助派帕的原始设计图,仍可识别园林的总体路线。这幅珍贵的画作收藏于庄园档案,上面有如下题词:"由他的朋友派帕先生献给格力尔先生。"

正如铭文所示,兴建园林时,戈德加德园林归约翰·亚伯拉罕·格力尔所有,他是东印度公司的董事。1775年从中国返回后不久,他便买下这处地产,派帕一从英国返回,格力尔就委托给他一项任务,让其立即对古老的中心建筑进行修缮(参见615页,图194),同时建造园林。这个任务在很多方面都很有趣,园林拟建于一块相对有限但变化很大的空地,为风景如画的安排提供了可行性。而且,这座园林是为一个在中国生活了很多年的人而建。1760年,24岁的约翰·亚伯拉罕·格力尔作为瑞典东印度商船的押运员前往中国。由于情况不利,他不得不在广东待了12年。他在那里,也许在某些方面是一种尝试,但也是有利可图的。他负责欧洲货物的销售和中国货物的采购,因此有机会为自己争取到相当可观的个人预支资金。约翰·亚伯拉罕·格力尔回到祖国时,已经腰缠万贯,收藏了许多有趣的中国艺术品和各种各样的古玩。经过几代人对遗产的反复分割,这些藏品现在基本分散,但在戈德加德园林仍然可以找到一些遗迹,其中不仅有瓷器和家具的真迹,还有几幅大型油画,展示着从中式园林、运河、亭子和画廊看到的景色,以及中式房间的内部构造。

由于它们的尺寸、丰富的细节和准确性,这些绘画成了非常有趣的历史文献,也传达了中式园林结构的装饰特征的一些印象。(参见617页,图201和图202)但是,题词并未说明图案的来源,只写着"无边无际的水天""四季花鸟"等词句。但是,从宽阔的运河以及两岸优美的建筑来判断,它们呈现的是那种如今只在帝王住宅中才能看到的宫廷花园。对派帕来说,这类绘画一定是他灵感来源中最受欢迎的补充。

派帕为戈德加德园林设计的旧平面图，似乎基本上都保存下来了，这让我们对场地有了一个概念。该园林被一个以三座小山为标志的山脊分成两部分。（参见615页，图193）第一个被称为桦木山，第二个被称为松木山。第三座没有参考，但有一条螺旋形的道路蜿蜒通向山顶，现在被称为悦山，可能是因为中式的休闲场所一般在山顶上。山脊以山为标志，呈从东到西南的圆形曲线。抑郁阴森的北面是种着果树的林地，对面有"小跳花园"（The Little Hop Garden）和"格力尔沼泽"，后者当时大部分时间都被水淹没，因此形成一个有小岛的小湖。现在，湖水已经干涸，地面已变成低洼的草甸。

然而，该设计最有趣之处在于其道路系统，还在于利用纪念碑作为远景的终点。这些弯弯曲曲、起伏不定的路径，有些靠近边缘，有些则沿着山脊的斜坡向内或向上延伸，为整个布局提供了轮廓或背景（这是一种在畜牧场中常见的方式）。与此同时，这些小径似乎倾向于将设计划分为南北两个部分。乡村波浪般的地形特征让道路起伏的节奏得以强化。（参见616页，图195和图196）

帐篷位于高处，从那里可以看到山谷对面的房子。这个帐篷已不复存在，但我们可以根据派帕在潘西尔园林绘制的土耳其帐篷推断出它的外观。C是"阳伞"，就是在派帕的几幅画中出现的大阳伞下的圆形长凳。从这把阳伞下可以看到悦山上的中式凉亭。然而，在参观这个之前，我们可以去一趟"英国凹室"（D），这座以石头为地基的建筑保存至今。这座建筑为矩形，前面有开口。据推测，有中式栏杆、中式屋顶和中式装饰，这些在派帕的几幅画中也能看到。（参见616页，图199）从这个凹室可以看到小山，穿过最中间的两个凹室之间的山谷，可以看到蜂房和意大利葡萄园（B）。然而，园林最主要的装饰建筑仍是悦山上保留的中式凉亭，尽管它失去了最优雅的装饰——悬挂在屋顶弯角上的玻璃铃铛和部分观赏性栏杆（十年前保存相对较好），借助派帕的描述，这些景物依然足够我们了解这座凉亭的中式特征。（参见616页，图197）显然，派帕为自己的创作感到自豪，而确定无疑的是，他再也没有创作出更具中国特征的作品。他称之为：

一个有双层中式屋檐的八角形中式凉亭，每个角落挂着两套玻璃铃铛，这些铃铛通过钢丝四周的活版汉字发出声响，而不是在微风吹拂下由拍板发出悦耳铃声。建筑的平台由栏杆标示，上面画着一条五颜六色的蛇，仿照较大的东印度蛇，有5英寸厚，蛇头是中国格，蛇眼、舌头栩栩如生，给人以完美的错觉。这种蛇通常伪装和隐藏在灌木丛中，更令人吃惊的是在这里从来没有人见过。

总而言之，通过部分地道的中国材料（由约翰·亚伯拉罕·格力尔带回），这里创造出一幅真正迷人的中式景象。派帕关于这座建筑的图纸无一保留，但我们有一幅六边形中式凉亭平面图的素描，凉亭有椭圆形月窗，多重环绕的屋顶（即弯曲的角落）上面悬挂着汉字样式的带拍板的玻璃铃铛。门上的饰条上写着"八号朋友"，这也许可以理解为派帕这幅画是为一个好朋友画的。（参见616页，图200）

提到悦山上的亭子时，派帕说到几个中式亭子，除了凉亭和阳伞，他几乎不会再谈论其他任何亭子了。正如前文所说，这些凉亭已不复存在，但有理由认为这些凉亭或多或少是根据派帕的图纸建造的，这在他的著作《关于一个英式观赏园的总体构想》中可以找到依据，这里提及这些凉亭旨在帮助读者重建戈德加德园林的建筑物。

总的来说，无论是在总体规划还是建筑装饰上，这种布局都是派帕最喜欢的创作之一，也许比其他任何布局都要好，因为这些建筑表达了他对中式园林建筑的兴趣。

正如前文所述，戈德加德园林设计图的一个特点是具有远景视角，这一点的重要性在派帕自己从山上对远景的描述中得到了强调：

从这个（山上）高度可以看到远处的戈德加德教区教堂，穿过一条宽阔而美丽的林荫道，林荫道的两边都是绿油油的良田，尽头是位于远处地平线上树木繁茂山区的圆形剧场。

宽阔而美丽的林荫道依然存在，尽管这些树木汲取了耕地的营养，严格地说，除了把人们的目光吸引到教区教堂之外，没有别的作用。

在对戈德加德（1816）园林的描述中[①]，林纳希尔姆还提到一个鸟类饲养场，在远处就可看见。这个鸟舍"证明了这样一个事实：在这片土地上，人们的才能和鉴赏力，以及向别人展示自然美景的强烈愿望，都被愉快地结合在一起"。该建筑的确切位置和外观尚不清楚，有可能位于松木山的最高点，并有一个优雅的宝塔般的上层建筑，正如派帕的几张此类建筑的图纸所示。除此之外，林纳希尔姆在他对戈德加德园林的描述中还提到了几个特点，其中有几行是值得引用的：

在这（园林）沿着山坡蜿蜒的小路上，有前文所述的中式鸟舍，鸟舍有几层楼高，可以俯瞰所有建筑。沿着这些小路前行，时而向下来到有涓涓小溪流淌的密林山谷；时而来到一个壁龛，这个壁龛同样是中式风格，顶部的阳光可穿过漂亮的格子照射而下，视线会因此穿过林荫大道转移到不同景点；时而又来到树叶茂密的丛林；最后来到真正的"啊哈"（即一条哈哈渠），但突然间，你会发现自己正处于陡峭边缘，一切都出乎意料，你会发现刚刚在山谷中看到的路与那条将你绕得团团转的小路没有联系。心情愉悦地转过身来，沿着一条弯弯曲曲的羊肠小道走去。通过这条螺旋形的小道，攀爬简易的阶梯到达山顶后，会发现一个凉亭。从凉亭窗子望去，可以看到交替相连的树林，还有刚才将那小路隔开的草地，或许你的目光想要穿透那茂密的树林。

---

①林纳希尔姆后来在瑞典旅行期间的信件（斯德哥尔摩，1816）。

林纳希尔姆的描述让我们对18世纪80年代瑞典人的小型英中园林有了很好的了解。这是一个简单的、规模非常小的建筑作品，但不失特色。这座园林以自己的方式，将艺术和自然和谐地结合在一起，起伏多变的地面被巧妙地利用为蜿蜒的道路和如画的建筑的自然背景。

比戈德加德更出名的是地处山地的福什马克园林。这个园林面积稍大，保存完好。但由谁设计，其艺术特色出自谁手，我们无从得知。根据塞缪尔·奥福·乌格拉斯家族，即自1782年以来福什马克园林的所有者口头传说，这个园林布局的艺术设计师也是派帕，虽然这个假设并无任何图纸或其他历史文档支撑。然而这可能是事实，因为福什马克园林的风格明显类似于派帕已知作品的风格。此外，他在当时是最著名的园林设计师，也就是说，他是宫廷和贵族中最受欢迎的人物，他似乎对这个园林也有决定性的影响。然而，某些变化也值得一提，比如道路方向（是在近期修缮的），可见原始设计的特征已被修改。

福什马克园林的古老历史我们不必纠结。当1780年约翰·詹宁的遗孀被迫将全部财产拍卖时，一个新的时代开始了。这座园林由塞缪尔·奥福·乌格拉斯购买，他当时是一个相对年轻的官员，但后来成为王国伯爵中最有影响力的人物之一，先后担任枢密院委员、省长、斯德哥尔摩省省长、贸易委员会主席、东印度公司的董事等等。显然他是个兼具品味、判断力与财富的人。根据让·埃瑞克·雷恩的计划，他完成了当时还没有完工的装饰和建筑工作，之后，在房子的南侧建造了一个法式花坛，还设计了英式园林。这项建造工程大概始于1786年。

即将被改造的福什马克园林没有田园诗般的风景，不过也许比戈德加德园林的山丘更加崎岖壮丽。这里的地势很低，水源丰富，这是设计师可以充分利用的条件。（参见617页，图203）这里的大池塘，一直延伸到建筑所在的高地下方，并由狭长的地面分成了三个部分。它占据了整个公园一半以上的面积，园林被毫无规则的水流分成两半，每个区域都有蜿蜒的小径环绕或穿过。因此，这当然不是派帕的著作中所说的"没有太多不必要的弯曲，也没有其他装饰性休息之地，一切都是流畅便捷"的实际应用，他设计的路径用派帕自己的话说："它们（这些小径）四处隐藏，在茂密的种植园内可以缩短路径，这些小路包围着草地，但从不相交"。根据这些评论来研究福什马克园林的规划，人们会发现极度的不一致，尽管这可能是重新设计路径的结果。

高地上的英式园林
——福什马克园林的平面图(1802)

园林真正核心是在远处蜿蜒的湖泊，那里的浪漫气氛几乎让人如处仙境，美景与水面相映成趣。一处泥滩将这片湖与其余部分隔开，而其他一些较为狭窄的地方则由一些小木桥连接，木桥上有漆成白色的装饰性栏杆，以前这些栏杆上有优雅的拱形。林纳希尔姆对这些尤为关注，他说："在小岛之间嵌入优雅的桥梁，这让双脚和眼睛拥有多样的感官享受，而广阔的水面倒映着周围许多建筑物、乔木和灌木，水波荡漾，天鹅浮游，别有趣味。"（参见617页，图206）连接最远的小岛和海岸的那座桥已不复存在了。

岸边的草木最为茂盛，现在长着密密麻麻的鸢尾花，柳树和榆树后面的老白杨更为挺拔。稍远一点的山顶上，松树暗淡的褐色与四周的绿色相互调和。阳光穿过婆娑树叶，洒在水面形成斑驳倒影，仿佛印象派的绘画。

在郁郁葱葱的树丛中，可以看到镜寺。这是一个半圆形的壁龛，后墙有镜子，正面有开柱，以及一个带栏杆的平屋顶，从屋顶可以欣赏到美丽的景色。（参见618页，图207）镜寺后山有一条小路，小路穿过树林，通向一座小建筑，这座小建筑在对岸的某些地方也能看到。它能给参观者带来一种古典体验——笨重的飞檐、多利安式门廊，但它就像覆盖着一层树皮一样。室内是仿大理石绘制的，装饰着雅典娜和苏格拉底的半身像。因此，这个亭子类似于"哲人堂"，是一个伪装成森林小屋的古典圣殿，如果你愿意，也可以称之为寺庙和隐居地的混合体。

从寺庙前方斜坡上的方尖碑的铭文（流亡的贝利萨留在这里找到了安宁，一间小屋、一座坟墓。流浪汉们在这里休息一段时间再离开，品德会更加美好）来看，对于那些希望通过冥想寻求美德的人而言，这里似乎一直是一个静修场所，贝利萨留的故事便是典型，他应该就长眠在方尖碑下的坟墓内。[①]

引用这段描述的林纳希尔姆补充道：

为了让这里成为最后的应许之地，人们也许愿意原谅在芬斯蓬园林重复同样的想法和同样的题词的行为，但愿这个地方可以经常被很多人访问的承诺可以实现。但是，重复的想法无疑会引起混乱，泯灭幻想。

从这个优雅的小屋出发，林纳希尔姆沿着一条小路继续前行。沿着这条小路可"悄悄潜入一个鸟舍，然后来到一片草地和园林边界"[②]。鸟舍虽已重建（略为简化？），也不

---

①东罗马帝国的将军贝利萨留被逐出法庭后便盲目流浪，按照马蒙泰尔的哲学智慧思想，他成了美德和浪漫的化身，因此广为人知。贝利萨留实际上是当时最受赞赏的传奇人物之一，因此，不仅在瑞典不同地方有他的坟墓，而且在其他国家的几个浪漫园林也有。
②林纳希尔姆对福什马克园林的详细而独特的描述收藏于参议院《瑞典之旅》的第十三封信（1816）。

再用作雅典娜的鸟群的住所（塞缪尔·奥福·乌格拉斯家族最高地位的象征），但在树木茂密的山上仍可看到。

然而，在福什马克园林所有的小建筑中，最浪漫的是那座隐士住所。它夹在一块巨石和一片石堆之间，隐匿于苔藓覆盖的墙和格子状的门后，似乎是大自然的杰作。（参见617页，图205）石窟般的内部只有微弱的灯光，在这里，曾经有一个留着胡子的隐士坐在桌旁，俯身阅读一本大对开的书。这种人物的目的在于加深隐居地的印象。然而，当代证据表明，这样只会增强密室的恐怖效果，至少对年轻一代来说如此。林纳希尔姆似乎认为这个人物既逼真又吸引人，服装温和而恳切。

这个隐士住所位于园林外围，附近灌木丛生。与派帕在英国描述的那种树根缠绕悬于半空的隐士住所没有一点相似之处。他后来也试图将这种隐士住所引进瑞典园林。（派帕在英国描述的那种）只是针叶林的替代品，曾作为园林的纪念碑。1931年，一场猛烈的冬季风暴将这一切连根拔起（简直就是割下），从而使这部宏大作品的英雄主义基调消失殆尽。

第二十一章

哈加园林

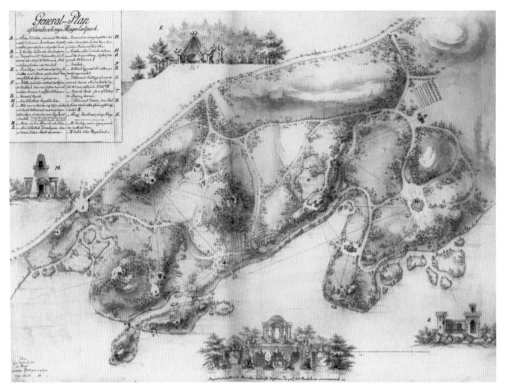

新老哈加园林总平面图。派帕绘制（1786），藏于瑞典皇家美术学院

　　国王古斯塔夫三世在登基的前一年，即1771年，获得了斯德哥尔摩北部的哈加公园。他打算在那里建造一座园林，以便他在需要安静环境和不受干扰地工作时，到那里去居住，但过了好几年，园林规划或建造仍未有任何进展。起初，除了享受这里相对无人打扰的自然之美，并在一所他自身强烈依恋的简单住宅内安然自在外，他似乎没有其他愿望。

　　哈加公园的自然美景以及国王对这个地方的热爱，在林纳希尔姆1796年5月28日的信中得到了很好的体现，与他同时代的公爵夫人海德维格·伊丽莎白·夏洛特（嫁给古斯塔夫三世的弟弟）描述了国王的住所，并生动地描述了他在那里生活了近20年的简单环境。很少有像哈加公园这样能如此直接地反映国王的精神和道德状况的地方，包括为国王古斯塔夫三世而建的建筑。

　　这座涂成黄色的宜居木屋在前20年是国王住所，起初位于布伦斯维肯岸边，周围有一个小花园（参见619页，图210），但在1785年转移到了林纳希尔姆所见的更高处，现在依然在那里。公爵夫人在她1786年1月的札记中描述了这所房子，并提到了它的搬迁：[1]

①《海德维格·伊丽莎白·夏洛特日志》，第二卷，第108页。另一个关于国王住所的描述见格奥尔格·波利特的《在斯德哥尔摩滑雪十年——1789—1790》（引自于斯旺：《哈加园林》，斯德哥尔摩，1922）。关于哈加园林历史最完整的描述可参考尼尔斯·沃林的《瑞典城堡新汇》（斯德哥尔摩，1932）。

今年，国王的生活比平常更为幽闭。他对哈加公园有一种无法解释的偏爱，他在那里过夜，有时甚至在那里吃晚餐等等。

在1781年之前，哈加公园变化不大，尽管国王在过去十年里经常待在那里。显然，他的愿望是看到这个地方变成一个现代的英式风景园林，而在1780年秋天派帕从英格兰和南欧回来之前，瑞典无人可胜任这项建筑工程。

这些拟建和装饰的场地仅包含现在的哈加公园的最南端，也就是所谓的老哈加公园，其小宅邸仍矗立在布伦斯维肯的海岸上。当时，芦苇岸边的田园风光比今天更为迷人，因为水位更高，海岸线更不规则和多变，特别是那些被蜿蜒的运河切断与大陆分割的小岛。由于水位下降，这些运河大部分已经干涸，杂草丛生。在一些地方，植被肆无忌惮地生长。（参见621页，图213）

派帕为这个园林最早绘制的设计图并没有注明日期，但在后来的总设计图中，他指出，他从1781年起就作为组织者一直在那里工作，也就是实际规划的监督者，其中当然包括种植园和道路的规划。这在最早的设计图得到突出说明，这些设计图可能是在1781年或第二年年初制定的。（参见620页，图211）派帕显然已尽量将路径设计得富有动感而灵活，与此同时他还要适应当地地形，小径在丛生树木中蜿蜒，有时面临斜坡，有时来到开放的空地或草皮。靠近东岸的岛屿通过三座桥与大陆相连，道路与桥梁相连，环绕着岛屿的山丘和海岸。在最南端岛屿的最高点上，可以看到一个用树根搭建的隐士住处，在较大的岛屿上有两个亭子，其中一个后来成了中式的开放式神庙或宝塔。不过，这些建筑和其他建筑如果借助在后来的计划中附的一些描述性的注释的话，能得到更好的研究。

尽管已经改建为一个矩形的建筑，并且在露台上，但老哈加公园依然位于岸边的原址。除此之外，还有四座多边形或圆形的小建筑，其中最大的位于正南，后来在那里建立了土耳其宫。在同一张纸的背面，有三幅草图，可以看出这些建筑的风格，其中一幅是仿中国风格的八角形建筑，有上面装饰着铃铛的双层屋顶，另外两幅是传统的古典风格，有多立克神庙门廊和爱奥尼亚柱支撑的拱门。（参见621页，图214）第一幅草图可能是初稿，后来变成了六边形的土耳其宫，但其他两幅草图是否得以使用还不能确定。然而，这三幅素描放在一起具有一定的历史价值，因为这是派帕在园林建筑中采用不同风格的实例，这些建筑模仿了英国的模型。

派帕回国后不久所画的带有异国情调尤其是准中式风格的装饰图案，后来被强行置于一种单调呆滞的古典主义背景中。在这些早期的图纸中，毫无疑问包含对中国宫的研究，可能是为哈加园林设计的，或者至少是在派帕为这个地方规划的时候建造的。这是一座八角形建筑，两翼突出部分为方形。其中一幅画中的建筑有大窗户，还有装饰性中式格子和中式栏杆，屋顶宽大、弯曲，有隆起的纹路，顶部有一个锥形宝塔，宝塔上有开放式金属制品和铃铛。（参见622页，图215）另一幅草图的中国宫是开放的，只有栏杆连接的柱子和一个弯曲的屋顶，类似于第一幅画。亭子的中央有一根方形柱子，周围有座位，作为一个大花瓶的底座，而其他带叶植物的花瓶则放在栏杆的柱子上。（参见613页，图184和图185）这使建筑更具混合特征，让人想起派帕在卓宁霍姆宫绘制的宝塔。

在他负责哈加公园建造工程的第一年或第二年，派帕还受到为国王设计新住所的委托。这座建筑是为了取代海岸上的旧住宅，并需要满足因地制宜充分利用有限场地的要求。总之，这是一个私人小型建筑，用以满足国王的特殊需求——进行研究、阅读文学作品、作为图书馆或收藏一些精选的艺术作品，但也作为一个住所，在那里他可以与好友相会，也可以进行私人娱乐。这个任务要求艺术家必须富有想象力，足智多谋，因为这个任务要求在相对狭窄的框架内为各种各样的兴趣找到空间。多年来，派帕为这项任务孜孜不倦，尽管他似乎受到了国王的批评多于鼓励，他的设计也从未取得应有的成功。这些设计分为两到三个独立的系列，在细节上各有不同，但本质一致。最早的设计据说是"第一个在哈加设置木材赌场的想法，绘制于1783年"。相应的立面图附有法文文本。（彩绘版画）

这座建筑有两个相似的立面，一个面向湖泊，另一个面向公园。两者都有由四根柱子组成的门廊，支撑着阁楼前面的阳台。窗户和门都可通往露台。入口（两面相同）位于门廊的两侧。在短的一侧，半圆形海湾从矩形建筑延伸而出，两个主要的房间是椭圆形的，分别用作图书馆和餐厅。它们沿着建筑的中轴线分布于小院的两边。面朝湖泊的立面是一条长长的画廊，由两组倚柱分为三个部分，而相对的园林一侧则是国王的书房和卧室，还有一个前厅和一个等候室。设计图中间是一个小院，院子里屋顶是倾斜的，有一

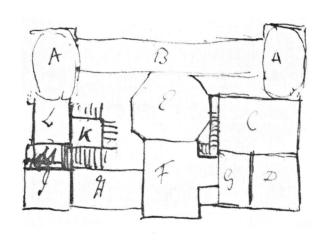

国王古斯塔夫三世的哈加赌场草图。藏于乌普萨拉大学图书馆

条涵洞把地下的水引出。通往警卫室的螺旋楼梯，以及国王卧室后面的另一个稍微宽一些的楼梯可通向夹层。建筑坐落在一个较低的露台上，在这个露台的前面，朝湖延伸出一个由弯曲的门廊包围的庭院。这些建筑连接了主要的露台和岸边凉亭，用作办公室。

在最初的设计中，建筑本来是木头的，但在后来的图纸中，材料变成了石头。这需要增加墙的尺寸和高度，阁楼被改造成一个完整的楼层，就像图纸上写的"海牙皇家公园第二个赌场项目。1783"。然而，除了国王卧室后面楼梯的一些细节发生了改变外，房间的布置实际上与最初的设计一致。

派帕似乎坚信他的房间布置是最好的，否则他可能会根据保存在乌普萨拉的古斯塔夫国王亲笔绘制的草图进行改动。不幸的是，我们无法明确这幅草图的绘制时间，显然是在1784年之后，但可以认为国王将这幅画从意大利寄回，目的在于对派帕的设计进行批判性纠正，因为他用意大利语在信纸的正面写了一张便条。[①]

国王画的那座建筑从装饰的角度来看可能会更有效果，因为有长长的柱状长廊和中间是三柱状或八角形的房间用来存放约翰·托比亚斯·塞格尔最近完成的雕塑《爱神与普赛克》，但这幅草图绝非对派帕的建筑作品的改进。

当国王在1783年秋开始意大利之旅时，哈加公园赌场建筑的设计还未定夺。他可能确实期望获得南部国家的古典印象，以此证明对哈加园林及其建筑进行改进的重要性，这一假设完全出人意料。如果派帕曾渴望得到实施设计的准许的话，他的希望可以说彻底破灭了。国王的冲动任性，加上他想将罗马新古典主义引入瑞典，因此他与罗马风格的代表人物打交道，莱昂·德福尼是第一位。这个才华横溢的年轻建筑师受到古斯塔夫三世的委托，设计哈加赌场，还有斯德哥尔摩的圣约翰教堂。

然而，从当时的通信中，我们得知莱昂·德福尼过于拖延，因此失去了继续获得王室青睐的机会。尽管教堂的设计在同年10月底提交，但哈加的图纸直到1788年才到达斯德哥尔摩。在老哈加公园建赌场的想法已经被放弃，取而代之的是其他项目，比如在当时扩建的园林里建大楼。此外，莱昂·德福尼的设计特色在于紧凑和精巧，不适用于布伦斯维肯海岸相对有限的场地。他创作了一个他自己所称的缪斯亭，也就是一个画廊，古斯塔夫三世可以在这里摆放他最近购买的罗马古董，也可以在这里观看私人戏剧演出。这幅设计图清楚地表明这位法国建筑师对派帕的设计很熟悉，但他在形式和规模上进行了扩展，这与周围田园诗般的环境格格不入。

1784年，国王在罗马逗留期间，还遇到了另一位法国建筑师让·路易斯·德斯普赫兹（1743—1804），他极大地引起了国王的兴趣，也激发了国王的审美野心。让·路易斯·德斯普赫兹最初担任的是歌剧院的舞台画家（1784—1786年间），由于他想象力丰

---

① 便条上有下面这句话，重复了两遍："好极了，我不喜欢杀人，我喜欢杀鸟。"

富，想法多样，同时具备绘图员的熟练技巧，他很快成了国王在建筑事务上的首席顾问。他的天赋与国王的需求高度相符，因此，他在瑞典建筑师中地位最高。在哈加公园，他逐渐接管几个装饰建筑和纪念碑，这些此前一直是委托给派帕的。

古斯塔夫三世出国旅行期间，哈加公园可能没有什么实质性重要进展。无论如何，在1784年8月国王归来之前，没有任何相关报告或文件。次年，派帕提交了一份《1784年10月1日到1785年10月1日哈加园林建设报告》，通过这份报告，可以对园林的设计、挖掘工作以及根据设计进行的植被种植有较好了解。这些建造工程都是在派帕的监督下进行的，他发挥着组织者角色，但是这份文件太长太详细，无法全部引用。这里只摘取报告最后一段。

在这篇报告中派帕讲道，园丁们忙得不可开交，他们忙着"修路、浇水、修剪树木、照料绿地和各种维护工作，尤其是在秋天和春天"。尽管这种工作并不像前一年的改革那样引人注目，但同样耗资不菲。每年500国家圆的拨款，"在过去的两年里，主要是花费在持续的爆破和找平方面，这些工作（做得好的话）应该类似于美丽的大自然，所以最好的专家甚至找不到艺术的痕迹和投入的费用。尽管如此，在必要情况下，组织者的关注仍义不容辞，虽然他并不乐意接受更明显和醒目的布局"。

在派帕就职于皇家园林期间，他当然曾反复思考这句话的真实性，即使他已完成装饰建筑和纪念碑的精心设计，在大多数情况下仍需放弃设计图，为地面、种植园和道路的建模殚精竭虑。

据推测，与这份报告同期有一张相当大的地图，派帕非常全面地标注了当时的种植园，以及运河和新设道路的一些变化。（参见620页，图212）显而易见的是，树木种植是大规模的，特别是沿着道路，同时有树木的部分延伸到更远的外围（特别是西北方向），而中央绿地没有灌木和其他植被。将岛屿与大陆隔开的参差不齐的水道得到了一定程度的整治，在西南低洼的草甸地带发现了一个锯齿形的河道。

然而，道路的重新设计是最大且最重要的变化。通过比较两幅设计图，这一点清晰

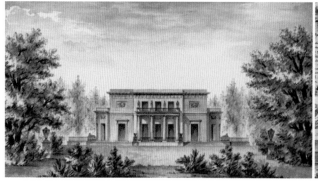

哈加公园赌场的正面图和平面图。派帕绘制 (1783)。藏于瑞典皇家美术学院

明了，这似乎主要是努力使交通系统化并使道路更笔直的结果。（参见620页，图211和图212）更平和、更笔直的道路取代了早期设计图中弯弯曲曲的道路。主要原因可能是考虑到了实用性，但这一改变与国王的愿望绝对有关。

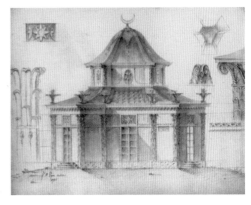

派帕绘制的哈加公园的土耳其宫。藏于瑞典皇家美术学院

建筑装饰的改造同样也值得关注且别有趣味。老房子（国王的住所）被搬到更南边的一个开放的露台上。在房子北部是一个六边形建筑，有三个突出部位，即土耳其宫。而房子以西的另一个高地是一座在地图上为十字形的建筑，尽管在后来的一幅图纸中被画作一个两侧有两个小房间的寺庙。如果继续西行，就会来到路边的八角形建筑，而北面的凉亭就是后来有着金字塔形观景楼的建筑。从这里向东望去，有三幅远景，一幅是土耳其宫，一幅是古宅邸所在的海岸，另一幅是东北方向的警卫亭。在岛上进一步观察与早期设计图相同的小建筑，即隐士住处或根屋、开放的中国宫和一个北部的小亭。该设计图一个有趣的细节是一张修正纸条，贴在老房子（1783—1784年的赌场）的一边，覆盖早期设计图纸上画着的作为海神庙的一个圆形小建筑。

这些变化是由于国王从意大利回来后不久（1785年11月，地图上的更正显然是在这个日期之后），哈加公园的规模因购买毗邻的布拉赫伦德农场增加了一倍多。通过这次购买，整个园林的规模大增，与此同时也出现一些新的建筑问题。此外，国王在南方逗留期间，他对新园林的构想和要求有了新的方向。他似乎已经对离开哈加前制定的规划失去了兴趣，或许也对负责这些建筑的人失去了兴趣。现在足以引起他注意的设计和规划都属于更为自命不凡的类型。

这一点在《新老哈加园林总体规划》中得到了清晰的体现，该规划还有英文文本《1781、1782、1783、1786年派帕哈加英式园林规划》，这表明该设计曾在伦敦的某个展览会上展出过。这幅设计图有助于对整个园林进行很好的调查，所展示的建筑标有解释性标题，其中四座建筑有专门的草图，放在大地图边缘。因此，这幅设计图可谓后来对派帕希望在哈加园林准许实施的规划的全面调查。（大型彩绘版画）

老（南部）地方的建筑与在之前的设计图中所见的建筑相同。这条沿着海岸向北延伸的小路，在海湾的尽头分为两条，一条通向所谓的铜帐（让·路易斯·德斯普赫兹设计的帐篷形式的警卫站），而另一条绕过海湾，通往新动工建造的宫殿（一个有穹顶的圆形建筑，有四个面）。这幅设计图标出了新哈加的皇亭，参照的也是奥尔夫·坦普尔曼的设计。此外西北部有一个更大的建筑，即带有装饰立面的马厩，作为新宫殿的一个点。这座建筑位于大草坪（或起伏的沼泽地）西侧的斜坡上，这片草坪延伸自林木葱茏的海岸。这片草坪是迄今园林内给人广阔而起伏的印象最深刻的地方。新哈加公园建筑之间的距离比老地方的要远得多，因此成了主要的建筑遗迹。

从不同的设计图可知，派帕不仅致力于园林的建造——地面、河流、道路和植物园，而且设计一些装饰性的纪念碑和凉亭。当然，其中很少得以建造，尽管有几幅图纸保留了下来。我们描述过在1783—1784年间派帕设计的小赌场，以及所谓的有两个小房间的寺庙，这座寺庙最初可能是中式风格。这两个设计都没能实施。另一方面，设计经过几次修改之后，派帕建造土耳其宫的设计终于得到批准。在他的图纸中，这个六边形的两侧交替设有突出的厢房的土耳其建筑，至少有四种不同的建筑方案。在最早的一些草图中，圆顶的中央房间和突出的厢房或亭子被放置在分离的屋顶下，但在改进的设计图中，整个建筑由一个大的弯曲帐篷屋顶覆盖。一些如棕榈树柱子和屋顶装饰的细节，与钱伯斯在邱园的土耳其清真寺具有某些相似之处。这些画中最美丽的一部分是浅蓝色调，日期是1785年。（彩绘版画）与早期的图纸相比，这些图纸作了一些简化，三个突出的厢房没有被视为单独的亭子，而是包括在主屋顶之内。中央有一个六角形的阁楼，上面是一个摩尔式圆顶，顶上有镰刀状的月亮。屋脊的末端有大大的花朵状的装饰物，而在门窗上有星星和镰刀状的浮雕，清晰地呈现出棕榈树柱之间朴素的墙壁。画中所有的细节和装饰都是彩色的，这座建筑无疑会给人留下很好的印象，但出于某种原因，国王从来没有批准动工。

派帕随后为一座同样类型的简化建筑绘制了一幅更小的草图。这座建筑中间部分较高，为六边形，有一个尖尖的帐篷式屋顶，屋顶上面有一个镰刀状的月亮，在较低的屋顶下有三个矩形的厢房。（参见622页，图216）像花朵一样的装饰物在较低的屋顶角落里重现，屋檐下的拱形浮雕同样如此，而门上的星星则被帘子代替（彩绘）。建筑最终完工时，阁楼的拆除将其进一步简化，整个结构被一个大帐篷屋顶覆盖。因此，这座建筑失去了一些原始的优雅，变得更沉重、更简单，特别是其灰泥墙，只在角落由薄壁柱隔开。（参见622页，图217）比起略显单调乏味的外部，更令人赏心悦目的是其内部。内部按照路易斯·马斯雷赫斯的优雅怪诞设计进行了装饰，在浅蓝色的背景下，前厅由白灰泥装饰，画着同样风格的图案。（参见623页，图218）这座建筑的装饰进展似乎相当缓慢，因为尽管这座建筑建于1786年，但直到1788年2月4日才首次为国王使用，正如他在写给妹妹索菲亚·阿尔贝蒂娜公主的信中提到的那样：[1]

---

[1] 参见《海德维格·伊丽莎白·夏洛塔斯·达博尔》，第二卷。

歌剧结束后，我在哈加公园准备了一顿8个人的晚宴，以此作为宫殿竣工的落成典礼。为了把这个宫殿和我的住宅连接起来，我建了一条木板走廊，夏天可以将其盖上；走廊的外面覆盖着云杉树枝，内侧绘制着纺织物；在一定的间隔内，还有一些圆柱状的小瓷炉，上面放着盆栽。这条走廊白天有穿透窗户的阳光照射，到晚上则有12盏大灯照着，效果极佳，使人有一种在夏日室外的感觉，尤其是小火炉还能使人感到很热。

林纳希尔姆在1796年也提到了这条连接国王住所和宫殿的通道，他说对俄战争的第一道命令就是从这里发出的。

在这些早期构想和部分施工的建筑项目中，东侧小岛上的凉亭值得一提。根据林纳希尔姆的说法，这些美丽的小岛是国王最初几年唯一的散步场所，特别是在值得纪念的1772年革命酝酿和准备阶段。当时，美丽的海岸旁仅有几条小路，这些小岛和园林也仅由几座简易小桥连接，还有一座绿色和黑色相间的简朴避暑别墅，这是一座栅栏结构建筑，而房子的尖嘴对着贝尔维尤。

正如林纳希尔姆所暗示的那样，这些岛屿形成了老园林最浪漫的部分，毫无疑问，国王最热切的愿望之一就是看到它们得以合理规划和装饰。派帕为此提交了设计图，尽管他没有机会执行所有的设计，但借助图纸，获得大致了解还是有可能的。在1786年的大地图上，大部分建筑都有显示，包括带有一个开放式凉亭的中式拱桥。在桥不远处的岛岸边，要建一个石窟，这个石窟位于后面挺拔树木的背风处，由露出水面的石块组成，形成了一个拱门。经过的派帕仔细描述和测量，位于潘西尔园林和斯托海德庄园的著名石窟似乎也是出于此创意。可能也是从这些相同的园林中，他得到建造"位于橡树树桩上，入口向上生长的树根缠绕"的隐士住处的灵感。这些南部小岛通过一座中式拱桥与大陆相连。在这个小岛的平整顶部，离现在的玛格丽特公主坟墓不远的地方，耸立着一间奇特的小根屋，外观在派帕的图纸得以大致体现。（参见624页，图219）

据林纳希尔姆说，从这里或通过这桥，人们可以感受到宁静、美丽、欢快，尤其是当

哈加公园的铜帐或警卫亭之一。让·路易斯·德斯普赫兹绘制。藏于瑞典皇家美术学院

让·路易斯·德斯普赫兹为哈加公园的《爱神与普赛克》神庙所画的草图。藏于瑞典皇家美术学院

黄昏带来一种令人愉快的宁静,使整个大自然归于和谐的景色。

用林纳希尔姆的话来说,沿着小路到达大岛的山顶,可见一个中式凉亭,或者是"开放的宫殿,微风吹过,小铃铛叮当作响,与建筑所带来的欢乐感不太协调"。这座建筑可能是按照前面提到的派帕的一些中式建筑规划的,但最终由让·路易斯·德斯普赫兹建造完成,他显然比派帕(彩绘版画)更富想象力。他建造了一个通风极好、色彩丰富的装饰建筑,由八根细长的柱子组成,中式屋顶弯曲的屋檐末端是优雅的龙头雕塑,还挂着铃铛。他也没有忘记在两根柱栏之间画上法式风格的中国人像。这座建筑相比派帕的其他作品并无特色,其特点在于具有某种欢快的节日气氛。最近完成的修复让我们看到了这座建筑的原貌,除了月牙和屋顶上的铃铛。(参见624页,图220)

最早的老哈加公园设计图的北部边界附近还有一个警卫亭。派帕将这个建筑设计为一个东方的帐篷,在当时,这样的建筑形式通常用于显示军事特征。但派帕的设计并未得以实施,而购买布拉赫伦德之后,警卫亭必须设置在更远处的新边界。新建筑由让·路易斯·德斯普赫兹建造,规模相当大,由三个大型镀铜帐篷组成,位于房屋后面,总体思路与派帕的设想一致。

其他由派帕绘制的设计图显示了一个八角(或六角)形的凉亭。这是一个传统经典的小建筑,位于主要入口附近的路边;还有一个金字塔形的观景楼,位于园林西部最高的山上。金字塔坐落在一个露台上,上面有门廊,门廊上方有窗户和阳台,从那里可以欣赏风景,因此它与中国有时用作天文台的建筑有一定的相似之处。(参见625页,图222)

站在这个观景楼上,园林胜景尽收眼底。从这里可看到土耳其宫和海神庙,海神庙最初位于老哈加宅邸,后来改为赌场的位置。在收购布拉赫伦德之后,这个赌场的建造计划便荒废了,"取而代之的是一个有着贡多拉式拱顶的海神庙",派帕写道。这个奇怪而纯意大利式的提议显然来自国王,可能是在18世纪80年代末期提出的。派帕在一系列不同的设计(有些是1791年的)中采用了这一方法,但在此之前一定有另一种解决这一问题的方法,可能是派帕在第一次被委托建造船屋时提出的。这个早期设计体现在派帕的其他哈加图纸的准中国风格特征中。(参见625页,图221)

然而,这样的建筑无法满足国王从意大利回国后的需求和欲望,因此派帕不得不根据古斯塔夫三世的命令和意图对建筑进行重新规划,正如1791年的设计图上的题词所记载。为此,他把船屋当作一个岩洞,在岸边更高的山上设置了一个古典的小教堂或圆形大厅。这个想法似乎是为了让山下风景看起来像是自然形成的,或者与周围景观融为一体。由水面裸露的粗糙石块建造的粗壮石柱形成低矮的拱门,是石窟的入口。道路两侧的两个道路终点,以及山体本身充分展示了石块的用途,似乎(从后期设计判断)派帕甚至设想将小石头岛屿设置在石窟前面的水面,以此将整个石窟环绕起来。(参见

625页，图224）

可谓登峰造极、最具艺术特色的是一座古典凉亭，与其他设计有所不同的是，这是一座小教堂形式的建筑。根据1786年的主平面图草图可知，该建筑是有四个带台阶的门廊的开放式圆顶亭，呈十字形，但在后来的更大规模的图纸中，它被改造成一个封闭的圆形大厅，有十根多利安圆柱。

还有一幅关于这个凉亭的图纸表明亭子的设计者打算用彩色灰泥装饰底部的柱子以及楣梁和阁楼。整个建筑让人想起钱伯斯在邱园设计的圆形寺庙。（参见625页，图223；626页，图228）

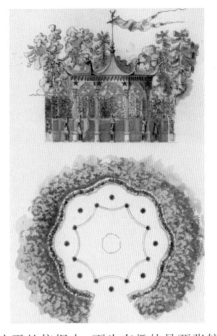

让·路易斯·德斯普赫兹为哈加公园开放的中式凉亭绘制的图纸。藏于瑞典皇家美术学院

然而，在所有证明派帕的艺术造诣和技巧水平的依据中，更为有趣的是两张较小的草图。这两幅是海神庙简化版设计图，也就是外观图和剖面图。周围的柱廊被六根附在主体建筑上的柱子所取代。柱子承载着装饰楣梁和飞檐，支撑着一个相当平整的圆顶，圆顶上装饰着灰泥浮雕，上面画着星星和海豚（？），而墙壁由大奖章和壁龛分隔开。（参见626页，图225和图226）

整个建筑给人一种高贵优雅的印象（尤其是想象一下其内部和土耳其宫的内部一样，为浅蓝色和白色），内部陈设的雕像以及各类古典装饰物令人自然而然发现其与斯托海德庄园的万神庙之间的某种对应关系。派帕通过仔细研究美妙的英式园林获得的启发对其在瑞典的工作仍然至关重要。他的梦想就是拥有完成类似建筑的机会，而在哈加公园，他距离梦想成真不过一步之遥，尽管他的设计在这里也只有少数得以实现。

购买布拉赫伦德后不久，派帕似乎已经受到委托为国王设计在布拉赫伦德大厦旧址处的新住所。他绘制的两幅关于这座建筑的草图上都有签名，其中一幅是1786年。派帕在某种程度上回归到早期俱乐部项目的想法，但这一次的规模更大，组合也更丰富。面向园林的立面具有朴素的古典特色，穹顶覆盖的圆顶，中心向上突出。主房间贯穿两层楼，房间后面（在中轴的延伸处）有一个矩形庭院。在湖的一侧，增加了两个大的矩形厢房，厢房向两侧延伸，从而将建筑与海岸线连接起来。因此，该设计包含若干相对独立的单元，这些单元从主体部分出发，沿着矩形庭院的一侧继续延伸，院子有柱廊，最后以扩展的厢房为终点。这里设有举办节日招待会和戏剧表演的房间，也有陈设书籍和艺术作品的房间。这个设计全面反映了国王多方面的需求，因此有充分的理由认为国王

本人具有决定性的影响。(参见631页,图234)

然而,由于一些不利情况,都或多或少与国王任性多变的个人风格有关,这座建筑也没有按照派帕的设想建造。随着在高地上建造大型新宫殿的推进,事实证明,没有必要将布拉赫伦德的旧宅改造成大型皇家住宅。如前所述,主殿于1786年春动工,而1786年8月19日(古斯塔夫三世革命纪念日)就在此举行了隆重的就职典礼。

起初,这座宏伟建筑的负责人是奥尔夫·坦普尔曼。他是对庄严不朽的罗马古典主义(所谓的国家秩序)具有狂热喜爱的代表人物。显然,他不仅参考帕拉第奥的罗通达别墅,也模仿万神庙和圣彼得教堂。他曾在意大利和卡尔·奥古斯特·厄伦斯瓦德共处过一段时间,因此形成一种与国王极为一致的审美态度,这无疑增加了国王对他的信任。然而,国王对他的信任并没有持续多久,因为国王很快就找到了另一个合作者。这位比奥尔夫·坦普尔曼更能满足他对富丽堂皇的建筑效果的追求的就是让·路易斯·德斯普赫兹。让·路易斯·德斯普赫兹接管这座宏伟建筑后(可能在庄严的石头地基铺设一年内),便对这引以为傲的工程进行试验,仿佛一艘旌旗高挂的大船在梦之海逆风而行,最终搁浅,撞到现实之岩而支离破碎。从某些方面来说,这次航行是一次精彩的冒险,多亏国王和他的领航员对艺术的无限热情,但本文目的并非跟踪这次命运前途未卜的航行。

1787年,奥尔夫·坦普尔曼被派往布拉赫伦德将一座旧宅改造成皇家宅邸。这意味着他和派帕都不再负责这项工程,虽然派帕在1786年曾为此绘制图纸。奥尔夫·坦普尔曼的计划无疑是与国王密切合作制定的,1787年5月22日,国王批准了该计划,但似乎过了两年才建成。(参见628页,图230)路易斯·马斯雷赫斯和他的合作者负责装饰,但直到1789年才动工,1791年国王入住此地才完全竣工。

对派帕来说,这些连续的变化意味着他在哈加公园的活动领域变得越来越有限。根据派帕1796年12月拟定的《皇家游乐场的规划和设计构思》,以及前文提及的《新老哈加园林总体规划》,人们可大致了解哈加公园的进展。派帕写道,这幅设计图显示了所有建模、所有已完工和设计的运河,以及新开工的宫庙现状和地面计划、国王宅邸、其他装饰建筑(如警卫亭、庙宇、哥特塔)、新规划的马厩,这些都在新哈加公园,还有土耳其宫、金字塔、庙窟和老哈加公园的主入口,这些都已在前文简要描述。

在这份报告中,派帕还提到了他伟大的以海神庙为背景的贡多拉石窟的几何视图和土耳其宫的外部装饰(不过这只是设计,并未以恰当的土耳其风格施工)。这一观察似乎证实了这样一个事实:土耳其宫从未按照派帕的绘画设想和表现的形式建造和装饰过。

在报告的第四点和最后一点,派帕提到了两处在哈加公园主入口处已动工的小亭子。这些凉亭都围绕着半圆形的格栅(前面有滑车底座)。门柱、壁龛和英式灯笼的设计图，"这些已经提交给了国王陛下"。主入口的作品——凉亭、大门和灯笼，这些似乎都是派帕在哈加公园的最后成果。（参见630页，图233）这些都需要时间，直到19世纪20年代初，大门方才竣工。

然而，派帕的清单远非详尽无遗，他所提及的大部分作品都是在哈加公园设计，并部分得以执行，尽管大部分他并未参与其中。对其他各类建筑的详细描述可能会偏离中心，但其中至少有两个仍不得不提，因为它们对园林装饰艺术具有重要贡献。这两座建筑分别为回音庙和花神庙。这两座庙距离不远，花神庙较小，当时曾被搬迁过，如今坐落于寸草不生的小山。

这座通风的回音庙有一个描述性的名字"棚架大厅"，是与国王的新凉亭配套的避暑餐厅。1790年，在新俱乐部近乎完工之后，国王批准了这些计划。格沃尔是这个项目的负责人，他绘制了棚架的图纸，但毫无疑问的是让·路易斯·德斯普赫兹为他提供了建议，这一假设可通过建筑装饰特征得到有力支撑。（参见629页，图231）

这座建筑的低矮屋顶为椭圆形，墙壁由12对壁柱组成，中间为拱形。拱顶上方的壁柱都由承载拱顶的柱顶连接。这座建筑独具特色，拱门以及壁柱之间的空间都由格子填充，拱门内部是一个大大的圆形开口，曲线的柔美与连绵得以凸显。（参见630页，图232）这座建筑由新古典主义建筑师设计，这位设计师在此利用了古典风格的连续拱廊，这样的构造也许堪称风景如画，因为阳光可一泻而下，随着太阳位置的变化，与成对的壁影嬉戏，而后消失在穹顶下昏暗的暮色中。简而言之，真正的园林建筑既可提供荫蔽之地，也兼具开放明朗的阳光和绿色环境。因此，这一建筑为南方国家提供了借鉴，在这些国家，类似建筑随处可见。在北方，这可能是唯一具有这种风格的建筑，其规模与比例的和谐尤为需要斟酌。

附近小山上的凉亭原本用作爱神庙，因为约翰·托比亚斯·塞格尔最近完成的雕塑《爱神与普赛克》将收藏于此。起初，国王打算把它放置于俱乐部，但俱乐部的建造被搁置后，就必须另找一个地方。于是，国王便命令让·路易斯·德斯普赫兹（当时奥尔

哈加公园回音庙的正面图和设计图。格沃尔绘制，藏于瑞典皇家美术学院

夫·坦普尔曼正在建造新住所）为《爱神与普赛克》雕塑专门设计一座凉亭。让·路易斯·德斯普赫兹的设计有两到三种不同的版本，不过都是小寺庙，有四根科林斯柱的门廊、放置雕塑的半圆形房间，还有一个浅圆顶。室内装饰富丽堂皇，略显庄严肃穆氛围与雕塑的精致魅力不太协调。

这座庙宇始建于1788年，1790年四根砂岩圆柱门廊建造完毕，但在国王去世时（1792年），这座建筑仍未竣工。同年夏天，建筑安置了门窗和一些室内装饰，但约翰·托比亚斯·塞格尔的《爱神与普赛克》从未入驻此地。古斯塔夫四世·阿道夫国王曾计划将这座寺庙改造成一座小教堂，这个想法有点奇怪，但从未付诸实施。因此，无论对于异教徒还是基督徒而言，这座小建筑从未成为圣地。这座建筑长期闲置，无人问津，甚至逐渐荒废。最后，大约在20世纪中叶，当小修整已不足以挽救这座建筑（如今的花神庙）时，人们认为有必要将其拆除。该建筑拆除于1870年后，由此，象征国王古斯塔夫四世·阿道夫最珍视的艺术思想之一的建筑不复存在。

随着1792年3月29日国王的突然去世，哈加公园鼓舞人心和协调一致的力量从此消失。在继任者的领导下，这座园林的建设仍在某种程度上继续着，但已丧失大部分设计所必需的艺术热情和创造力。事实上，许多已经动工或设计完善的建筑，以当时有限的物质和智力资源已难以维持。除非幻想王子用魔杖让一切梦想成真，否则这样的梦想怎么可能实现呢？

若说哈加公园林氛围犹存，这要归功于美丽的风景以及与之相关的记忆，而非那些残存的完整或不完整的建筑遗迹。林纳希尔姆如此描述该园林："千变万化的山谷与丘陵，有的生长着北方四季常青的松林，有的孕育着郁郁葱葱的落叶林。"（参见627页，图229）或许这并非古斯塔夫三世设想的哈加公园，那里本该林立着具有古典艺术和异国情调的纪念碑。但无论如何，哈加公园仍然独具庄严壮丽而又田园诗般的魅力，这里最为和谐，是展现北部风貌的特色景点。

哈加公园一个带有贡多拉石窟的海神庙。派帕绘制，藏于瑞典皇家美术学院

第 二 十 二 章

卓 宁 霍 姆 宫 的 英 式 园 林

派帕从英国回国的前几年，古斯塔夫三世就提出了在卓宁霍姆宫建一座英式园林的想法。这在一定程度上可能是受到钱伯斯著作的影响，当时他对钱伯斯的著作尤为痴迷。1777年，他成为卓宁霍姆宫的主人。根据当时资料记载，这位国王"除了装饰这个乡村住宅外，别无他想"。[1]为此，国王召见了英国园丁威廉·费伦，他与科克里茨同时受命，共同为老游乐场北部的全新布局出谋划策。然而，供他们施展才能的那片开阔场地大水漫灌，为此首要措施就是开渠排水。但与此同时，还设置了温室（西北方向），因此两人的合作似乎尤为重要。

新园林已知的最早的平面图可追溯到1777年。这幅图中的运河弯弯曲曲、毫不规则，可能是受地形影响。运河的水道宽度相当均匀，成为整幅图的动脉。根据运河的后一特点，其在后续所有平面图中的重要性都不可估量。河道随着地形变化扩大或缩小，因此成为富有弹性而有效的组成元素。在这幅早期平面图所绘建筑中，特别值得一提的还有一个古典圆形大厅（纪念碑岛上的爱神殿）、一个有三座塔的中世纪城堡（哥特式城堡，位于格利亚山）、老园末端作为观察点的"格罗伊尔神庙"（后来称为双子星殿），以及寺庙北部的"古斯塔夫·阿道夫的胜利之柱"（可能是园林北部的一个观察点）。该平面图还绘制了一些较为常规的灌木丛、树篱和其他种植园。

1780年秋，从英国回来后，派帕便成为负责卓宁霍姆宫新布局的园艺监督。他似乎对已经动工的建造项目不满，因此他起草的新项目主要侧重于对供水的合理开发，同时兼顾场地的艺术规划。这一点在一份不完整的手稿中可以明显看出，该手稿被称为《卓宁霍姆宫新园林布局项目规划》，收录于派帕在瑞典皇家美术学院的画作。这是一份关于卓宁霍姆宫园林建设所需资金和人力的初步报告，内容并不完整，也无日期。然而，该手稿必定起草于派帕回瑞典后不久，其中所绘内容可从一个也许同时进行的项目（藏于瑞典皇家档案馆）得到说明。

不过，在对这些文件进行更详细的研究之前，不妨简要地谈谈两幅早期的平面图。其中一幅（藏于瑞典皇家档案馆）是彩绘，题有"1778年与1779年卓宁霍姆宫内英式花园平面图"。虽然没有署名，但也许由科克里茨绘制，当时他负责园林设计工作，而威廉·费伦可能负责种植园。但无论这幅平面图出自谁手，其特殊意义在于传达了一种理念，即在派帕回来之前，园林就已设计完毕，并且部分建造已竣工。稀疏的轮廓和一些小小的补充，同样的设计也出现在收藏于瑞典皇家美术学院的派帕绘画中。这幅平面图还有如下铭文，如今已难以辨认："卓宁霍姆宫的新娱乐场地，由弗雷德里克公爵[2]仔细复制。"

---

[1]参见尼尔斯·沃林：《卓宁霍姆宫园林》，斯德哥尔摩，1927。书中英式园林的章节包含卓宁霍姆宫历史相关文献资料和参考资料。
[2]国王的弟弟，弗雷德里克·阿道夫公爵。

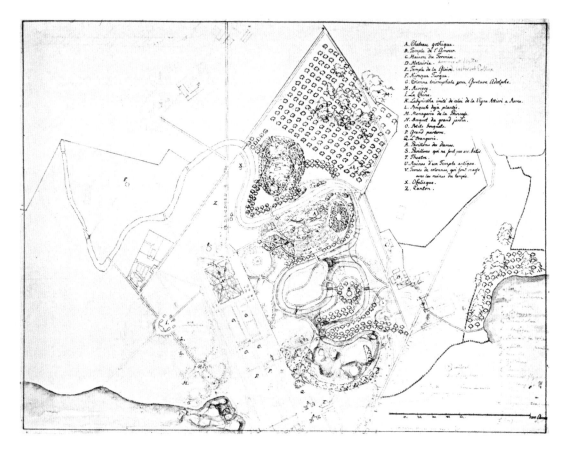

A. Chateau gothique.
B. Temple de l'Amour.
C. Maison du Termier.
D. Metairie.
E. Temple de la Gloire, entouré de Colline.
F. Kiosque Turque.
G. Colonne triomphale pour Gustave Adolphe.
H. Aviory.
I. La Chine.
K. Labyrinthe imité de celui de la Vigne Altieri a Rome.
L. Arquate déja plantés.
M. Menagerie de la Basseuse.
N. Banquet du grand jardin.
O. Petits bosquets.
P. Grand parterre.
Q. L'Orangerie.
R. Pavillons de Danse.
S. Pavillons qui ne sont pas encore bâtis.
T. Theatre.
U. Ruines d'un Temple antique.
V. Terres de colonnes, qui font masse avec les ruines du temple.
X. Obélisque.
Z. Canton.

卓宁霍姆宫英式园林平面图。派帕于 1781 年根据科克里茨 1779 年的平面图绘制, 疑为弗雷德里克·阿道夫持有

　　然而, 这幅图让我们感兴趣的并非抄写者的身份, 而是后面用铅笔添加的内容。这些增加的内容笔迹更为清晰, 而且列举了一些新设施和建筑物的清单。从笔触和笔记可显然得知, 这幅画出自派帕之手。可以肯定的是, 这幅画作奠定了他对卓宁霍姆宫英式园林进一步研究的最初构想。

　　派帕指导的新布局包括旋转木马、王子凉亭、浮桥、戴安娜岛、根桥、根桥对面的座位、隐士住所、新橘园、宝塔、植物群、骑马场、警卫亭、洗浴棚等。在该平面图中, 运河的弯曲路线和形状没有任何明显的变化, 因此, 这似乎只是派帕不久后提交的更详细的初步草图。在项目工作计划(初步草图)中, 派帕对园林完善所必需的内容进行了归纳, 总结为以下几点: 1.对树林的旧水库进行清理和疏通, 重建水房, 安装新泵。2.建造一台引水机将湖水引到水库, 以备不时之需。3.整个园林的低洼处应设置下水道和石头涵洞把酸性水引入运河。4.在某些地方, 应将运河加宽, 将两个急转弯结合起来, 形成一个大而高且陡峭的岛屿, 那里应建造寺庙。5.倘若原有的下水道不够用, 可让运河从菜园穿过, 流入湖泊。如此一来, 源自水库的水流可借助引水机得以循环利用, "由运河上游

石窟处的水泵涌出，随后从运河汇入湖泊"。6.每隔一段距离，运河都应设有砖砌的梯级，旁边应有临时地下出水渠。

通过这些举措，派帕还希望使这条蜿蜒的运河更具特色。在平面图上，运河在某处分成两支，如手臂围住小岛。在别的地方，河床又可能变小，堵塞形成瀑布，上方有桥梁横跨。而在某些地方，两侧树木茂密的树叶在水面形成拱顶。派帕在西北部的运河起点处设置的石窟独具个性，有着重要意义。据平面图所示，石窟是为了隐藏运河源头让其拥有自然效果。这些设置在运河东部的平面图以及石窟的立面和截面图中都有特别说明。（彩绘版画）从图纸上判断，石窟由粗糙的或劈开的石块组成，这些石块堆积成陡峭山崖，裸露于石窟前方水域，在石窟入口处形成一个粗糙的拱顶。如此构造目的十分明显，旨在模仿中英园林内类似于石窟的设计，但与布里斯托尔地区多孔的凝灰岩不同，瑞典的石头并不适用，因此构造更为简单明了。

根据同一份文件，购买合适的乔木和灌木对这个地方的发展也非常重要。派帕（第三条）建议，这些树木应"部分从国外订购，特别是从汉堡，部分在国内购买。可在某些大片土地上种植浓密的森林，而在其他地方布置开阔的植物形成远景，种植乔木和矮丛以便装饰之需"。因此，这些种植园给园林增添了柔和度、凌乱美、多样性以及如画般的魅力。简而言之，就像英式园林那种野生自然的气氛。

此外，派帕建议应该在边界建设大路或环路。这条路称为大步道，并以此为起点在适当位置与内部相联通。然而，他谨慎地补充说，除此之外，可能还需要许多现在无法准确估计的其他工作。这一假设在随后几年得到证实，因为事实证明这项工程远比设想的更费人力和物力，这也是未完工的原因之一。经过很长一段时间，排水通涝，稳定供水，道路铺设，树木种植，这一系列工程才得以完成。这项工程占据18世纪80年代大部分时间，国王也饶有兴趣地跟进，甚至他在国外（1783—1784年）期间，也通过地图和文字了解进展。这十年派帕和威廉·费伦都致力于卓宁霍姆宫建造。1789年，后者获得一笔奖金作为其在英式种植园对那座岛屿的操劳和监管工作的奖励。然而，派帕的艺术管理，我们可以从他一些画作中明白，多少有些差强人意。

正如我们所见，在与上文引用的文本相对应的平面图中，人们可观察到与前文提及的草图相关的某些变化。（参见631页，图235）特别有趣的是运河起点处的石窟，位于哥特式城堡的北面。石窟前方是一个小岛散布的小湖，有些岛屿由桥连接。这可能是园林最为引人入胜的景点之一，派帕专为其绘制了一幅设计图进行详细说明。

在石窟不远处，偏西北方向，他画了一个凉亭。这个凉亭有一个圆顶和四个突出的门廊（他在哈加公园也设计了这种建筑），但整幅设计图的最高点是一个位于最西端的方尖碑。以此为起点，共有四条长长的道路向东向南延伸，通往主要的纪念碑。

被破碎的柱子和其他建筑碎片包围的古典教堂。疑为打算建在卓宁霍姆宫的英式园林。派帕绘制。藏于瑞典皇家美术学院

　　然而，新园林的中心是纪念碑岛，该岛被一个更宽的环状运河所隔，并由桥梁连接。林木繁茂的小岛上有一个凉亭，名为爱神庙。而在其他地方，早期运河河岸和其他地方常规种植的树木都已被乔木和灌木丛所取代。奇怪的是，这幅平面图中，派帕并未像在早期草图中那样标记任何旋转木马和骑马道。他尤为关注树丛之间的远景，以及通过蜿蜒的水面和起伏的地面获得的风景如画的多样性，在这里，某些建筑纪念碑成为中心主题。

　　在派帕为园内建筑专门设计的平面图中，中国宫到弗洛拉山路旁的一座宝塔也值得一提。另一幅画可能与园林的早期发展有关，描绘着一个两侧都有围墙和破碎柱子的多利安圆形建筑。这个建筑几乎难以找到额外证据来确定其建造目的以及地理位置，但这幅图仍具有特殊意义。它表明了派帕这种浪漫的设计类似于蒙维尔花园的某些建筑，还有埃尔姆农维尔庄园未完工的哲人堂。

卓宁霍姆宫运河水源处的石窟。
派帕绘制，藏于瑞典皇家美术学院

有关18世纪90年代前期的描述，我们可以参考林纳希尔姆1795年7月16日信中如诗般的文字：

进入英式园林，首先映入眼帘的是一片清朗而阴凉的桤木林，中间是人行道。在树林的尽头，有一条可爱的小溪，别具艺术格调，蜿蜒流经乔木或灌木丛遮蔽的良田。树林左边是一座优雅小桥，通往灌木丛生的大岛屿，而右侧桤木成荫的拱形桥似乎由树根组成，可通往戴安娜岛，岛中央是一座美丽的戴安娜雕像。如若沿着园林这边的道路前行，将会穿过一片可爱的草地，进入一个漂亮的小树林，小树林环绕着一片美丽的草坪，而草坪有一条菩提树林荫道。小树林入口处的枝丫下方是一尊白色的大理石雕像，还有三个在草坪较远处，一眼难以完全察觉，若隐若现，因此从远处观望，风景似乎每一次都有所不同。小树林尽头处，各种各样的小径以一种奇特的方式排列着，令人疑惑不解：在一个看起来如此有限的地方，其中一些小径怎么可能这么长？我曾在一个美丽的夏日黄昏来此参观：壮丽的夕阳余晖落在平静的水面，万物融为一体，和谐而美丽，粼粼波光反射在灌木上，而这些灌木又倒映于水面。在这庄严肃穆的环境里，两只天鹅泛于湖面。听到我的脚步声，仍傲然向我游来，只要我还沿岸走，它们便穷追不舍。（参见632页，图237）

小树林外面是一片广阔的田野，四周环绕着其他茂密的灌木丛，穿过灌木林开口处，就会来到另一片田野。一片不同寻常的高地在那里耸立着，上面有古斯塔夫三世的纪念碑，是他创建了这个园林。纪念碑下方，许多林荫道通往四面八方，仿佛从中心点发出的辐射光束。

如果说哈加公园是一个完美的自然田园诗般的地方，国王更喜欢在那里隐居，那么卓宁霍姆宫则是一个喜庆的娱乐场所，这里极具古斯塔夫三世喜爱的宫廷奢华，此外，精彩的戏剧表演将在这里尽数上演。这里有一条骑马道，也可用于环形道或中世纪锦标赛，这里也有让·路易斯·德斯普赫兹设计建造的歌剧院。中世纪的民族主义崇拜构成了浪漫主义的一个重要因素，因此产生了隐士住所和哥特式塔等典型建筑。派帕将这类建筑引入哈加公园，而在卓宁霍姆宫，以前文提及的哥特式塔为例。在按照让·路易斯·德斯普赫兹的设计进行建造之前，这座建筑逐渐沦落为一个单独的塔，但无论如何仍具有典范地位，且可作为中国宫的对应建筑。在派帕1797年题为"园林的总体规划与改进草案"（彩绘版画）的设计图中，近期竣工的哥特式塔也包含其中。这座塔是园林两个核心之一（另一个是纪念碑岛）。从塔的位置辐射出五条道路，西北方向的三条通向隐士住处、土耳其帐篷、加洛蒂的住所。[①]第四条往南，就是本文所说的金字塔，与前

①这座建筑建于18世纪90年代，是芭蕾舞大师加洛蒂的住所，位于园林西北角。小小的隐士住处，据推测与哈加公园内的相似，同属一个水平面，但稍微往南一些。帐篷和金字塔位于更远的南方，而纪念碑将取代以前的爱神殿。

面提到的园林纵轴上的雕像柱位于同一位置。最后即第五条通往正东方向的纪念碑岛，根据派帕的提议，纪念碑岛的圆形建筑改成了长生寺，换句话说，是古斯塔夫三世的古典纪念碑。在接下来的几年里，这个圆形建筑成为派帕施展兴趣和艺术野心的最佳场所，整个建筑矗立在高高的纪念碑岛上，那里已经搭起了一个土丘，作为国王纪念碑的基础结构。人们提出了各种各样的建议，有的认为可在土堆的顶部展示国王的半身像，有的则认为建造一座纪念建筑。派帕绘制了几幅平面图，图中一个圆形大厅矗立于土堆，周围环绕着乔木和灌木丛。

这些早期图纸的日期不详，但根据前文提到的总设计图可知，可能完成于1797年之前。一幅较小的略带彩色的画作可能也属于这个系列，标题为"不朽的古斯塔夫三世"。这幅设计图画着一个开放的圆形建筑，有8根柱子，屹立于土丘顶部。（彩绘版画）还有一个相似的作品，但规模较大且有浮雕装饰的方尖碑，位于圆形建筑下方的庙宇两侧，题写着"古斯塔夫三世的埃斯奎斯神庙"。这些方尖碑与四周的树木让周围环境显得更为肃穆，同时这些方尖碑是为纪念国王最亲密的朋友和顾问克雷伊茨和舍费尔而建，上面刻着他们的名字。第三幅画题有"卓宁霍姆宫尊贵的创造者纪念项目平面图，于1798年由皇家娱乐园林的管理者派帕绘制"。这座寺庙已经扩建，共有12根石柱。小山上蜿蜒的道路旁，有两座象征深思的方尖碑。（彩绘版画）在另一个较大的设计图中重复了同样的建筑，然而，侧面的纪念碑不再由方尖碑组成，克雷伊茨的纪念碑为一根断柱，而舍费尔的纪念碑则变成了一个有底座的纪念碑，类似于中国的纪念碑。除了这些画作，派帕还负责设计布局。其中一幅画显示了他是如何在山坡上不规则分布的树木之间铺设通往寺庙的蜿蜒道路的，而另一幅画则显示一排排树木从山顶上的寺庙延伸出来。

倘若派帕的想法未得到有影响力的人物的支持，他肯定不会再为此花费这么多精力，其中卓宁霍姆宫的州长巴伦·拉兰姆尤为值得一提。无可否认，该方案构思良好，设计精美，与古斯塔夫三世的艺术追求高度吻合。在此情境中，舍费尔和克雷伊茨的纪念碑位置恰当，屹立于国王纪念碑旁。但该设计所需的资源还没到位。随着时间流逝，皇家魅力的光辉逐渐黯淡，寒风开始席卷国王的游乐园林，浪漫的梦想随之消失在灰色的黄昏。

在1797年的总设计图中标出的建筑还有隐士住处、土耳其风格的帐篷（警卫亭）、纪念王后海德维希·埃莱奥诺拉的金字塔，是她下令建造了这座城堡（竣工时的中心轴花园）、可俯瞰旧园林的中式塔、花神雕像、戴安娜岛；古老的叶棚，作为突出门廊下的地下室，与一座轻巧拱形桥连接（在池塘后面的挡土墙）；一个更高的和一个较低的池塘的岩石间有小瀑布涌流，可能围绕着大力神雕像；斜坡上的草坪上，大约有15棵桤木环绕着池塘；运河根据已故国王本人的项目继续建造（运河继续穿过湖中小岛向北部和西部蜿蜒流去）；树木在运河狭窄部分形成拱桥；一条新路根据已故国王的项目继续绕着加洛蒂之屋，而后面是洛旺岛的隐士住处；大步道可通往新旧园林任何区域，而最后的小长廊源于老橘园，沿着运河从长生寺穿过，然后穿过中式桥回到大剧院。

　　除了哥特塔，设计图中标出的建筑中，只有蜿蜒的运河、小径和一些种植园得以施工。大多数建筑纪念碑仍然停留在纸上，整幅设计图更像是一个宏大的草图，而不是一个完成的艺术品。在随后的几年里，由于没有进行什么维护或开发，总体设计的线条、乔木和灌木丛的组合、地面的造型和蜿蜒的水流都逐渐被大自然之手所掩盖或抹去。因此，卓宁霍姆宫的英式园林从未得到充分开发，无法匹敌城堡前面定义明确的正式花园。最后的分析得出，这个庄严的巴洛克式花园代表了园林的主题。派帕显然很清楚这一点，他希望通过对1797年的设计图进行一些修改来对其进行修缮。但这也从未被实践。他尤为强调对大力神雕像前后的两个大花坛进行修缮，以及花坛后面的梯状墙，这堵墙是通往修士山之路的终点。

　　在1797年的总设计图中，这些区域的变化在派帕于1796年12月起草的《皇家游乐场的规划和设计构思》中有更详细的描述。他指出，老叶棚墙改造为承载画廊或柱廊的粗糙地基与横跨中央大街略高的拱形桥的结合，共同将大道终点延展至古斯塔夫二世·阿道夫或这座城堡的最初主人王后海德维希·埃莱奥诺拉的锥体纪念碑，这座纪念碑位于空旷的林荫道尽头的高处。总而言之，派帕希望通过某种画廊式的栏杆，超越旧的叶棚墙，打造一个更有效的中央花园终点，或者最终，通过切断中间的围墙，修建一条宽阔的大道，通向背景中的山丘，那里将竖立一座高高的金字塔或纪念柱。他心中的构图在几幅图上均有说明，这些图纸大体一致，但细节有所不同。但是，由于这些设计是对旧的正式花园进行一种更自由、准风景如画的风格改造，与英式园林几乎没有或毫无联系，因此我们对此不多做赘述，何况这些设计从未被实施。

　　从1781年到1810年，派帕一直致力于卓宁霍姆宫园林建设，偶尔极具热情。他在这里的影响不及哈加公园，但是他在这座园林绘制的设计成果更为丰硕，对瑞典英式风景园林的发展具有重要意义。

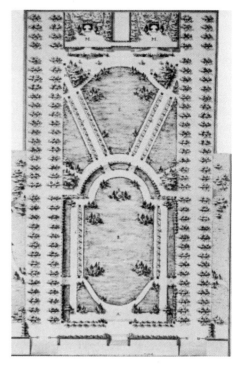

卓宁霍姆宫法式园林装饰花坛的修缮计划。派帕绘制（1803），藏于瑞典皇家美术学院

第 二 十 三 章

派 帕 晚 期 的 公 共 与 私 人 作 品

与法国和英国的许多当代园林设计师一样，派帕并不完全反对传统的正式园林，尤其是与古典设计的住宅建筑有关的园林。在晚年，他创作了上述《皇家游乐场的规划和设计构思》，并配有设计图：蜿蜒小径和河流、岛屿、灌木丛和装饰性凉亭，道路通往四面八方。他还描述了游乐场各个部分，阐述了主要构建原则：

在要加以润色的区域，首先应检查不同截面及其特点。

然后选择适宜装饰（建筑）来增强每个区域的表现力。

可以在那些缺乏和需要植被的地方增加必要的种植园，也可以移除那些可能阻碍美景的老树和灌木，然而，所有人力和物力都应尽可能用于现有林地。

调查之后，因地制宜选择池塘和运河的地点。

然后标出道路和小路，以便穿过所有主要装饰。

应避免一切非必要道路。道路应自然延展，灌木丛边界不宜有太多弯道。应设置若干通向树林的小径，或隐藏在树林外围，或分散于独立的树林。

实际的种植区域，应尽可能构成环绕整个园林的大片连贯区域，以及形成常见而精心照料的草坪。最后，应该选择合适的植被掩饰或覆盖寸草不生的土地，一眼望去，园林内外布局的美丽风景便可一览无余。（以上为游乐场的布局规则）

离主殿最近的区域应该是常规风格，必须考虑便利度，并且座位的宽敞度需满足王子和贵族的需求。

纪念碑和亭子不仅应作为长远视野的终点，而且还应增强如画性，因此必须部分隐藏，不宜在同一点便一览无余。

在专注于对令人应接不暇的景观的形式、风格和特征进行观察和记忆时，双眼可在中间的树林区域稍作休息。

不宜一览无余的原则也应适用于小径和水道。它们应"给人一种比实际情况更为广阔的印象，在种植园间蜿蜒前行，时隐时现"。

这些原则也适用于一座宏大而高贵的园林的理想设计，派帕在为斯德哥尔摩中部的旧公共花园（称为皇家花园）和旧军工厂周边地区设计新布局时也考虑到了这些。这些建筑的规划相当有规律，但通过使用大型开放草坪和不规则的灌木丛和乔木，规则的印象得到了平衡。这条长而直的小路基本上是按照派帕1796—1797年的设计修建，但正如他在一份备忘录中所说，灌木和矮树丛的种植似乎并未按照他的意愿。

新树林应高于地面两层半到三层，树冠高度逐次降低，形态各异，从而形成锥体形状。（从远处看）

有趣的是，派帕因此不仅试图实施一个布局统一的设计，在这种设计中，狭长远景为主导风景，但他也努力在某些区域设置其他景观予以调节。然而，在这种情况下，派帕的大部分设计仍未付诸实践。实际上，这个园林真正得以实施的设计不久便被迫夭折，而皇家园林仍然是一个空空的"花园托盘"，尽管在尽力改善，但园内草坪和砾石平原问题依旧未能解决。

在派帕后期为私人创作的作品中，东约特兰的比亚尔卡·萨比和斯德哥尔摩郊区的利斯顿山地区的园林值得一提。在瑞典皇家美术学院的派帕收藏品中可以看到这些地方的许多有趣的图纸。在比亚尔卡·萨比，住宅和场地近年来都经过重大改造，但两层楼高的大型椭圆形沙龙仍然是亚当斯兄弟在瑞典影响力最大也令人印象最为深刻的标志建筑。

1790—1791年间为英国公使罗伯特·利斯顿建造的利斯顿山，现今保存得相对完好。虽然内部装饰得以更新，周围的场地也因斯德哥尔摩市民的新步道而缩减。房子很简单，具有乡村特色，但与周围的风景完美融合，从这里可俯瞰港口入口处的船只进出，趣味盎然。

作为一名园林设计师，派帕一直坚守他在英国学习期间所接受的原则，但这并没有阻止他对当地自然条件的利用，例如地形特征、河道、树丛、位置优势等。他懂得与自然打交道的艺术，懂得如何解读自然的暗示，揭示自然的含蓄美。正是这种能力使他成为一个有创造力的艺术家，即使仅从小范围而言。在思想和理论上，他都受到规则和模型的约束，但其内心与自然和谐统一，把自己最好的成就归功于大自然的启发。

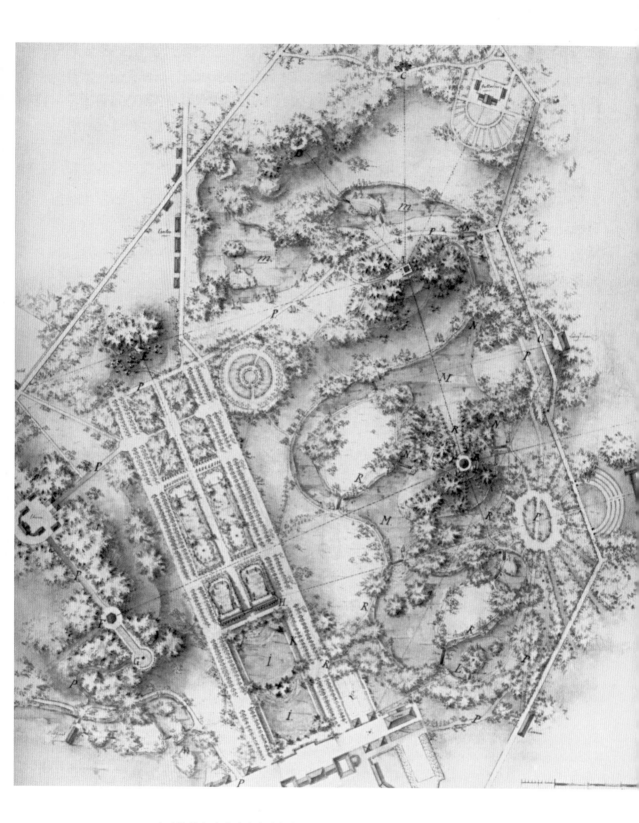

由派帕提出改进的卓宁霍姆宫园林（1797）。藏于瑞典皇家美术学院

第 二 十 四 章

部 分 瑞 典 乡 村 的 英 式 园 林 ：
18 世 纪 末 期 新 风 格 的 传 播

在18世纪末期瑞典新园林风格的代表人物中，派帕毋庸置疑最为突出，但绝非唯一人选。其他人即使受到的教育不如他的系统，也同样全心全意致力于相同的艺术活动。这个国家的许多地区都有英式园林，这些园林的设计图毫无疑问远多于实际建筑。这些园林不仅风格新颖，而且满足实际需要。在瑞典，对自然的浪漫崇拜拥有肥沃的土壤，几乎不可或缺。

对《论文》这种著作生发的兴趣甚至在当代报纸也有所反映。人们对新式园林及其相关事物的广泛兴趣，都获得具有说服力而又奇妙的证据。但本文不宜引用当代媒体的言论。相反，我们将考虑一些英国南部现存的园林，它们仍然是英式风景园林的典范。

其中最好的园林之一是卡尔马附近的瓦尔纳纳斯园林，这里曾是阿克塞尔·乌克森谢纳[1]的住所，但在18世纪末期完全重建，当时属于卡尔·曼纳斯坎茨少校，他本人是一位能干的建筑师和园林业余爱好者。他曾游历欧洲大陆，对埃尔姆农维尔庄园等新式浪漫风格园林饶有兴致，他的日记就是见证。回国不久，他便动工建造新住宅和大型英式园林。房子和园林仍然存在，尽管后者的大部分已几近废弃。然而，园林浪漫的隐居气氛似乎丝毫未减，即使园内远景和如画景观已经大打折扣，不如从前饱受赞美。树木主要是山毛榉和橡树，按照英式风格，都是成群结队分布，最初用于分隔或框起草地和山谷。道路随着地形蜿蜒铺展，游客可随之来到各种令人惊奇的小装饰建筑或休息场所，这些地方经过精心规划，风景如画，令人印象深刻。其中一些建筑现仍存在，如中式凉亭、隐士住所和陵墓，其他建筑仅可通过当代图纸研究，大部分由卡尔·曼纳斯坎茨亲手绘制。受到钱伯斯书中插图的启发，他为此对瑞典保存的最具特色的中式凉亭提供了两三种不同的设计。（参见635页，图242）从平面图可知，这是一座八角形建筑，有像帐篷一样弯曲的双层屋顶，突出的角落有装饰性的蜗纹，铃铛从屋角悬挂下来。高大的窗户和屋檐下的饰条都采用了中式格子，而门上的装饰则来历不明。从图上看，这种优雅的装饰效果最初是由木制品的淡红色和屋顶的绿色所表现出来的。室内设计也同样有趣。（参见636页，图243）墙上挂满了中国绘画，虽不是艺术品，却并不显得格格不入，反而有助于营造一种氛围。下面的镶板上有格子图案，而现存的家具中还有参考中国竹器制作的椅子和沙发。

林纳希尔姆为瓦尔纳纳斯林绘制的画作中，《中国壁龛》的图纸已不复存在，但在附近的克里斯蒂娜隆德园林仍有一座非常相似的建筑，该园林也有东方装饰元素。（参见637页，图245）从林纳希尔姆的图纸作品，我们同样可以获得一种宁静感。这是一个更深的、凹室式的建筑，位于广阔的平台上，小湖畔有一顶土耳其帐篷，顶部有一轮新月。

①阿克塞尔·乌克森谢纳（1583—1654），瑞典首相。——译者注

除了这些或多或少具有异国情调的装饰之外,还有一个用树根和树枝建造的隐居之所。这个隐居之所最初覆盖着苔藓,建在一座山上,山上流水潺潺,有一条乡间堤道横跨溪上。(参见634页,图241)根屋和溪上小桥共同组成了一幅别具特色的景象,这很可能是受到了埃尔姆农维尔庄园类似主题的启发。这一场景在吕德布霍尔姆园林(斯德哥尔摩附近)也再次出现,然而,那个园林的隐居之所高度相对低于小桥。

然而,园林内最好的纪念性建筑由建筑师卡尔·弗雷德里克·松瓦尔建造。这是纪念卡尔·曼纳斯坎茨的第一任妻子克里斯蒂娜·林德曼的纪念碑,她于1801年去世。这座建筑由四根没有底座(所谓的巴勒斯坦式)的巨大多利安柱组成,支撑着一块刻有"献给逝去的朋友"字样的沉重山墙。基座刻着更详细的铭文,两柱之间的基座顶部有一个瓮。(参见638页,图247)虽然由木头建造,但这座纪念碑是最为苛刻的新古典主义的典型代表,因此,给园林带来了一种新风格。

林纳希尔姆在1803年第二次访问瓦尔纳纳斯园林时,他对这座纪念碑兴致尤浓。这座纪念碑后来为伦巴第白杨树(从他的水彩画可见)环绕,这些树而后又被茂盛的山毛榉树排挤。他还注意到附近一处隐居之地,那里长满了青苔,屹立于潺潺溪流旁,用他的话来说,"这里给人一种近似于忧郁的宁静,或令人厌恶尘世喧嚣",至少对林纳希尔姆这类敏感人物来说如此。

卡尔斯克鲁纳近郊一处名为斯卡瓦的小型园林,布局与瓦尔纳纳斯截然不同,但也是18世纪末期某些主要建筑与园林风格的典型范例。这座园林由瑞典海军的创始人查普曼上将创建。如今仍然保存相对完好,因此仍可表达出这位著名造船商的一些最初理念,他是钱伯斯自童年时期以来的密友。

1785年,卡尔斯克鲁纳海军造船厂的海军上将查普曼接管这处园林,直至1806年。主殿在其接手园林不久便得以动工建造,且建造速度极快,这是由于查普曼可以利用一些来自船厂的技术熟练的工人。1786年,这座建筑堪称"宫殿和农舍、柱子和茅草屋顶"最奇特的结合。如今茅草屋顶已不复存在,但四根高大的石柱和凸出屋顶下的宽阔山墙,仍像庄严的寺庙守卫者一样矗立在这低矮的住宅前面。该建筑平面图和比例的独创性不亚于其室内设计。建筑由两个由横梁连接的矩形结构组成,在平面图上看来有点像细长的字母H。(参见639页,图248和图249)这些马鞍形屋顶下的长长结构,虽然毫无规律,在有些地方还加高了一层楼,而巨大的哥特式窗户相当奇特。若非立面的巨大柱廊如此突出,那么整个建筑就没有什么建筑价值。四根凹槽柱从地面上升起,没有底座,尾部是多利安式的柱头。据我们所知,这是瑞典最早的巴勒斯坦风格典例之一,当时这种风格是整个欧洲古典建筑庄严宏伟的最纯粹表达。

人们可能会问,和这个低矮的木制建筑前的巨大屏风一样,这种新风格是如何引入的呢？原因在于一个众所周知的事实：查普曼当时最亲密的朋友和合作者是著名的业余爱好者和艺术哲学家、海军上将卡尔·奥古斯特·厄伦斯瓦德。通过他的作品和建筑活动可见，他是瑞典新古典主义风格最为杰出的代表。他在1780—1782年期间从意大利发来的信件和笔记，以及众多的建筑装饰草图，都充分证明了这一点。与此同时显而易见的是，他的艺术热情影响了他的创作环境。在查普曼频繁拜访英国期间，他不仅有机会学习船舶建筑，而且还学习民用建筑，他显然急于追随厄伦斯瓦德的脚步，并对他从海军上将那里获得的艺术灵感万分感激。厄伦斯瓦德是否曾为斯卡瓦园林的建筑绘制图纸，我们无从得知，但毫无疑问，他对纪念碑门廊产生了决定性的影响。此外还有一个古典馆，我们在此对其再次阐述一遍。站在这栋大楼前，人们的回忆便情不自禁泛滥，正如海军上将自己的一些感叹。例如，他在柏林的勃兰登堡门雷神像前曾写下："石柱啊，你在这里干什么？""北方人追求大的东西，他得到的太多了。"

这座奇特建筑的内部装饰更直接地表达了查普曼本人的想法，因为在某些地方，可发现造船工人的痕迹，这位船匠对木质结构和船舱的舒适有着敏锐的感觉。这在宽敞而又相当低矮的八角形中央房间表现得尤为鲜明，这个房间有着帐篷一样的开放屋顶和天窗，让人感觉船舱扩大许多。但在楼上一些规模较小的房间也同样如此，如墙壁挂满绘画的书房和墙上被96幅小型中国画（中国使用的各种各样的舰船和舢板）所完全覆盖的小船舱。这位海军上将显然对中国有些兴趣，或者至少对中国特有的船只感兴趣。

从房子的窗户望去，可见一个波光粼粼的海湾，远处是卡尔斯克鲁纳风景如画的剪影。陆地和水面的紧密结合让园林美景更胜一筹。高大的山毛榉树在蜿蜒小径投下深色阴影，在一些地方几乎一直延伸到水边，在另一些地方，海岸上升形成陡峭的悬崖。除了查普曼上将为自己准备的令人印象深刻的坟墓外，园林里没有其他纪念建筑。然而，这座建筑也从未被使用，因为他在1806年卖掉了地产，也就是他去世前两年。崖壁上通往这座建筑大门上的宽山墙从来没有收到过铭文，坟墓两边设置小溪的最初构想也未得以实践。

在离主楼稍高一点的地方，有两座别具特色的建筑，它们代表了当时流行的两种风格——古典主义和哥特主义。这两种风格在当时被引入英式园林，要么相互补充，要么相互对比。

据林纳希尔姆所说，纯新古典主义风格的代表是一个寺庙形式的小凉亭，这是海军上将厄伦斯瓦德的赠品，他亲自负责附近园林的建造和装饰，由此这座凉亭搬迁到斯卡瓦园林。（参见640页，图250）这座建筑的风格与钱伯斯为邱园和其他园林设计的一些小型寺庙形状的凉亭几乎相同，但它由彩绘装饰，厄伦斯瓦德的个性特征也清晰可见。最初，内墙上也有类似的人物构图，黑底黄调，就像古典的花瓶画，但这些如今都已

卓宁霍姆宫纪念碑岛上，两座纪念国王古斯塔夫三世的祠堂，其中一个还有国王顾问克雷伊茨和舍费尔的纪念方尖碑。派帕绘制，藏于瑞典皇家美术学院

消失不见。然而，这些原始的素描被保存在瑞典国家博物馆厄伦斯瓦德素描中，让我们了解到他对希腊花瓶画家风格的谨慎考量。

　　离这个古斯塔夫古典主义晚期的高贵产物仅一步之遥的地方，耸立着一座细长的哥特式塔楼，查普曼可能在英国见过这种类型的塔楼，或者他有直接的英国模型。（参见641页，图252）。这座建筑为纯粹的垂直风格，建造材料是木头，但被漆成石头模样，整体就像是从大教堂的塔上取下来的。其纤细外形、僵硬线性节奏与绿叶成荫柔美的树木形成鲜明对比，从而脱颖而出，满足当时环境的需要，就像土耳其尖塔或中式宝塔一样。按照当时的观念，这种奇特的建筑可随意地用于类似的装饰目的。园林爱好者不是对各种风格的结构特点，而是对这些高大建筑的装饰效果和装饰更感兴趣。这些建筑主要是风景园林的中心主题，是高大的树木和茂密的灌木丛中优雅的象征。斯卡瓦园林的美主要取决于古老山毛榉树木的丰富植被和高贵的纪念建筑之间的平衡。因此，这个园林值得一提，尽管规模不大。

上述文字或许表明了18世纪末期瑞典的英式园林的一些基本特征。我们在此再列举最后一个例子——达尔斯兰的巴尔德斯纳斯园。这个园林在宏大浪漫的风景与风景园林师的作品之间权衡，具有独特之美。巴尔德斯纳斯园林绵延近2英里，倒映于鲑鱼湖，由韦林于1824年入住不久后兴建。然而，在来到巴尔德斯纳斯园之前他对植物和林木便怀有浓厚兴趣，也许他在英格兰（1815—1816年间）便试图以园林爱好者的身份发展这一爱好。因此，来到巴尔德斯纳斯园后，他便得以做好充分准备。他的兴趣在这个园林部分转化成了树林，部分转化为半耕种的海角，在内陆湖清澈的水中留下高岸的倒影，由此构成一个大型园林。通过组合经过整改的地面与合理布局的新植被，整个园林自然美景得以纯粹呈现。韦林在园林方面的成就不仅归功于其理论知识，更归功于他对这个特殊地方的自然及其改造需求和可能性的亲密感受。

首要改造集中在伐木、植树和道路铺设上。据说在这些年间，修建的公路长达七英里多。为给园林提供最好的材料，他兴建了一些苗圃，种植最好的本土树木，如桦树、桤木、白蜡树、栗树和花楸树，同时他从国外进口了一些稀有而美丽的树种。在巴尔德斯纳斯园的空地上，人们仍然可以看到一些壮丽而孤独的树木，这些树木显然曾发挥其作用，就像英式园林那些高大的纪念碑一样，在远处也依旧可见。事实上，韦林是一个闻名遐迩的树木学家，欧洲各国的植物学家都曾参观他的园林。

在最南端，一座方形石塔赤裸裸地耸立在尖利的海角上，几乎像一个海盗巢穴的废墟。（参见642页，图253）这座石塔由当地的石头建造而成，没有任何装饰，小型哥特式窗户原本镶嵌着彩色玻璃。此处风景是通过一些多节的松树和从悬崖上凿出的阶梯完成的。

沿着西海岸时而崎岖的道路，可到达连接港口小岛和大陆的一小块陆地。船屋前布置了一个避风港，既宽敞又具有装饰效果。长长的开放式建筑的屋顶上有多立克圆柱，一端有一个四边形的塔，用来存放桨、鱼竿等物品。（参见643页，图255）如果这座建筑屹立在光秃秃的海岸，几乎难以察觉，但由于它被倒映水中的几棵老桦树包围着，便成了这幅风景画的前景主题。这幅画逐渐扩大延伸至远方，越过银色的鲑鱼湖，一直延伸到对岸比利肖姆以外的树林高地。

从这里沿着小路走到主楼，经过客亭和为儿童建造的小房子，可享受老白杨树下的浓荫，这些白杨在车道上方形成一个拱顶。继续沿着桥向北前行，穿过其中一座别具特色的驼峰桥，在桥的西侧有一座小山丘，山上的桦树阴影下有一座露天剧院。这座剧院的布局仍然清晰可见，尽管部分轮廓已被草木掩盖。稍远一点的东侧是一座更大的树木繁茂的小山，俯视着开阔的田野。这里原有一个圆形建筑，现已不复存在。另外两个同样具有特色的纪念建筑近年来也遭到破坏，尽管差异很大（一个是帐篷状的小柴房，另一个是土耳其馆），每一个 都为巴尔德斯纳斯特有的北方冷杉气息和异国情调的混合做出了贡献。在一个较小的园林内，这样截然不同的结构可能因互相排斥而脱颖而出，但由于园林风景壮丽，足以容其保留各自特色，也反映了园林主人的创造性与想象力。

在房子所在的露台下面的东岸可找到更重要的原始建筑遗迹。在这里可在悬崖上意外发现一个洞口，通往一个叫作海岸石窟的地下室。相对较高的入口朝湖开放，位置相当奇特，给人隐居的印象。（参见644页，图259）入口和矩形房间在某种程度上会让人想起古墓，然而，这种联想并非这个生机勃勃之地的意图。

另一个比巴尔德斯纳斯的海岸石窟更大、更重要的例子是位于梅拉伦湖岸边的罗斯堡的一个大型石窟。这个石窟用以祭奠北方民间传说中的英雄，有时也用于宴会等活动。从当代作家的描述可知，古斯塔夫三世的弟弟查尔斯公爵在执政期间入住罗斯堡，曾在这个石窟组织戏剧表演。（参见644页，图258）

如若不对这种别具一格的石窟时尚进行深入探究，仅依照瑞典园林额外的例子，我们可能会将粗糙而不朽的瑞典花岗岩石窟和18世纪中期英式园林内风景如画的石窟进行对比，后者由多孔的海绵状的石头建成，直接模仿中国模型。这种对比不仅有助于理解两国对自然的处理方式的差异，也让我们意识到在遥远的北方，源自中国的灵感逐渐迷失在北国传奇的茫茫雾霭之中。

沿着巴尔德斯纳斯东岸前行，不久便来到阳伞岛。这座建筑就像一大束灌木和郁郁葱葱的树木临水而立，并通过泥堤与两个桥梁与岸边相连，装饰的白色栏杆在树影婆娑间相连。阳伞岛的名字源于一棵巨大的中国阳伞，给开满紫丁香的树篱内的圆形座椅提供荫蔽之地。如今这些都已消失不见，但灌木仍在。可以补充的是，在园林的其他地方也可以找到与通往岛屿的装饰性桥梁相同类型的桥梁。（参见644页，图257）

在更远处，还有一个小岛，小岛与海岸之间有一处泥堤相连。这就是睡莲居。这是一座小的圆形建筑，中间有一个圆屋顶和一个水池，由高大的树木与外界相隔。这座建筑用作女士澡堂，如今已不复存在，但通过一些图纸仍可领会其独特之处。

事实上，只有借助早期文字说明和图画，我们如今才得以获得对巴尔德斯纳斯全盛时期的完整认识，因为在过去的20年，该园林发生了翻天覆地的变化。然而，尽管已衰败不堪，该园林犹存其独特魅力，即使通过支离破碎的片段，以及由具备景观解读能力的人绘制的美丽风景图，其基本特性的宏伟和魅力也得到充分表达。韦林对这项伟大任务的态度最好也最简洁的表达，也许就是刻在园林入口处悬崖上的那句拉丁语：

来宾们，当这个美丽的半岛向你微笑的时候，请把所有的烦恼都抛诸脑后。

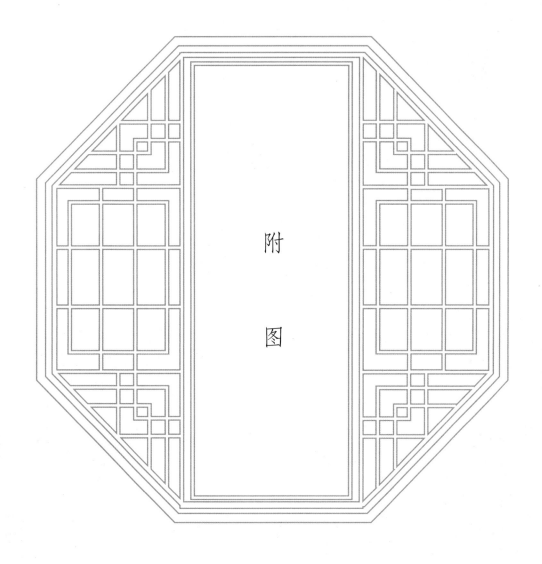

附

图

　　本书现存园林的图片，除特别标注的外，基本上都是作者拍摄的。图1刊于《建筑评论》杂志，图17、图18、图19和图20选自伦敦的《乡村生活》杂志。

　　涉及的建筑图纸和平面图，绝大多数是由奥泽柳斯和尼尔松复制于瑞典各档案机构，另外一些照片是由法国摄影师根据巴黎国家图书馆的印刷品和图纸复制，也有一些来自伦敦的沃伯格研究所。

图2 百灵顿勋爵在奇西克庄园中建的小教堂

图 3 百灵顿勋爵在奇西克庄园的园林。
当代彩色版画，拉斯布雷克·平克思刻制，沙特雷恩装裱于 1748 年

图 4 威廉·肯特为奇西克庄园的半圆形室外座椅绘制的图纸

图 5 奇西克庄园的半圆形室外座椅的现状

图 6　奇西克庄园小教堂前小水池里的方尖碑

图 7　奇西克庄园里运河上的一座桥

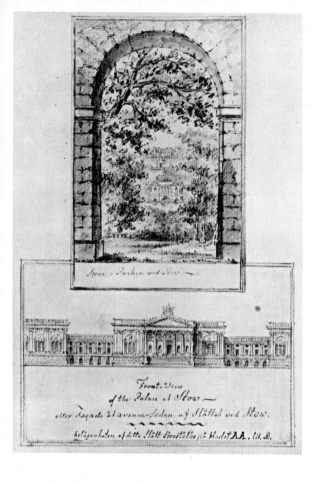

图 8 一张能看到斯陀园里帕拉第奥式桥梁的照片，以及宫殿的正面图。这两张图片由派帕绘制于 1779 年

图 10　斯陀园湖景

图 11　斯陀园里的多立克拱门

图 12 英国名人庙。威廉·肯特建于斯陀园

图 13 维纳斯神庙。威廉·肯特建于斯陀园

图 14　斯陀园中的美德庙

图 15　威廉·肯特在斯陀园为戏剧家威廉·康格里夫
建造的纪念碑

图 16 牧羊人的小洞穴

图 17 镶嵌着卵石的石窟。威廉·肯特建于斯陀园

图 18 胜利神庙 (仿照尼姆的方形神殿)。位于斯陀园

图 19 友谊神殿。位于斯陀园

图 20 从斯陀园的胜利神庙俯瞰古希腊山谷　　　　图 21 威廉·肯特在斯陀园建造的两座多立克神庙中的其中一座

图 22 威尔顿庄园里的帕拉第奥式廊桥

图 23 斯陀园里的帕拉第奥式廊桥

图 24 从房子的露台上看罗珊海姆园的地面

图 25 威廉·肯特在罗珊海姆园设计的普雷尼斯特露台上的
装饰性拱廊

图 26 罗珊海姆园维纳斯谷中的瀑布

图 27 威廉·肯特为瀑布绘制的画

图 28 罗珊海姆园维纳斯谷中的瀑布和池塘

图 29　马尔格雷夫勋爵园林的瀑布。派帕绘制，藏于瑞典皇家美术学院　　图 30　海格利公园内的威廉·申斯通纪念碑

图 31　大雨初歇时伍斯特郡海格利公园的古雪松和小山湖

图 32 海格利公园帕纳塞斯山上的圆顶大厅（小庙宇）

图 33 斯塔福德郡恩维尔公园内的池塘喷泉

图 34　恩维尔公园的哥特式建筑（台球室）

图 35　恩维尔公园覆盖树皮的隐居地

图 36 萨里郡潘西尔公园里的哥特式塔楼

图 37 潘西尔公园的老式水车

图 38 潘西尔公园中一处流入湖泊的瀑布。1779 年
由派帕绘制，藏于瑞典皇家美术学院

图 39 潘西尔公园里的帐篷。派帕绘制，藏于瑞典皇家美术学院

图 40 从哥特式亭子观赏潘西尔公园里的湖泊

图 41 潘西尔公园里的哥特式亭子

图 42 潘西尔公园里一棵古老的黎巴嫩雪松

图 43 潘西尔公园石窟入口处的一棵古老的黎巴嫩雪松

图 44 通往潘西尔公园湖心岛的小桥　　　　　　　图 45 潘西尔公园里的湖泊

图 46 潘西尔公园石窟旁的假山和溪流　　　　　　图 47 潘西尔公园石窟的正面

图 48 潘西尔公园中的中式假山

图 49 潘西尔公园中的湖泊和桥梁

图 50 潘西尔公园的巴克斯神庙废墟

图 51 威尔特郡斯托海德庄园入口处的景色

图 52 斯托海德庄园的湖泊

图 53 斯托海德庄园的花神庙和天堂之泉

图 54 斯托海德庄园的经典小屋（现已被毁）。
派帕绘制，藏于瑞典皇家美术学院

图 55 通往斯托海德庄园石窟的小路。
1779 年由派帕绘制，藏于瑞典皇家美术学院

图 56 斯托海德庄园的景色，能看到万神殿、太阳神庙、梧桐树等。
1779 年由派帕绘制，藏于瑞典皇家美术学院

图 57 斯托海德庄园全景图。
1779 年由派帕绘制，藏于瑞典皇家美术学院

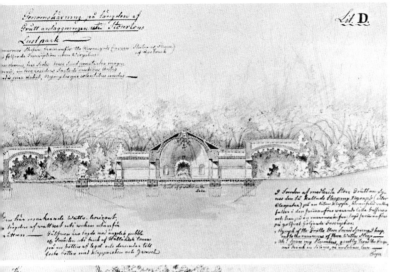

图 58 斯托海德庄园石窟和相邻房间的纵剖面图。派帕绘制,藏于瑞典皇家美术学院

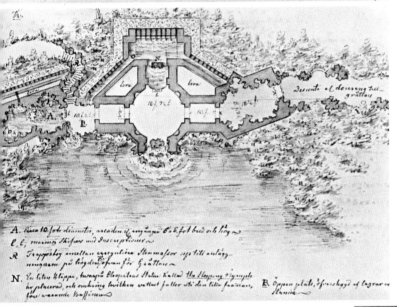

图 59 斯托海德庄园石窟和邻近马厩的平面图。派帕绘制,藏于瑞典皇家美术学院

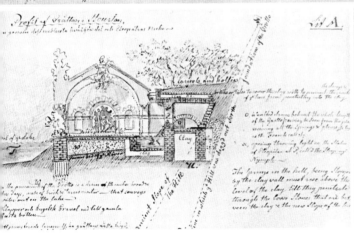

60 斯托海德庄园河神洞穴的横剖面图。帕绘制,藏于瑞典皇家美术学院

图 61 潘西尔公园庄园石窟的平面图。派帕绘制,藏于瑞典皇家美术学院

图 62　斯托海德庄园湖畔的石窟，湖畔带有船屋

图 63　斯托海德庄园湖畔的石窟近景

图 64 斯托海德庄园石窟中沉睡的仙女雕像

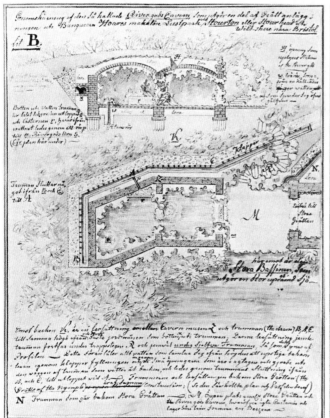

图 65 斯托海德庄园海神洞的平面图和剖面图。
派帕绘制，藏于瑞典皇家美术学院

图 66 斯托海德庄园海神洞及其周围的树木。
派帕绘制，藏于瑞典皇家美术学院

图 67 位于斯托海德庄园湖泊最末端的万神殿

图 68 斯托海德庄园万神殿的外墙和纵剖面图。
柏绘制，藏于瑞典皇家美术学院

图 69 通往斯托海德庄园上部石窟的入口

图 70 从斯托海德庄园通往木头的平台上眺望湖面

图 71 斯托海德庄园德鲁伊牢房与隐庐的草图。派帕绘制,藏于瑞典皇家美术学院

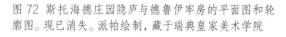

图 72 斯托海德庄园隐庐与德鲁伊牢房的平面图和轮廓图。现已消失。派帕绘制,藏于瑞典皇家美术学院

图 73 从斯托海德庄园太阳神庙露台眺望

图 74 斯托海德庄园太阳神庙

图 75 布伦海姆宫前的人工湖

图 76 布伦海姆宫的沿河步道

图 77 钱伯斯在布伦海姆宫建造的门廊式的亭子

图 78 威尔顿庄园的凉亭，可能来源于钱伯斯的画作

79 钱伯斯在邱园中建造的阿瑞图萨神庙　　图 80 钱伯斯在邱园中建造的贝罗纳神庙

图 81 邱园的野鸡园。现已消失

图 82 邱园的鸟舍和花圃。现已消失

图 83 邱园的阿瑞图萨神庙。
派帕绘制，藏于瑞典皇家美术学院

图 84　钱伯斯在邱园建造的中式宝塔

图 85 钱伯斯为邱园设计的埃厄洛斯神庙

图 86 德罗普莫尔园的门廊式亭子。其柱子裹了一层树皮

图 87　德罗普莫尔园的格子墙

图 88　德罗普莫尔园的中式鸟舍

图 89 德罗普莫尔园中式房子的经典外墙

图 90 德翚普莫尔园的东方元素

图 91 斯塔福德郡沙格伯勒园林中的一座桥梁

图 92 沙格伯勒庄园的中式亭子

图 93 汤姆斯·安森勋爵的猫咪的纪念碑

图 94 沙格伯勒庄园中的一座纪念碑

图 95 位于斯塔福德郡奥尔顿塔公园内的中式宝塔

图 96 理查德·米克在小特里阿农王后花园建造的爱神庙

图 97 小特里阿农王后花园小湖边的假山和栅栏

图 98 理查德·米克在小特里阿农王后花园建造的观景楼（音乐阁）

图 99 玛丽·安托瓦内特王后居住的小村庄

图 100 小特里阿农王后花园小村庄里的水车

01 蒙维尔花园通往马尔利森林的旧通道　　图 102 蒙维尔花园几乎毁坏的小型祭坛

03 蒙维尔花园杂草丛生的金字塔状建筑　图 104 蒙维尔花园的哥特式遗迹

图 105 蒙维尔花园的圆柱形住宅（顶部经过重建）

图106 新绘的蒙维尔花园圆柱形住宅的图纸，藏于斯德哥尔摩国家博物馆

图 10.7 索维尔北园二楼窗户的视野图

图 108 蒙维尔花园建于废墟之上的潘神庙

图 109 蒙维尔花园中式房屋的正视图

图 110 蒙维尔花园中式房屋的侧视图

图 111　巴黎蒙梭公园的金字塔和方尖碑

图 112　蒙梭公园的新空地景观

图 113 巴黎蒙梭公园的海战演习地

图 114 埃尔姆农维尔庄园向南看的景色。迈耶的水彩画,藏于法国国家图书馆 图 115 埃尔姆农维尔庄园的溪流以及杂草丛生的

图 116 埃尔姆农维尔庄园的卢梭的《退想》

117 埃尔姆农维尔庄园秋日傍晚的湖面

118 埃尔姆农维尔庄园石窟里的瀑布。梅里高绘制

图 119 瀑布的现状

120 埃尔姆农维尔庄园狄多洞

图 121 长满青苔的长椅

图 122　埃尔姆农维尔庄园未完工的哲人堂

图 123 勒加缪·德·梅齐埃所建的塔

图 124 勒加缪·德·梅齐埃所建塔的最下面两层

图 125 勒加缪・德・梅齐埃所建塔底层的内部

图 126 卡桑园中式楼阁基座内部

图 127 卡桑园中式楼阁

图 128 卡桑园中式楼阁及其基座

图 129 根据 18 世纪晚期法国国家图书馆的水彩画所造的巴加特勒花园一景

30 爱丽丝·索格雷恩参照莫罗的绘画所刻的版画（1785）。
桥

图 131 爱丽丝·索格雷恩参照莫罗的绘画所刻的版画（1785）。大瀑布。藏于法国国家图书馆

32 巴加特勒花园大瀑布旁混乱堆积的石块

图 133 巴加特勒花园横跨河道的垫脚石

图 134 巴加特勒花园曾支撑哲人堂的假山

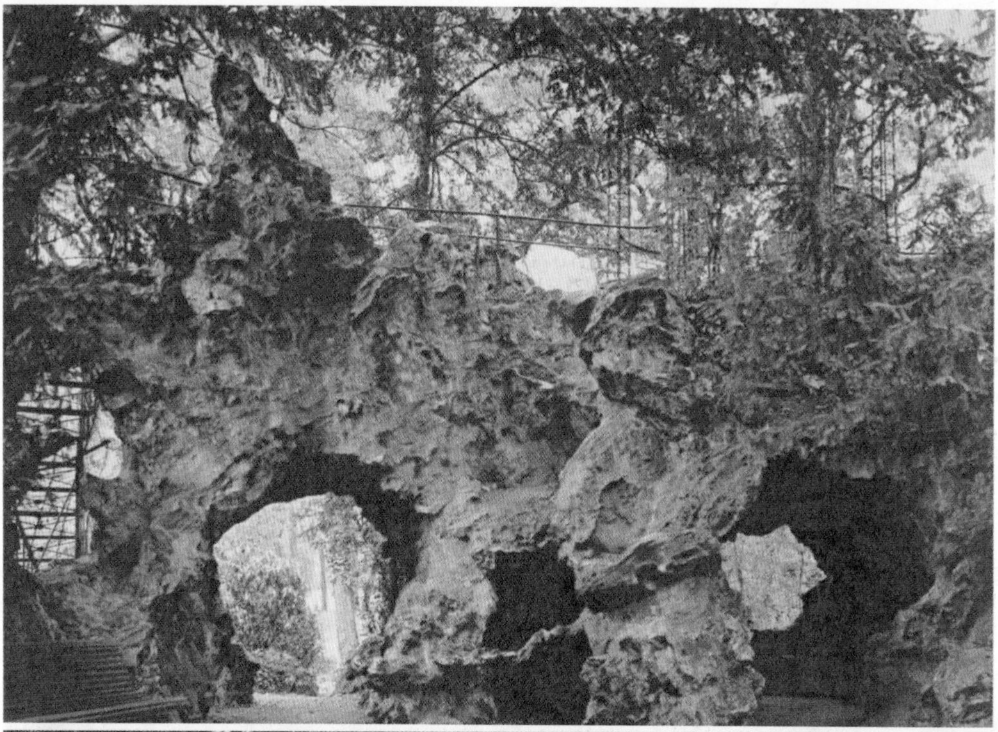

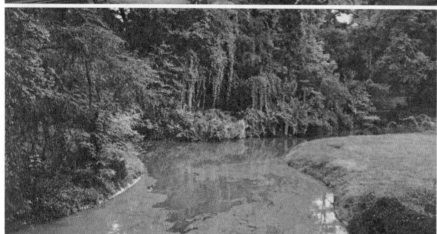

图 135 巴加特勒花园的流水

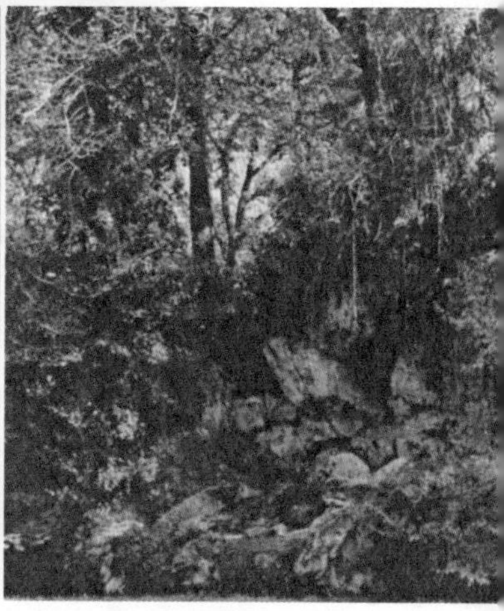

图 136 巴加特勒花园的一个古洞

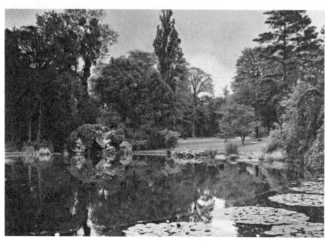

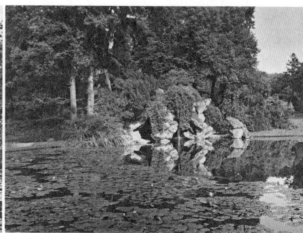

图 137 巴加特勒花园的睡莲池及古石

图 138 巴加特勒花园的睡莲池与古石

图 139 圣詹姆士宅邸。贝朗格建造的一处住所

图 140 圣詹姆士宅邸的一座桥

图 14 雪腾大上宫殿的装饰性瓶

图142 圣詹姆士宅邸公园的一角

图143 圣詹姆士宅邸。
贝朗格所绘的神庙前面的石窟。
藏于法国国家图书馆

图 145 圣詹姆士宅邸的中式凉亭和地下隧道。约翰·C·卡拉夫特雕刻　　　　图 146 圣詹姆士宅邸。粗糙拱顶下的神庙的。

图 148 麦莱维勒园林乳品场和周围景色。当代作品

147 麦莱维勒园林的大瀑布

图 149 麦莱维勒园林乳品场的中部。摄于 1947 年

150 麦莱维勒园林的大瀑布和凯旋门的景色。当代作品

图 151 麦莱维勒园林的金珠桥

图 152 麦莱维勒园林的爱神殿。当代作品

图 153 麦莱维勒园林的观景楼。模仿竹子的外

图 154 巴黎博马舍花园。贝朗格的水彩画，藏于法国国家图书馆

图 155 巴黎博马舍花园。贝朗格的水彩画，藏于法国国家图书馆

156 麦莱维勒园林的一个石窟　　　　　　　　　图 157 麦莱维勒园林的一座简易桥梁

图 158 朗布依埃城堡的贝壳别墅

图 159 朗布依埃城堡贝壳别墅的内

图 160 朗布依埃城堡。英式园林的秋景

图 161 朗布依埃城堡。隐士住处和小教堂

图 162 朗布依埃城堡空心假山上的中国宫。由乔治·路易·勒鲁热雕刻　　　图 163 朗布依埃城堡的乳品场。戴维南建于 1786

图 164 朗布依埃城堡空心假山上的中国宫。摄于 1948 年　　　图 165 朗布依埃城堡带有洞穴的乳品场内部

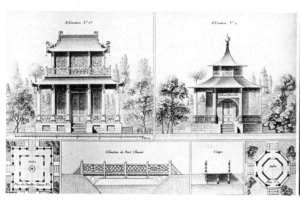

图 166 阿曼维利埃庄园里的两座现已被毁的中式凉亭　　　图 167 郎布依埃城堡的贝壳别墅与周围风景。参照乔治·路易·勒鲁热的版画制作

图 168 卓宁霍姆宫中国宫

图 169 卓宁霍姆宫中国宫

图 170 卓宁霍姆宫的中国宫。由阿德克朗兹绘制。藏于乌普萨拉大学图书馆

图 171 卓宁霍姆宫中国宫附近的一座塔可能由克朗斯提绘制。藏于瑞典国家博物

图 172 卓宁霍姆宫中国宫的凉亭

图 174 卓宁霍姆宫原有的鸟舍

图 176 卓宁霍姆宫的塔。派帕绘制于 1781 年。
于瑞典皇家美术学院

图 177 卓宁霍姆宫的中国塔。德斯普赫兹绘制，
藏于瑞典皇家美术学院

图 178 梅拉伦湖格隆索海岸边的中式凉亭

图 179 斯图勒福什园林的中国宫。可能是雷恩绘制　　　　图 180 梅拉伦湖畔格隆索园林的中式凉亭

图 181 通往中国宫所在岛屿的桥。芬兰法格维克庄园

82 中国宫。芬兰法格维克庄园

图 183 原先位于霍斯霍尔姆皇家园林的中国宫,如今为丹麦卡拉姆堡一处私人花园

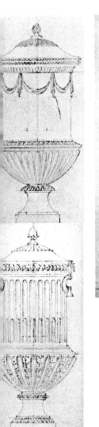

图 185 一座开放式中国宫。派帕绘制,藏于瑞典皇家美术学院

184 托雷索花园的大理石花瓶。
白绘制,藏于瑞典皇家美术学院

图 186 从贝里斯哈姆拉的露台俯视通往斯德哥尔摩的布伦斯维肯

图 187 托雷索的小屋俯视公园及附近水域

图 188 维林格（斯德哥尔摩附近）的中式阳伞

图 189 维林格仿佛篮子的凉亭。派帕绘制，藏于瑞典皇家美术学院

图 190 维林格的主建筑与老教堂。派帕绘制，藏于瑞典皇家美术学院

图 191 曾经的仿佛篮子的凉亭

图 192 从树底蜿蜒穿过的小径，可通往维林格海岸

图 193 戈德加德园林设计图。派帕绘制于 1781 年

图 194 戈德加德的庭院与宅邸

图 195 戈德加德带有蜿蜒小径的旧园林景观　　　　　图 196 戈德加德带有蜿蜒小径的旧园林景观

图 197 戈德加德幸福山丘的中式凉亭　　　　图 198 戈德加德园内的一座小桥

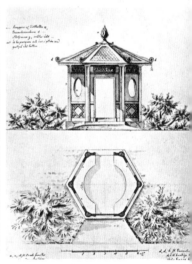

图 199 类似于戈德加德的中式壁龛　　　　图 200 中式的小六边形塔。派帕绘制
　　　　　　　　　　　　　　　　　　　　藏于瑞典皇家美术学院

图 201 戈德加德的大型中国画——南方房屋的内部　　　　图 202 戈德加德的大型中国画——御花园分景观

图 203 带有旧宅邸的福什马克园林

图 204 福什马克园林的简易寺庙和贝利扎尔纪念碑

图 205 福什马克园林的隐士住所

图 206 福什马克园林内有小桥横跨的蜿蜒水面

图 207 福什马克园林的镜寺

图 208 雕刻家 N·拜斯特罗姆的塞缪尔·奥福·乌格拉斯纪念碑。1810 年左右

图 209 哈加公园内国王古斯塔夫三世的故居

图 210 国王故居原址

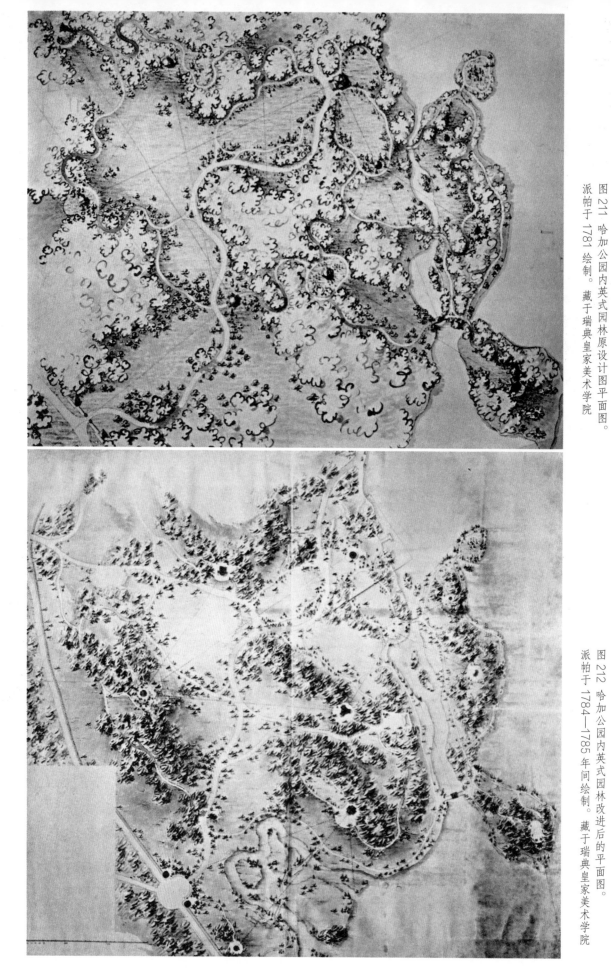

图 211　哈加公园内英式园林原设计图平面图。派帕于 1781 绘制。藏于瑞典皇家美术学院。

图 212　哈加公园内英式园林改进后的平面图。派帕于 1784—1785 年间绘制。藏于瑞典皇家美术学院。

图 213 哈加公园最南端的小岛远眺图

图 214 三幅园内凉亭的草图。1781 年由派帕绘制于设计图的背面。藏于瑞典皇家美术学院

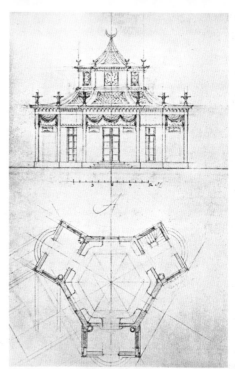

图 216 哈加公园的六边形土耳其官。派帕绘制。
藏于瑞典皇家美术学院

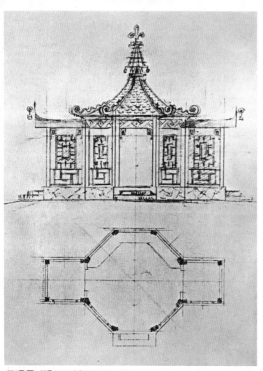

图 215 为哈加公园设计的直角翼八角形中国官。派帕绘制。
藏于瑞典皇家美术学院

图 217 哈加公园现存的土耳其官。派帕建造 (1786)

图 218 土耳其官的内部。路易斯·马斯雷赫斯负责装潢

图 219
哈加公园由树根搭建的隐士住所。
派帕绘制，藏于瑞典皇家美术学院

图 220 开放式中式凉亭。德斯普赫兹设计

图 221 中式风格的船屋

图 222 埃及金字塔形的观景楼。派帕绘制，藏于瑞典皇家美术学院

图 223 海神庙

图 224 石窟形式的船屋，顶部为海神庙。派帕绘制，藏于瑞典皇家美术学院

图 225 海神庙内部与外部　　　　　　　　　　　　　　　　图 226 警卫亭草图

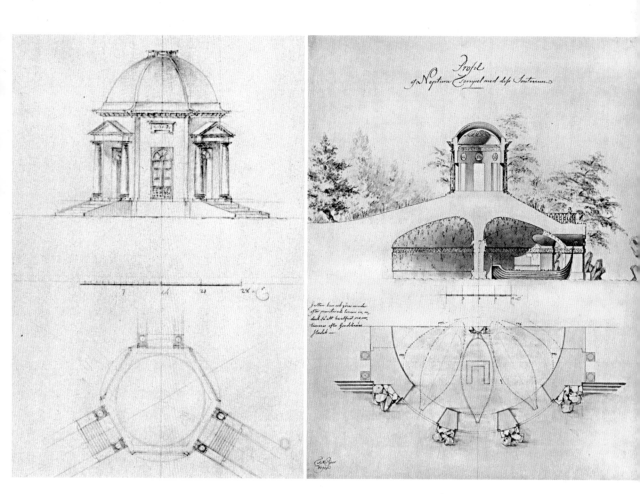

图 227 六边形凉亭草图。派帕绘制，藏于瑞典皇家美术学院　　图 228 顶部为海神庙的船屋岩洞的横剖面图。派帕绘制

图 229 哈加公园内的挺拔青松与菩提树

图 230 哈加公园国王宅邸正面。参照坦普尔曼绘画所建

图 231　哈加公园的回音庙（建于 1790 年）

图 232 哈加公园的回音庙内部

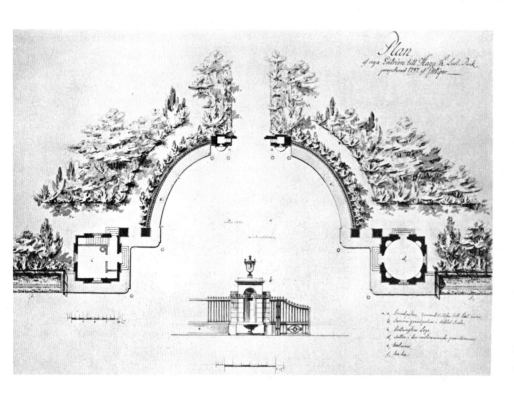

图 233
哈加公园主入口的草图。
派帕绘制，藏于瑞典皇家
术学院

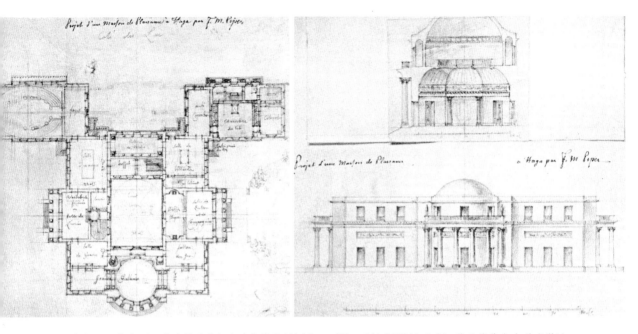

图 234 哈加公园内为国王建造的"游艇之家"的设计图与正面图。派帕（1786）绘制，藏于瑞典皇家美术学院

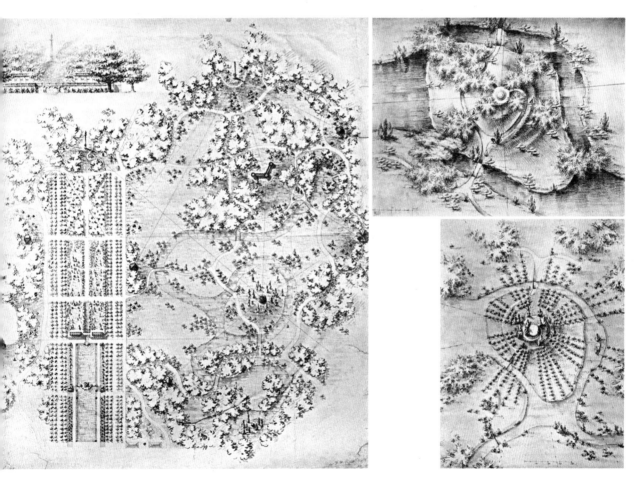

235 卓宁霍姆宫英式园林的设计图。派帕绘制（1782—1783 年间），
于斯德哥尔摩皇家档案馆

图 236 卓宁霍姆宫纪念碑岛的草图。派帕绘制，
藏于瑞典皇家美术学院

图 237 卓宁霍姆宫水域扩宽后，正在闲游的天鹅

图 238 卓宁霍姆宫纪念岛前的景致

图 239 卓宁霍姆宫树荫下蜿蜒的河道

图240 瓦尔纳纳斯园林小溪上方的简易小桥

图241 瓦尔纳纳斯园林附近,克里斯蒂娜隆德园林的木桥和隐士住所

图 242 瓦尔纳纳斯园林的中式凉亭

图 243 瓦尔纳纳斯园林中式凉亭的内部

图 244 瓦尔纳纳斯园林曾有的中式壁龛。林纳希尔姆绘制

图 245 克里斯蒂娜隆德园林（瓦尔纳纳斯附近）的中式壁龛

图
246
瓦尔纳纳斯园林建造者之妻纪念碑。 林纳希尔姆绘制

图 247 纪念碑现状

图 248 古老橡树下带有古典门廊的斯卡瓦主殿

图 249 从斯卡瓦主殿门廊所见景观

图 250 斯卡瓦园内由厄伦斯瓦德修建的小庙宇

图 251 斯卡瓦园内查普曼建造的坟冢

图 252 斯卡瓦园的哥特式塔

图 253 达尔斯兰的巴尔德斯纳斯园悬崖上的石塔

图 254 达尔斯兰的巴尔德斯纳斯园鲑鱼湖风景

图 255 达尔斯兰的巴尔德斯纳斯园旧船屋

图 256 达尔斯兰的巴尔德斯纳斯园船屋一景

图 257 达尔斯兰的巴尔德斯纳斯园的装饰性桥梁

图 258 梅拉伦湖畔罗斯堡园的石窟

图 259 达尔斯兰的巴尔德斯纳斯园海岸石窟的入

本书作者

喜仁龙（Osvald Sirén，1879—1966）：20世纪西方极为重要的中国美术史专家，首届查尔斯·兰·弗利尔奖章获得者。曾担任瑞典斯德哥尔摩大学艺术史教授、瑞典国家博物馆绘画与雕塑部管理员等职。1916年起，先后赴美国耶鲁大学、哈佛大学和日本的诸多名校讲学。1920年起六次来华，曾在末代皇帝溥仪陪同下拍摄故宫，对中国古代建筑、雕塑、绘画艺术研究极深，代表作有《北京的城墙和城门》（1924）、《中国雕塑》（1925）、《中国北京皇城写真全图》（1926）、《中国早期艺术史》（1929）、《中国绘画史》（1929—1930）、《中国园林》（1949）等。

本书主编

赵省伟："西洋镜""东洋镜""遗失在西方的中国史"系列丛书主编。厦门大学历史系毕业，自2011年起专注于中国历史影像的收藏和出版，藏有海量中国主题的法国、德国报纸和书籍。

本书译者

陈昕：南昌师范学院外国语学院副教授，教研室主任，翻译学科骨干教师，主要从事"翻译理论与实践""中国文化通论（英文）"等课程的教学与研究工作。

邱丽媛：北京大学中文系毕业，现任教于北京华文学院，研究方向为中外文化交流传播。译有《西洋镜：5—14世纪中国雕塑》《西洋镜：〈远东〉杂志记录的晚清1876—1878》等。

内容简介

本书由《中国园林》《18世纪欧洲园林的中国风》和附录三部分组成，共收录70万字、近800幅图片。

《中国园林》初版于1949年，共收录图片近400幅，系统论述中国园林的艺术特点和发展流变，是世界公认的中国园林研究开山之作。1921年，喜仁龙得到中华民国总统的特许，成为少数几个获准进入民国政府办公地中南海、北海、颐和园等地进行考察和摄影的外国学者之一。其后，遍访拍摄苏杭等地私家园林，并获得弗利尔美术馆等海内外馆藏机构支持，拍摄大量中国园林的名画。这些园林大部分或毁于战火或遭人为破坏，幸亏有喜仁龙费尽心血拍摄的图片，我们才得以从中一窥旧时风貌。附录部分收集了醇亲王奕譞府邸罕见照片60幅。

《18世纪欧洲园林的中国风》是《中国园林》的姊妹篇。初版于1950年，共收录图片约370幅，作者希望通过本书"追踪"中国主流园林艺术对18世纪后半叶欧洲园林艺术的影响，并借助图片和描述来说明园林艺术在英国、法国和瑞典的发展历程。

「本系列已出版图书」

西洋镜 Mook

扫 码 关 注
获取更多新书信息